Energie, Entropie, Kreativität

Reiner Kümmel · Dietmar Lindenberger
Niko Paech

Energie, Entropie, Kreativität

Was das Wirtschaftswachstum treibt und bremst

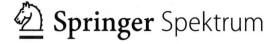

Reiner Kümmel
Institut für Theoretische Physik und
Astrophysik, Campus Süd
Universität Würzburg
Würzburg, Deutschland

Niko Paech
Fakultät III, Plurale Ökonomik
Universität Siegen
Siegen, Deutschland

Dietmar Lindenberger
Energiewirtschaftliches Institut (EWI)
Universität zu Köln
Köln, Deutschland

ISBN 978-3-662-57857-5   ISBN 978-3-662-57858-2   (eBook)
https://doi.org/10.1007/978-3-662-57858-2

Die Deutsche Nationalbibliothek verzeichnet diese Publikation in der Deutschen Nationalbibliografie; detaillierte bibliografische Daten sind im Internet über http://dnb.d-nb.de abrufbar.

Springer Spektrum

Verantwortlich im Verlag: Lisa Edelhäuser

Springer Spektrum ist ein Imprint der eingetragenen Gesellschaft Springer-Verlag GmbH, DE und ist ein Teil von Springer Nature
Die Anschrift der Gesellschaft ist: Heidelberger Platz 3, 14197 Berlin, Germany

Wer Großes will, muss sich zusammenraffen.
In der Beschränkung zeigt sich erst der Meister.
Und das Gesetz nur kann uns Freiheit geben.

Johann Wolfgang von Goethe, 1802 [1]

Geleitwort

Es ist mir ein Vergnügen, den Lesern dieses Buch zu empfehlen, das von der Idee getrieben wird, die physikalischen Grenzen menschlichen Wirtschaftens mithilfe der Thermodynamik, einer der universellsten physikalischen Theorien die wir haben, auszuloten. Das Buch bleibt aber nicht dabei stehen, abstrakte Grenzen zu formulieren, es überschreitet selbst Grenzen. Es gibt Hinweise, wie aus unentrinnbaren physikalischen Gesetzmäßigkeiten Konsequenzen gezogen und Entscheidungsprozesse vorbereitet werden können, um gesellschaftliche Entwicklungen im Einklang mit einer zukunftsorientierten Ökonomie nach westlichen Maßstäben zu gestalten. Damit in die wissenschaftliche Öffentlichkeit zu treten, verlangt durchaus Mut.

Wirtschaft und Gesellschaft sind seit den späten 1970er-Jahren, in denen der Ursprung der von Kümmel, Lindenberger und Paech verfolgten Arbeiten liegt, enormen Veränderungen unterworfen. Der umstürzende Einfluss der Informationsgesellschaft – das wäre vielleicht eine eigene physikalische Betrachtung wert – und die einsetzende Globalisierung waren in ihrem Ausmaß noch nicht absehbar. Die rasante Entwicklung sieht man schon dem Inhaltsverzeichnis an, und Reiner Kümmel nimmt sich auch Fragestellungen an, die sich wie Energiewende und Migration nicht mehr im Vorhersage- sondern längst im Erprobungsstadium befinden.

„War's das schon?" für das Kapitel Thermodynamik und Ökonomie, oder Physik und Gesellschaft? Wohl kaum, die Herausforderungen für Wissenschaft und Gesellschaft bleiben, werden womöglich größer. Ich wünsche dem Buch – wobei ich mit Reiner Kümmels Ideen seit fast 40 Jahren vertraut bin – auch als einem persönlichen Zeitzeugnis aufmerksame Leser und Interesse an weitergehenden Fragestellungen.

März 2018

Dieter Meschede
Professor für Physik
Universität Bonn

Vorwort

Energie, Wirtschaftswachstum und Macht sowie Entropie, Emissionen und Beschränkung beherrschen den gegenwärtigen Umbruch in den durch Mobilität und Information miteinander verflochtenen Ländern der Welt. Die beiden Tripel verklammern Thermodynamik und Ökonomie.

Die Thermodynamik beschreibt physikalische Vielteilchensysteme unter der Wirkung von Energieumwandlung und Entropieproduktion. Entwickelt wurde sie zum Verständnis der Dampfmaschine und der ihr nachfolgenden Dampfturbinen, Gasturbinen, Ottomotoren und Dieselmotoren sowie zur Beherrschung der Prozesse, mit denen diese Wärmekraftmaschinen, im Verbund mit Öfen und Reaktoren, die gewaltigen, von der Sonne (und kosmischen Katastrophen) auf der Erde angelegten Energiespeicher Kohle, Öl, Gas (und Uran) in Energiedienstleistungen für den Menschen umwandeln.

Energieumwandlungsanlagen und Informationsprozessoren bilden das Herz des Kapitalstocks moderner industrieller Volkswirtschaften. Arbeitsleistung und Informationsverarbeitung, die das Bruttoinlandsprodukt oder Teile desselben erzeugen, unterliegen dem Ersten Hauptsatz der Thermodynamik von der Erhaltung der Energie und dem Zweiten Hauptsatz von der Zunahme der Entropie, sprich Unordnung. Doch nicht nur Hardware und das Grundgesetz des Universums, als die man die ersten zwei Hauptsätze der Thermodynamik auch bezeichnen kann, verbinden Thermodynamik und Ökonomie, sondern auch die Eigenschaft, dass sie beide Systemwissenschaften sind: Thermodynamik erforscht Systeme aus sehr vielen, über atomare Kräfte miteinander wechselwirkenden Teilchen, während Ökonomie das Verhalten ökonomischer Akteure untersucht, die auf Märkten über den preisgesteuerten Handel von Gütern und Dienstleistungen miteinander wechselwirken. Systemische Gemeinsamkeiten führen zur Verwendung ähnlicher mathematischer Methoden in der Thermodynamik und in der Theorie des Wirtschaftswachstums. Doch nicht das ist der Grund dafür, dass ich mich als theoretischer Physiker neben meinen Arbeitsgebieten Theorie der Supraleitung und Halbleitertheorie auch den Problemen von Energie und Wirtschaftswachstum sowie Energie-, Emissions- und Kostenoptimierung zugewandt habe. Vielmehr ist es die Wichtigkeit von Beschränkungen in Thermodynamik und Ökonomie.

Salopp formuliert sagt der Zweite Hauptsatz der Thermodynamik: Immer wenn etwas passiert, wird Entropie produziert. Werden in physikalischen Systemen Beschränkungen aufgehoben, z. B. ihres Volumens oder des Energieaustauschs mit der Umgebung, geraten sie aus dem Gleichgewicht, verändern sich, und es wird Entropie produziert. Bei der Verbrennung fossiler Energieträger gehört zur Entropieproduktion die Emission von Wärme und Teilchen. Hierdurch entstehen Umweltbelastungen verschiedener Schwere und Intensität, sofern nicht durch Beschränkungen wie Schadstoff-Rückhaltung und Entsorgung gegengesteuert wird. Die unvermeidlichen Wärmeemissionen werden dadurch allerdings noch gesteigert und können langfristig problematisch werden, wenn die Entropieentsorgung durch die Wärmeabstrahlung in den Weltraum mit der industriellen Entropieproduktion innerhalb der Biosphäre nicht mehr mithalten kann.

Somit legt der Zweite Hauptsatz der Thermodynamik energiegetriebenem Wirtschaftswachstum innerhalb der Biosphäre Beschränkungen auf. Selbst wenn alle gesundheits- und klimaschädlichen Teilchenemissionen unterbunden werden, bleiben die klimaverändernden Wärmeemissionen und errichten die Hitzemauer.

In den demokratisch verfassten Industrieländern wird das Handeln der ökonomischen Akteure durch Rahmenbedingungen beschränkt, die der Gesetzgeber den Märkten auferlegt und deren Einhaltung er durch Institutionen wie Kartellämter, Finanz-, Sozial-, Gesundheits- und Umweltbehörden überwacht. Das vorliegende Buch plädiert dafür, diese Rahmenbedingungen zu präzisieren und zu verschärfen vor dem Hintergrund, dass Energie ein mächtiger Produktionsfaktor ist und ihre Nutzung naturgesetzlich verkoppelt ist mit Emissionen erzeugender Entropieproduktion.

Das Buch ist eine Fortschreibung meines ebenfalls bei Springer erschienenen Buchs *The Second Law of Economics – Energy, Entropy, and the Origins of Wealth*. Wie dieses Werk verwendet es Teile meiner Vorlesung „Thermodynamik und Ökonomie", die ich zwischen 1990 und 2015 in der Fakultät für Physik und Astronomie der Universität Würzburg gehalten habe, sowie Ergebnisse der in begutachteten Fachzeitschriften publizierten Forschungen meiner Energiearbeitsgruppe. Das bedingt die beschränkte Stoffauswahl, die trotz der Horizonterweiterung durch Niko Paechs *Postwachstumsökonomik* in keiner Weise die Fülle der Literatur zu energiewirtschaftlichen und umweltökonomischen Fragen abdeckt.

Das Buch versucht, in den Kapiteln „Entropie und Umbruch", „Energie und Leben", „Postwachstumsökonomik", „Länder im Umbruch" und „Was werden wir wählen?" mit wenigen Gleichungen auszukommen. Präzisere Beschreibungen von Sachverhalten, die Mathematik erfordern, stehen in Anhängen. Im zentralen dritten Kapitel, „Wirtschaftswachstum", geht es um die quantitative Analyse industriellen Wirtschaftswachstums in Deutschland, Japan und den USA. Diese zeigt, dass Energie ein mächtiger Produktionsfaktor ist. Hier erscheint es geboten, die verwendeten mathematischen Methoden so weit darzustellen, dass man sehen kann, wo, wie und warum die geschilderte Theorie des Wirtschaftswachstums von der orthodoxen Theorie der Lehrbuchökonomie abweicht und dass der Knackpunkt in der Berücksichtigung von technologischen Beschränkungen liegt. Für Leser, die an mathematischen Argumentationen weniger interessiert sind, wird gesagt, was übersprungen werden kann. Auch wenn die Kapitel stellenweise aufeinander Bezug nehmen, können sie unabhängig voneinander gelesen werden.

Ich freue mich, dass ich als Ko-Autoren Dietmar Lindenberger und Niko
Paech gewinnen konnte. Mit Dietmar Lindenberger verbinden mich 25 Jahre
gemeinsamer energiewissenschaftlicher Forschungen, und Niko Paech beschreibt
schonungslos-realistisch die Änderungen individueller und gesellschaftlicher
Verhaltensweisen, die bei einer Beschränkung der Industrieproduktion auf die
Biosphäre der Erde notwendig werden dürften.

Wie in *The Second Law of Economics* will und muss ich die Personen nennen, die nicht nur durch ihre Publikationen sondern auch durch intensive persönliche Kontakte mir geholfen haben, das Zusammenwirken von Thermodynamik
und Ökonomie zu verstehen und über Lösungen der gesellschaftlichen Probleme
nachzudenken, die aus der Zusammenschau dieser beiden Disziplinen erkennbar
werden. Es sind dies der Sozialethiker Wilhelm Dreier (†), die Wirtschaftswissenschaftler Wolfgang Eichhorn, Alfred Gossner und Wolfgang Strassl, der Physi-
ko-Chemiker und Energiewissenschaftler Willem van Gool (†), der Physiker und
Visionär der Weltraumindustrialisierung Gerard K. O'Neill (†), der Mathematiker
Jürgen Grahl sowie die Pioniere der Energie- und Umweltforschung Charles A.
Hall und Robert U. Ayres. Vielfältige Anregungen habe ich auch empfangen durch
Mitglieder der Studiengruppe Entwicklungsprobleme der Industriegesellschaft
(STEIG e. V.) sowie Kollegen im Arbeitskreis Energie der Deutschen Physikali-
schen Gesellschaft (DPG) und im Fachverband sozio-ökonomische Systeme der
DPG.

Dankbar bin ich dafür, dass trotz gegenläufiger publizistischer Bestrebungen die Einheit von Forschung und Lehre an den deutschen Universitäten bisher bewahrt worden ist. In den großen Kursvorlesungen sowie den zugehörigen
Übungen und Praktika der Physik werden die inhaltlichen und methodischen
Grundlagen des Fachs vermittelt. Wahlpflichtveranstaltungen und spezielle Kurse
führen an die Front der Forschung, oft auf dem Gebiet des Lehrenden. Das hilft
den Studierenden bei der Auswahl des Gebiets, auf dem sie ihre Prüfungsarbeiten
der verschiedenen Studienabschlüsse machen. Diese sind mit selbständiger Forschung unter Anleitung eines Dozenten verbunden und führen oft zu Publikationen
in internationalen wissenschaftlichen Zeitschriften. Deren Ergebnisse fließen wieder in die passenden Lehrveranstaltungen ein. So beflügelt die Einheit von Forschung und Lehre den wissenschaftlichen Fortschritt.

Das Schöne dabei ist, dass junge Menschen mit wachem Geist sehr interessiert an Neuem sind. Sie scheuen auch nicht vor Risiken zurück, wie sie gerade
interdisziplinäre Forschung mit sich bringt. Auf dem Gebiet der Thermodynamik
und Ökonomie verdanke ich viel den folgenden Mitarbeitern in der Reihenfolge
ihres Eintritts in meine Energiearbeitsgruppe: Klaus Walter, Bruno Handwerker,
Helmuth-M. Groscurth, Uwe Schüssler, Thomas Bruckner, Dietmar Lindenberger, Volker Napp, Alexander Kunkel, Hubert Schwab, Julian Henn, Jörg Schmid,
Robert Stresing und Tobias Winkler.

Meiner Frau Rita danke ich dafür, dass sie im Sommer 1968, nicht lange nachdem
wir in die Nähe Frankfurts gezogen waren, sich in unserem bürgerlich-gemütlich eingerichteten Wohnzimmer umsah, fragte: „Und das war's dann?", an die vor unserem

Wechsel nach Champaign-Urbana gehegten Pläne erinnerte und damit das Unternehmen anstieß, das uns nach Cali in Kolumbien führte. Dort begann ich zu verstehen, dass Thermodynamik wichtig ist für Wirtschaft, Umwelt und Gesellschaft.

Würzburg   Reiner Kümmel
im März 2018

Inhaltsverzeichnis

Uber die Autoren

Reiner Kümmel Jg. 1939, ist Professor (i. R.) der theoretischen Physik. Seine Arbeitsgebiete sind die Theorie der Supraleitung, Halbleitertheorie und Energiewissenschaft. Vor seiner Berufung an die Universität Würzburg in 1974 studierte/forschte/lehrte er an der TH Darmstadt (Physikdiplom), der University of Illinois at Champaign-Urbana (Research Assitant von John Bardeen), der Universität Frankfurt/M. (Promotion und Habilitation) und der Universidad del Valle in Cali, Kolumbien. Von 1996 bis 1998 war er Vorsitzender des Arbeitskreises Energie der Deutschen Physikalischen Gesellschaft.

PD Dr. Dietmar Lindenberger studierte Ökonomie und Physik in Stuttgart, Würzburg und Albany (USA), promovierte 1999 zu Fragen von Energie und Wirtschaftswachstum und habilitierte 2005 an der Universität zu Köln. Am dortigen Energiewirtschaftlichen Institut (EWI) ist er in Lehre, Forschung und Beratung tätig, u. a. für die EU-Kommission, das Bundeskanzleramt, Ministerien des Bundes und der Länder, nationale und internationale Energieunternehmen sowie Institutionen der Forschungsförderung. Er hat breit zu Energiefragen publiziert und ist u. a. federführender Autor der Energieszenarien für das Energiekonzept der Bundesregierung.

Apl. Prof. Dr. Niko Paech studierte Volkswirtschaftslehre, promovierte 1993, habilitierte sich 2005 und vertrat den Lehrstuhl für Produktion und Umwelt an der Carl von Ossietzky Universität Oldenburg von 2008 bis 2016. Derzeit forscht und lehrt er an der Universität Siegen im Masterstudiengang Plurale Ökonomik. Seine Forschungsschwerpunkte sind Postwachstumsökonomik, Klimaschutz, nachhaltiger Konsum, Sustainable Supply Chain Management, Nachhaltigkeitskommunikation und Innovationsmanagement. Er ist in diversen nachhaltigkeitsorientierten Forschungsprojekten, Netzwerken und Initiativen sowie im Aufsichtsrat zweier Genossenschaften tätig.

Entropie und Umbruch

1

Reiner Kümmel

Das Gesetz von der stets wachsenden Entropie nimmt aus meiner Sicht den höchsten Rang unter allen Naturgesetzen ein. …wenn sich herausstellt, dass eine Theorie dem Zweiten Hauptsatz der Thermodynamik widerspricht, gibt es für sie keine Hoffnung, sondern nur den schmählichen Zusammenbruch.
Sir Arthur Eddington, 1929. [2, S. 113].

Mit dem Fall der Berliner Mauer und des Eisernen Vorhangs zwischen November 1989 und Oktober 1990 erhoffte mancher „das Ende der Geschichte" [3] und den Beginn eines Zeitalters der Freiheit für Menschen und Märkte. In dessen Frieden würde die Geschichte der Konflikte und Kämpfe ihr Ende finden. Inzwischen wissen wir, wie trügerisch diese Hoffnung war. Globale Wohlfahrt bedarf neuer Beschränkungen. Vielleicht nähert man sich dieser Einsicht am besten auf dem scheinbar beschwerlichsten Weg – dem entropischen. Schon das Wort „Entropie" schreckt viele ab. Doch mit Entropie kann man die im Buch behandelten Entwicklungsprobleme der Industriegesellschaft besser verstehen als ohne sie. Versuchen wir es.

1.1 Grundgesetz des Universums

1.1.1 Unordentliches Gleichgewicht

„Entropie – kapier' I nie", steht in der Denkblase über dem Kopf eines Physikers, der in ein Lehrbuch auf seinem Schreibtisch stiert. Ansonsten bedeckt den Schreibtisch ein wüstes Durcheinander aus Zetteln, Stiften, Schraubenzieher, Kabel, Akten, Streichholzschachtel, Kaffeetasse, Zeitschrift, Taschenrechner, Aschenbecher und Kleinteilen. Die Karikatur erläutert der Text: „Vielen Naturwissenschaftlern wird die Entropie nie so richtig vertraut" [4]. Dabei hat sie unser Physiker vor Augen. Denn

Entropie ist das physikalische Maß für Unordnung.
Greift nun der grübelnde Denker hier einen Stift, dort einen Zettel und legt sie an anderen Orten wieder ab, hat sich der Gesamtzustand der Dinge zwar etwas, die allgemeine Unordnung aber überhaupt nicht verändert. Je größer der Tisch ist und je mehr Dinge auf ihm verteilt werden können, desto größer erscheint das Durcheinander. Denn entsprechend mehr Verteilungszustände gibt es, die alle den Eindruck erwecken, als hätte man ihre Einzelteile gerade aus einem Eimer auf den Tisch geschüttet. Natürlich hat solches der Physiker nicht getan. Aber bei der Anstrengung, in seinem Gehirn Ordnung in sein Verständnis von Entropie zu bringen, sind ihm die anfangs wohlgeordneten Gegenstände auf dem Tisch durcheinander geraten. Irgendwann muss auch wieder aufgeräumt werden. Das macht dann Arbeit.

Entsprechende Erfahrungen machen Eltern mit ihren Kindern. Solange diese klein sind und spielend ihre Vorstellungen von der Welt und deren Dingen im Kopf ordnen, verteilen sie ihre Spielsachen im Zimmer. Je mehr Spielsachen es gibt und je größer das Kinderzimmer ist, desto größer ist am Abend die Unordnung. Die Aufräumarbeit der Eltern sorgt dann dafür, dass die Kinder am nächsten Morgen die Spielsachen wieder an ihren gewohnten Plätzen in den Regalen finden. Auch Teenager scheinen noch das bei schulischem Lernen und entspannenden Pausen entstehende Durcheinander von Heften, Schreibgeräten, Taschenrechnern, Freundschaftsbändchen, Haarspangen, CDs, Schlüsseln, Postern und Zeitschriften zu genießen und schicken resignierten Eltern aus dem Ausland eine Ansichtskarte, auf der es genauso chaotisch aussieht wie in ihrem Zimmer, und darüber prangt der Text : „It's my mess, and I love it."

Physikalischer kann man den Zusammenhang zwischen Unordnung und Entropie anhand eines Systems nicht-wechselwirkender Teilchen in einem Kasten erläutern. Die Abb. 1.1 zeigt *einen* Zustand eines solchen Vielteilchensystems. Der Zustand eines jeden *Einzel*teilchens ist gekennzeichnet durch die Länge und Richtung des Impulspfeiles, der ihm anhaftet, und durch die Position der von ihm besetzten kleinen Zelle im Gesamtvolumen des Kastens. (Der Übersichtlichkeit halber sind nur Teilchen in den vordersten Zellen des Kastens eingezeichnet.) Wechselt auch nur ein Teilchen in eine andere Zelle, hat man schon einen anderen Vielteilchenzustand. Die Zahl der sich so ergebenden Vielteilchenzustände in dem Kasten, die so ungeordnet aussehen wie in der Abbildung, ist nun außerordentlich viel größer als die Zahl der *auch* möglichen Zustände, in denen z. B. alle Teilchen in den Zellen eines kleinen Raumbereichs geordnet sind. (Jeder dieser relativ seltenen Vielteilchenzustände entspricht einer möglichen Anordnung von Spielsachen in Kinderzimmerregalen).

Für die Abb. 1.1 wurde der Einfachheit halber ein Zustand vieler Teilchen gewählt, deren Wechselwirkungen untereinander vernachlässigbar klein sind. Doch die Begriffe und Gesetze der Thermodynamik, von denen im Weiteren die Rede sein wird, gelten auch, und gerade, für Systeme, in denen Wechselwirkungen zwischen den Teilchen wichtig sind.

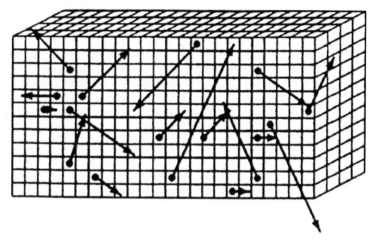

Abb. 1.1 Vielteilchenzustand eines idealen Gases in einem Kasten [5]

Alle Versuche von Naturwissenschaftlern, die Verteilung der Elementarteilchen, Atome und Moleküle sowie die daraus folgenden physikalischen, chemischen und technischen Prozesse zu beschreiben, gehen von der Annahme aus, dass ein System im *Gleichgewicht* jeden der ihm zugänglichen Vielteilchenzustände mit der gleichen Wahrscheinlichkeit einnimmt. Da es überwältigend mehr „unordentliche" Zustände wie in Abb. 1.1 als geordnete Zustände innerhalb der Zahl Ω der einem System *insgesamt* zugänglichen Zustände gibt, muss die Unordnung in einem Gleichgewichtssystem mit dieser Zahl Ω zunehmen. Ludwig Boltzmann (1844–1906) hat gezeigt, dass diese Zunahme logarithmisch erfolgt, und dass die Zustandsfunktion Entropie S der Thermodynamik statistisch gegeben ist durch die (auf seinem Grabstein stehende) Gleichung

$$S = k_B \ln \Omega. \tag{1.1}$$

Dabei ist $k_B = 1,3807 \cdot 10^{-23}\,\mathrm{Ws/K}$ die nach Boltzmann benannte Naturkonstante, und ln ist der natürliche Logarithmus.

Für das Folgende ist von Bedeutung, dass der Gleichgewichtszustand eines Systems, und damit seine Entropie, festgelegt wird durch die *Beschränkungen,* denen das System unterworfen ist. In der Abb. 1.1 muss man sich die Beschränkungen hinzudenken. Das sind zum einen die Wände, die den Kasten begrenzen. Diese verhindern, dass sich die Teilchen aus dem abgebildeten Volumen hinausbewegen. Zum anderen sind es die thermischen Isolierungen dieser Wände, die verhindern, dass die Teilchen im Kasten mit der Umgebung des Kastens Energie in Form von Wärme austauschen, so dass sich ihre Impulspfeile ändern. Wärme ist eine *spezielle* Art von Energie, nämlich eine, die wie Arbeit, Systemgrenzen überschreitet. Allgemein gilt:

Energie ist die Fähigkeit, Veränderungen in der Welt zu bewirken. Gespeichert ist sie in Materie und Kraftfeldern.

Im thermodynamischen Gleichgewicht passiert nichts – außer Zufallsfluktuationen in der Teilchenverteilung. Ein Gleichgewichtssystem kennt keine Geschichte.[1] Erst wenn die das Gleichgewicht bestimmenden Beschränkungen aufgehoben werden, kommt es zu Ereignissen, beginnt „Geschichte", zum Guten wie zum Schlechten. Zum Guten gehört Befreiung. Darum geht es im nächsten Kapitel. Zum Schlechten gehören Beeinträchtigungen der natürlichen Lebensgrundlagen und zwischenmenschlicher Beziehungen. Darum geht es im Weiteren hier.

1.1.2 Entropieproduktion und Umweltbelastung

Nehmen wir an, eine der Beschränkungen, die ein System im Gleichgewicht halten, werde aufgehoben. In unserem System der Abb. 1.1 würde z. B. das Kastenvolumen plötzlich vergrößert, indem man die Wände entfernt, die die Teilchen daran hinderten, sich ein größeres Volumen auszubreiten. Oder man beseitigt die thermische Isolierung der Wände gegen die Außenwelt, so dass das Vielteilchensystem Wärme aufnimmt oder abgibt. In beiden Fällen gerät das System aus dem Gleichgewicht. Und dann wird Entropie produziert.

Die *Erfahrungstatsache,* **dass Nichtgleichgewichtssysteme Entropie produzieren, ist Inhalt des** (in der Gleichung (1.3) mathematisch formulierten) **Zweiten Hauptsatzes der Thermodynamik.**

Zusammen mit der Erfahrung der Energieerhaltung, dem Ersten Hauptsatz der Thermodynamik, bildet der Zweite Hauptsatz der Thermodynamik das Grundgesetz des Universums.

Will man den ursprünglichen, ordentlicheren Systemzustand wieder herstellen, muss man die Beschränkungen wieder einführen. Das kann in unserem Beispiel dadurch geschehen, dass man die Teilchen mittels einer elektrisch betriebenen Pumpe in den Kasten, dessen Wände sich wieder an ihrem ursprünglichen Platz befinden, zurücksaugt, oder indem man ihnen mittels eines Kühlaggregats/Heizstabs die zuvor aufgenommene/abgegebene Wärme entzieht/zuführt und dann die thermische Isolierung aufs Neue anbringt. In allen Fällen muss zur Wiederherstellung der ursprünglichen Ordnung Energie aufgewendet werden. Die Erfahrung zeigt, dass dadurch im *Gesamtsystem* „Kasten + Umgebung einschließlich der Energielieferanten" die Entropie weiter zunimmt.

---

[1]So spekuliert man auch, dass ein abgeschlossenes Universum in einer fernen Zukunft den „Wärmetod" erleiden würde, wenn es seinen Gleichgewichtszustand erreicht haben sollte. Dann wäre die Materie so gleichmäßig wie möglich auf alle ihre Orts- und Bewegungszustände verteilt und alle Strahlungsenergie hätte überall die gleiche Temperatur. Nichts könnte mehr geschehen. Aber wer weiß, ob das Universum abgeschlossen oder offen ist?

Prozesse, die nach der Aufhebung von Beschränkungen ablaufen und Entropie produzieren, nennt man „irreversibel", weil die Welt nach ihrem Ablauf nicht mehr die gleiche ist wie vorher. Einzig Veränderungen, die unendlich langsam verliefen, könnten Entropieproduktion vermeiden. Doch solche Prozesse gibt es nicht im wahren Leben. Darum gilt (leider) jederzeit und überall der Zweite Hauptsatz der Thermodynamik, der salopp auch so ausgesprochen werden kann:

Immer, wenn etwas passiert, wird Entropie produziert.

Er betrifft alle messbaren Erfahrungen mit Veränderungen in der Welt. Jeder Versuch, ihm zu entkommen, misslingt, und jede Theorie, die ihm widerspricht, ist sinnlos.

Entropieproduktion bei der Aufhebung von Beschränkungen begleitet die Evolution des Kosmos und des Lebens auf der Erde. Fortschritt, gerade auch in wirtschaftlichen Dingen, zielt auf die Aufhebung von Beschränkungen. Das erweitert Energienutzung und Entropieproduktion. Betrachten wir, wie sich das auf Umwelt und Ressourcen auswirkt.

Betrachten wir ein Industrieland, z. B. die Bundesrepublik Deutschland. Sie ist ein offenes thermodynamisches System, in dem die Nichtgleichgewichtsprozesse des Lebens und der maschinellen Wertschöpfung ablaufen. Sie empfängt Energie von der Sonne und strahlt Wärme in den Weltraum ab. Ihre Kraftwerke, Fabriken, Kraftfahrzeuge und Heizungsanlagen verbrennen Kohle, Öl und Gas, und bis zu ihrer endgültigen Abschaltung im Jahr 2022 wandeln auch noch einige Kernkraftwerke Materie in thermische und elektrische Energie um.[2] Güter und Dienstleistungen werden über die Landesgrenzen exportiert und importiert. Der Boden des Staatsgebiets beschränkt das System

Trotz des Nichtgleichgewichtszustands kann man die Entropieproduktion der technischen und wirtschaftlichen Prozesse mit – streng genommen nur in Gleichgewichtssystemen definierten – thermodynamischen Variablen wie Druck und Temperatur untersuchen. Dazu genügt es, dass in den vielen kleinen Raumzellen, in die man das System (gedanklich) unterteilt und die nach den Maßstäben unserer Alltagswelt nur winzig klein sind aber dennoch viele Milliarden Atome und Molküle enthalten, *lokales* thermodynamisches Gleichgewicht herrscht. Das trifft dann zu, wenn während Zeitintervallen, in denen für uns feststellbare Veränderungen erfolgen, enorm viele „Stöße" zwischen den Atomen und Molekülen einer jeden Zelle stattfinden. Dies ist in der Regel der Fall.

Für jeden Augenblick kann man die Entropiebilanz Deutschlands (oder irgendeines anderen Teils der Erde) aufstellen. Dazu denken wir uns die Landesgrenzen ins Dreidimensionale bis auf die Höhe gezogen, für die Rechte zum Überfliegen Deutschlands eingeholt werden müssen. Am oberen Rand hängen wir einen

---

[2]Dessen ungeachtet, und ungeachtet der Existenz von Elektroherden und -heizungen, erklärte eine Vizepräsidentin des Deutschen Bundestags im Frühjahr 2015 anlässlich eines Vortrags in Würzburg: „Mit Kernenergie kann man keine Räume wärmen, meine Damen und Herren!".

immateriellen Schleier auf, der bis zum Boden reicht, und setzen einen immateriellen Deckel drauf. Die Entropiebilanz dieses so definierten Volumen Deutschlands, V, lautet dann: Die Änderung pro Zeiteinheit der Gesamtentropie im Volumem Deutschlands, $\frac{dS}{dt}$, ist gleich der Entropie, die pro Einheit der Zeit t mit der Außenwelt ausgetauscht wird, $\frac{d_a S}{dt}$, plus der Entropie $\frac{d_i S}{dt}$, die pro Zeiteinheit im Inneren des Volumens produziert wird:

$$\frac{dS}{dt} = \frac{d_a S}{dt} + \frac{d_i S}{dt}. \tag{1.2}$$

Diese Entropiebilanzgleichung entspricht genau der Bilanzgleichung eines Sparkassenkontos: Die Änderung der Geldmenge auf dem Konto – sie entspricht $\frac{dS}{dt}$ – ist gegeben durch alle Einzahlungen und Auszahlungen – $\frac{d_a S}{dt}$ entsprechend – plus die im Konto produzierten Zinsen, die $\frac{d_i S}{dt}$ entsprechen.

Doch ein wichtiger Unterschied existiert zwischen Kontobilanz und Entropiebilanz. Die im Konto produzierten Zinsen können positiv sein, nämlich Guthabenzinsen, oder negativ, nämlich Überziehungszinsen. Doch die pro Zeiteinheit durch Nichtgleichgewichtsprozesse in einem System produzierte Entropie ist immer positiv:

$$\frac{d_i S}{dt} > 0. \tag{1.3}$$

Diese mathematische Formulierung des Zweiten Hauptsatzes der Thermodynamik beruht ausschließlich auf der *Erfahrung,* die oben schon in Worten ausgesagt war.[3]

Die Bedeutung des Zweiten Hauptsatzes für die Umwelt wird erkennbar, wenn die Gl. (1.3) mittels der in Nichtgleichgewichtssystemen gültigen Bilanzgleichungen für Masse, Impuls und Energie aufgeschlüsselt wird. Das geschieht im Anhang A.1.1. Das Ergebnis, die Gl. (A.4), sagt:

Entropieproduktion ist verbunden mit Emissionen von Wärme und Teilchen.

Diese Emissionen führen das Gebot des Zweiten Hauptsatzes aus, Energie und Materie so gleichförmig wie möglich im System zu verteilen. Im industrialisierten Planeten Erde besorgen das die Wärme– und Stoffströme, die den Öfen, Wärmekraftmaschinen und Reaktoren der Energieumwandlungsanlagen entweichen. Diese Emissionen ändern die Energieflüsse und die chemische Zusammensetzung der Biosphäre, an die sich die Lebewesen und ihre Populationen im Laufe der Evolution (mehr oder weniger) optimal angepasst hatten. Sind diese Veränderungen so stark, dass sie nicht durch die von der Sonne und der Wärmeabstrahlung in den Weltraum angetriebenen physikalischen, chemischen und biologischen Prozesse rückgängig gemacht werden können, und erfolgen sie so schnell, dass gesundheitliche und soziale Anpassungsdefizite der pflanzlichen, tierischen und menschlichen Individuen

[3]Der Zweite Hauptsatz kann nicht mathematisch widerlegt werden, selbst wenn ein promovierter Physiker aus einem angesehenen Forschungsinstitut auf einer internationalen Energiekonferenz in Usedom Anfang der 1990er-Jahre behauptete, solches sei ihm gelungen und das später auch im Fernsehen eines EU-Landes wiederholte.

und ihrer Gesellschaften entstehen, werden die Emissionen als Umweltverschmutzung empfunden.

Luftverschmutzung und Emissionsquellen

Die Tab. 1.1 zeigt die wichtigsten luftverschmutzenden Substanzen und die Energieträger, bei deren Nutzung sie emittiert werden. Es sind Schwefeldioxid (SO_2), Stickoxide (NO_x), Feinstaub, Kohlenmonoxid (CO), Kohlenwasserstoffe (C_mH_n) und ionisierende Strahlung/radioaktive Partikel (Radioaktiv). Die nicht aufgeführte Erdwärme ist besonders mit H_2S Emissionen verbunden, wenn sie aus von Magma erhitzten Quellen stammt.

Die Nutzung *sämtlicher* aufgeführter Energieträger führt auch zu Emissionen von Treibhausgasen. Dazu gehören Kohlendioxid (CO_2) und Ozon (O_3), die bei der Verbrennung von Kohle, Öl, und Erdgas und den daraus erzeugten Produkten entstehen, ferner Methan (CH_4) aus dem Kohleabbau sowie der Förderung und Verteilung von Erdgas. Die Treibhausgasemissionen von Uran, sowie Sonne, Wind und Wasser beruhen auf den in Tab. 1.2 angegebenen Lebenszyklus-CO_2-Emissionen, die bei der Produktion von Kernkraftwerken, Solarzellen, Sonnenkollektoren, Bewehrungen, Windturbinen und Staudämmen unter Verwendung fossiler Energieträger entstehen; die Verrottung der Vegetation in waldüberflutenden Stauseen von Wasserkraftwerken setzt ebenfalls CO_2 frei.

Bei der Erzeugung von Biomasse kommt es zur Emission von Stickoxiden (N_2O), wenn stickstoffhaltiger Kunstdünger verwendet wird, und zu CO_2-Emissionen bei Unterstützung durch ölabhängige Agrartechnik; ohne Rekultivierungsmaßnahmen addieren sich dazu die Emissionen der Biomasseverbrennung. In Deutschland werden inzwischen sehr viele Biogasanlagen betrieben – Biomasse insgesamt steuerte 2016 etwa zwei Drittel zum 12 %-Beitrag aller erneuerbaren Energien zur Deckung des deutschen Primärenergiebedarfs bei. Es häufen sich Unfälle und Leckagen, bei denen Methan in die Atmosphäre entweicht. Das Treibhauspotenzial eines Methanmoleküls ist das 25-Fache eines CO_2-Moleküls [6, S. 348].

Tab. 1.1 Emissionen aus Energieträgern, ohne Treibhausgase

Energieträger	SO_2	NO_x	Staub	CO	C_mH_n	Radioaktiv
Kohle	X	X	X	X	X	X
Öl	X	X	X	X	X	
Erdgas		X		X		
Uran						X
Sonne, Wind						
Wasser						
Biomasse	X	X	X	X	X	

Tab. 1.2 Gesamte, spezifische Lebenszyklus-CO_2-Emissionen der Elektroenergie für verschiedene Energiesysteme, in Gramm pro kWh. Enthalten sind darin die Emissionen aus Bau, Betrieb und Wartung der Systeme [7–9]		
Braunkohlekraftwerk	850–1200
Steinkohlekraftwerk	700–1000
Gaskraftwerk	400–550
Solarzellen	70–150
Wasserkraftwerk	10–40
Kernkraftwerk	10–30
Windpark	10–20

Die Abschätzung der Lebenszyklus-CO_2-Emissionen von Solarzellen in Tab. 1.2 berücksichtigt, dass im Jahr 2014 Solarzellen aus chinesischer Produktion etwa zwei Drittel des Weltmarkts erobert hatten und dass die CO_2-Emissionen aus der chinesischen Solarzellenproduktion etwa doppelt so hoch sind wie die aus der deutschen [9].

Schadenswirkungen von Emissionen
Die unmittelbaren Schadenspotenziale der in Tab. 1.1 aufgeführten Emissionen sind seit langem bekannt. Tab. 1.3 gibt sie an. Schwefel- und Stickoxide sind Reizgase, die den Widerstand der Atemwege erhöhen. SO_2 verursacht Bronchokonstriktionen, und NO_x verringert den arteriellen Partialdruck von O_2. In Tierversuchen mit Stickoxiden (NO_x) stellte man destruktive Prozesse an den Oberflächenzellen der Lungenbläschen und des Bronchialsystems sowie eine Beeinflussung der Abwehrkraft der Lungen gegenüber pathogenen Keimen fest. Das in Tab. 1.3 nicht aufgeführte Kohlenmonoxid (CO) entsteht bei unvollständiger Verbrennung und behindert den Sauerstofftransport im Blut. Lungengängiger Feinstaub mit einer Korngröße bis zu $10\,\mu$m, der etwa 85 % aller Staubemissionen ausmacht, dürfte auch schon in geringen Konzentrationen ein wesentlicher Faktor bronchopulmonaler Erkrankungen

Tab. 1.3 Emissionen aus Energieumwandlung und ihre Schadenswirkungen (ohne CO, beschrieben im Text, C_mH_n, radioaktive Substanzen und Treibhausgase)

Substanz	SO_2	NO_x	Staub
Ursprung	S-Inhalt	N-Inhalt	Flugasche, Verkehr
		von Kohle und Öl	
		Hohe Verbrennungs-temperatur	
Umwandlung	H_2SO_3	HNO_2	
	H_2SO_4	HNO_3	
Wirkung auf den Menschen	Herz, Kreislauf	reduzierte Diffusion von CO	
		Erkrankungen der Atemwege	
Ökosysteme		Waldschäden	
Gebäude		Korrosion	

sein. Bei den Londoner Smogkatastrophen in den Jahren 1948 und 1952 starben insgesamt über 4000 Menschen mehr als normalerweise erwartet an Lungenentzündung, Herzinsuffizienz und koronaren Herzerkrankungen. Das löste entschiedene Maßnahmen gegen Luftverschmutzung aus, die zumindest in den hoch industrialisierten Ländern derartige Smogkatastrophen unterbunden haben. Doch Bau und Betrieb der Staubfilter, sowie der Entstickungs- und Entschwefelungsanlagen, die die Ströme der gefährlichen Partikel und Moleküle in (heute noch) harmlose Wärmeströme umwandeln, erfordern Energie und Kapital. Schwellen- und Entwicklungsländer, die die Mittel dafür nicht aufbringen können oder wollen, leiden mit wachsender Industrialisierung immer stärker unter den Folgen der Luftverschmutzung.

In den 1970er- und 1980er-Jahren wurde die deutsche Öffentlichkeit durch eine dramatische Zunahme der Waldschäden alarmiert, die zu einem erheblichen Teil vom sauren Regen angerichtet wurden, den die SO_2- und NO_x- Emissionen aus deutschen Großfeuerungsanlagen verursacht hatten („Waldsterben"). In der Mitte der 1980er-Jahre waren dann das Umweltbewusstsein und der Wohlstand in Deutschland so weit gediehen, dass es politisch möglich wurde, durch die Großfeuerungsanlagen-Verordnung gesetzliche Emissionsgrenzwerte für SO_2 und NO_x einzuführen. Sie gelten für Kraftwerke ab einer thermischen Leistung von mehr als 300 MW_{th}. Danach darf z. B. ein Steinkohlekraftwerk mit einer elektrischen Leistung von 750 MW_{el} jährlich nicht mehr als 6200 t SO_2 und 4100 t NO_2 (NO_x, gerechnet als NO_2), emittieren. Tatsächlich wurden die Kraftwerke viel besser. Ihre SO_2- und NO_x (NO_2)-Emissionen nahmen in (West-) Deutschland von 2 und 1 Mio. t in 1980 auf 0,3 und 0,5 Mio. t in 1989 ab.

Das zeigt, was Ingenieurskunst und Industrie leisten können, wenn sie müssen. Es liefert auch ein gutes Beispiel für die wohltätige Wirkung neuer Beschränkungen unter dem Druck des Zweiten Hauptsatzes. Allerdings haben wir Deutsche uns trotz aller Bekenntnisse zu Umwelt- und Klimaschutz noch nicht dazu durchringen können, wie alle anderen zivilisierten Länder der Welt eine durchgängige Höchstgeschwindigkeit auf Autobahnen einzuführen, sagen wir 130 km/h, was die Emissionen von CO_2, NO_x und Feinstaub im Verkehrssektor deutlich senken würde.

Anthropogener Treibhauseffekt
Ein drängendes Problem globaler Umweltveränderungen ist die Verstärkung des natürlichen Treibhauseffekts durch Emissionen von Treibhausgasen. Das führt zur Erhöhung der Oberflächentemperatur der Erde und Klimaveränderungen. Für Leser, die sich noch für einige Einzelheiten zum Treibhauseffekt und zu seiner Verstärkung durch Emissionen aus menschlichen Aktivitäten interessieren, wird die Wirkung der Treibhausgase in der Atmosphäre etwas genauer im Anhang A.1.2 beschrieben. Eine ausführlichere Darstellung findet sich z. B. in [6] oder in den Kapiteln über Energie und Entropie von [2].

Die Enzyklika *Laudato Sí* [10] von Papst Franziskus aus dem Jahr 2015 mahnt die Menschheit in bewegenden Worten zu einem sorgsamen Umgang mit den Gütern unseres gemeinsamen Hauses, der Biospähre unserer Erde. Selbst bei Atheisten stieß sie auf positive Resonanz, wie in Gesprächen am Rande einer internationalen Energiekonferenz festzustellen war. Einerseits ist es gut, wenn Religion und Wissenschaft

aufeinander zugehen, andererseits enthält die Enzyklika in ihren Punkten 23 und
106 Passagen, die zeigen, welche Schwierigkeiten das Verständnis physikalischer
und ökonomischer Sachverhalte den Vertretern von Disziplinen und Institutionen
bereitet, die den Menschen sagen wollen, was gut und richtig ist.

Im Punkt 23 der Enzyklika heißt es zum anthropogenen Treibhauseffekt
(Fettschrift-Hervorhebung von R.K.):

> Das Klima ist ein gemeinschaftliches Gut von allen und für alle. …zahlreiche wissenschaft-
> liche Studien zeigen, dass der größte Teil der globalen Erwärmung der letzten Jahrzehnte auf
> die starke Konzentration von Treibhausgasen (Kohlendioxid, Methan, Stickstoffoxide und
> andere) zurückzuführen ist, die vor allem aufgrund des menschlichen Handelns ausgestoßen
> werden. *Wenn sie sich in der Atmosphäre intensivieren, verhindern sie, dass die von der
> Erde reflektierte Wärme der Sonnenstrahlen sich im Weltraum verliert …*

Kommentar: Also würden wir alle irgendwann in der aufgestauten Wärme verdampf-
fen. Richtig wäre: „Wenn sie sich in der Atmosphäre intensivieren, kann die durch
die Sonnenstrahlen empfangene Wärme nur bei steigender Oberflächentemperatur
der Erde in den Weltraum zurückgestrahlt werden."

Nun mag man diesen Kommentar noch als Beckmesserei eines Physikers abtun.
Doch das negative Urteil der Enzyklika unter Punkt 106 über Technik und Industrie-
gesellschaft (Fettschrift-Hervorhebung von R.K.) geht an die Substanz der modernen
Produktion materiellen Wohlstands:

> 106. DIE GLOBALISIERUNG DES TECHNOKRATISCHEN PARADIGMAS. Das Grund-
> problem ist …wie die Menschheit tatsächlich die Technologie und ihre Entwicklung zusam-
> men mit einem homogenen und eindimensionalen Paradigma angenommen hat. Nach diesem
> Paradigma tritt eine Auffassung des Subjekts hervor, das im Verlauf des logisch-rationalen
> Prozesses das außen liegende Objekt allmählich umfasst und es so besitzt. Dieses Subjekt
> entfaltet sich, indem es die wissenschaftliche Methode mit ihren Versuchen aufstellt, die
> schon explizit eine Technik des Besitzens, des Beherrschens und des Umgestaltens ist. Es
> ist, als ob das Subjekt sich dem Formlosen gegenüber befände, das seiner Manipulation völlig
> zur Verfügung steht. **Es kam schon immer vor, dass der Mensch in die Natur eingegrif-
> fen hat. Aber für lange Zeit lag das Merkmal darin, zu begleiten, sich den von den
> Dingen selbst angebotenen Möglichkeiten zu fügen. Es ging darum, zu empfangen, was
> die Wirklichkeit der Natur von sich aus anbietet, gleichsam die Hand reichend. Jetzt
> hingegen ist das Interesse darauf ausgerichtet, alles, was irgend möglich ist, aus den
> Dingen zu gewinnen durch den Eingriff des Menschen, der dazu neigt, die Wirklich-
> keit dessen, was er vor sich hat, zu ignorieren oder zu vergessen. Deswegen haben der
> Mensch und die Dinge aufgehört, sich freundschaftlich die Hand zu reichen, und sind
> dazu übergegangen, feindselig einander gegenüber zu stehen.**

Kommentar: Romantisierender, unrealistischer Blick auf die Agrargesellschaft und
Verkennung der Chancen und Risiken der Industriegesellschaft. Wie in der Agrargesellschaft „der Mensch und die Dinge …sich freundschaftlich die Hand …reich(t)en"
kann man im Alten Testament nachlesen, z. B. in 3 Könige 5, 27–32; 12, 1–17. Nä-
herliegende Beispiele sind der Bau des Petersdoms, die Inbesitznahme der Amerikas
durch die europäischen Eroberer und Waldvernichtung durch Rodungen zur Gewinnung von Ackerland sowie durch Holzeinschlag zur Gewinnung von Energie und

Baumaterial. Welches Verhängnis es für ein Land bedeutet, wenn seine wirtschaftliche Entwicklung im Übergang von der feudalen Agrargesellschaft zur Industriegesellschaft steckenbleibt, schildert am Beispiel Kolumbiens der Abschn. 5.2.

Ablehnung der von Naturwissenschaft und Technik geprägten modernen Welt findet sich auch sonst bei zeitgenössischen Institutionen und Personen, die sich der aktuellen gesellschaftlichen Probleme annehmen möchten. So kündigt eine aus dem „Denkwerk Zukunft" hervorgegangene „Stiftung kulturelle Erneuerung" die Aufnahme ihrer Arbeit mit der Erklärung ihres Kuratoriumsvorsitzenden Meinhard Miegel so an: „Wissenschaft, Kunst und Religion bilden in zukunftsfähigen Kulturen einen harmonischen Dreiklang. In der Kultur des Westens ist diese Harmonie gestört. Die Stiftung kulturelle Erneuerung will dazu beitragen, sie wieder herzustellen." Welche „zukunftsfähigen Kulturen" der Westen sich als Vorbild nehmen soll, wird nicht gesagt. Dann wird der Dirigent Kent Nagano zitiert mit den Worten: „Wir verlieren [durch die Konzentration auf die Naturwissenschaften] unglaublich viel: Inspiration, Trost, Gemeinsinn, einen Teil unserer großen abendländischen Tradition. Wir verlieren die Möglichkeit, Dinge zu entdecken und zu erfahren, die größer sind als wir selbst …"[11].

Zeitgenössische Denker, die auch in dieser Stiftung aktiv sind, thematisieren den anthropogenen Treibhauseffekt als ein wichtiges Problem der modernen Welt. Dabei sind die beiden hier zitierten „Schuldzuweisungen" an Naturwissenschaft und Technik durchaus keine Ausnahmefälle. Deshalb darf und muss daran erinnert werden, dass bei der Ersten Europäischen Ökumenischen Versammlung „Frieden in Gerechtigkeit" der christlichen Kirchen Europas in Basel vom 15. bis 21. Mai 1989 Mitglieder des Arbeitskreises Energie der Deutschen Physikalischen Gesellschaft und andere, dem christlichen Glauben nahestehende Naturwissenschaftler vor dem anthropogenen Treibhauseffekt, dem durch FCKW-Emissionen vergrößerten antarktischen Ozonloch und dem nach einem Kernwaffenkrieg drohenden nuklearen Winter eindringlich gewarnt hatten. Vor und bei der Ökumenischen Versammlung wurde versucht, in Gesprächen mit Bischöfen und Kardinälen diese zu bewegen, die Erkenntnisse der Naturwissenschaft zur Kenntnis zu nehmen und in schöpfungstheologischen und sozialethischen Lehräußerungen zu berücksichtigen. Seit Mitte der 1980er-Jahre weisen Naturwissenschaftler darauf hin, dass die im Zuge des Wirtschaftswachstums steigenden Kohlendioxidemissionen aus Industrie, Landwirtschaft und Urwaldrodungen zum Ansteigen der Erdoberflächentemperatur führen [12, 13]. Ohne die Erkenntnisse und Warnungen aus der Naturwissenschaft wäre die Menschheit blind und hilflos dem Klimawandel ausgeliefert.

„Aber der Klimawandel ist doch eine Folge der zunehmenden Verbrennung fossiler Energieträger im Zuge der Industrialisierung, und Industrialisierung bedarf der Naturwissenschaften", mag man einwenden. Das ist richtig, aber die Erfindung der Dampfmaschine, die die Industrielle Revolution auslöste, erfolgte etliche Dekaden bevor Physiker und Chemiker wussten, was Energie und Entropie sind und bevor sie die thermodynamischen Hauptsätze kannten. Sie war die Antwort auf die europäische Energiekrise im 18. Jahrhundert, als ein Großteil der Wälder gerodet waren, Brennholz knapp wurde, die englischen Kohleflöze in tiefe Wasserschichten vorstießen und Newcomens ineffiziente Dampfpumpen zu ihrem Leerpumpen nicht mehr ausreichten. Da kam 1765 dem 29-jährigen schottischen Instrumentenbauer James Watt die Idee, in Newcomens Dampfpumpe eine zusätzliche Kondensationskammer einzubauen, die die Energieeffizienz und Wirtschaftlichkeit der Maschine deutlich erhöhte. Weitere Verbesserungen und die Kombination mit Schwungrad und Pleuelstange führten zur Dampfmaschine, die mechanisierte Webstühle, Lokomotiven und Dampfschiffe antrieb. Die Kohle- und Eisenindustrie expandierte. Innovationen beflügelten die Bauindustrie. Der industrielle Aufschwung Englands sprang über auf Kontinentaleuropa und Nordamerika. [2, S. 16, 17, 48–50]

Die (erste) Industrielle Revolution war das Ergebnis einer Herausforderung durch Knappheit und der Antwort menschlicher Kreativität durch Erfindungen. Die Naturwissenschaften waren nicht die primären Verursacher. Doch sie sind unverzichtbar für das Verständnis und die Gestaltung der weiteren industriellen Entwicklung, für Risikoabschätzungen und für neue Ideen zur Risikominimierung. Darum sollten die Geisteswissenschaften und Künste sie nicht tadeln, sondern mit ihnen zusammenarbeiten.

Gemäß Abb. 1.2 hat sich die bayerische Bevölkerungsdichte zwischen 1818 und 2010 mehr als verdreifacht. Ohne Industrialisierung wäre eine derartige Verdichtung bei zugleich gewaltig erhöhtem Lebensstandard nicht möglich gewesen. Welcher Adlige – oder gar aus der Leibeigenschaft gerade entlassene Bauer – hätte sich im frühen 19. Jahrhundert die Konsummöglichkeiten von Nahrung und Kultur, z. B. von Musik auf Tonträgern, den Wohnkomfort, die medizinische Versorgung, sowie die Reise- und Bildungsmöglichkeiten des deutschen Durchschnittsbürgers des 21. Jahrhunderts auch nur vorstellen können? Und ebenso gibt es für eine auf voraussichtlich 10 Mrd. Individuen anwachsende Menschheit keine Alternative zu der auf Naturwissenschaft und Technik gestützten Industriegesellschaft. Darum geht es in den Folgekapiteln. Die Frage ist nur, unter welchen Rahmenbedingungen des Mark-

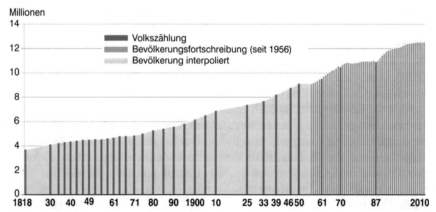

Abb. 1.2 Bevölkerungswachstum in Bayern, derjenigen deutschen Region, deren Fläche seit 200 Jahren praktisch unverändert geblieben ist. [14]

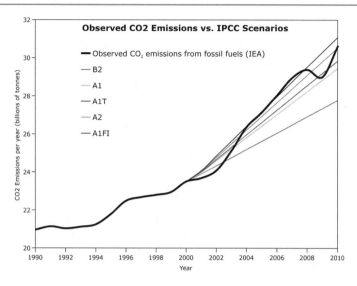

Abb. 1.3 Beobachtete jährliche, globale CO_2-Emissionen, in Milliarden Tonnen, aus der Verbrennung fossiler Energieträger zwischen den Jahren 1990 and 2010, dicke Linie, gemäß Internationaler Energieagentur (IEA), und Emissions-Szenarien des Klimarats der Vereinten Nationen (IPCC), dünne Linien. [15]

tes wir wirtschaften werden. Hier müssen schnell die richtigen Entscheidungen getroffen werden. Denn wie die Abb. 1.3 zeigt, sind zwischen den Jahren 1990 und 2010 die globalen jährlichen CO_2-Emissionen *allein* aus der Verbrennung fossiler Energieträger von 21 Mrd. t auf 31 Mrd. t gestiegen.

Die Konzentration *aller* Treibhausgase mit ihrer auf CO_2-Äquivalente umgerechneten Klimawirksamkeit lag schon im Jahr 2000 bei 430 ppm [16], s. auch [17]; inzwischen melden die Nachrichten allein für CO_2 eine Konzentration von 400 ppm.[4] Eine Verdopplung der atmosphärischen CO_2-Konzentration gegenüber ihrem vorindustriellen Wert von 280 ppm und eine damit verbundene, vielleicht gerade noch verkraftbare Erhöhung der Oberflächentemperatur der Erde um ca. 2 °C dürfte innerhalb der nächsten Dekaden erreicht werden. Damit diese Temperaturerhöhung nicht überschritten wird, müssten bis 2050 die globalen jährlichen CO_2-Emissionen gegenüber 1990 etwa halbiert und die der Industrieländer um 80 % reduziert werden [13, 18].

In einer vergleichenden Input-Output Studie für Deutschland und das Vereinigte Königreich weisen Proops et al. [19] darauf hin, dass und wie den einzelnen Ländern neben den CO_2-Emissionen infolge ihres eigenen Verbrennens von Kohle, Öl und Gas auch diejenigen Emissionen anzurechnen sind, die bei der Produktion der importierten Güter und Dienstleistungen entstehen. Konkrete Zahlen neuer Studien enthält Tab. 2.4.

---

[4]ppm ≡ parts per million = Teil(ch)en pro Million.

Noch vor 15 Jahren wurden Wissenschaftler, die vor den Bedrohungen der wirtschaftlichen Entwicklung und der sozialen Stabilität durch Veränderungen der Biosphäre infolge des anthropogenen Treibhauseffekts warnten, als politisierende Panikmacher diffamiert. Erst energische Einsprüche von Wissenschaftsorganisationen wie der US National Academy of Sciences [20] und die Häufung extremer Wetterereignisse, von der Öffentlichkeit als Vorboten des Klimawandels interpretiert, haben die Angriffe fast zum Erliegen gebracht.

Auf der Pariser Klimakonferenz der Vereinten Nationen einigten sich im Dezember 2015 die 197 Repräsentanten der Teilnehmerstaaten auf Reduktionen der CO_2-Emissionen, mit unterschiedlichen, an das jeweilige Industriealisierungsniveau angepassten Minderungszielen. Nach der Ratifizierung durch die Parlamente von 55 Nationen, die zugleich für 55 % der globalen CO_2-Emissionen verantwortlich sind, trat am 4. November 2016 das Paris-Protokoll in Kraft. Werden die Minderungsziele verfehlt, drohen der Welt durch Klimaveränderungen angestoßene Völkerwanderungen, im Vergleich zu denen die in Abschn. 5.1.2 angesprochenen, von Kriegen und korrupten Eliten verursachten und von Illusionen genährten Migrationsströme in der zweiten Dekade des 21. Jahrhunderts nur schwache Vorläufer sind.

Zu den Migranten könnten dann durchaus auch die Europäer nördlich der Alpen zählen. Werden doch die Erdregionen in Polnähe durch den anthropogenen Treibhauseffekt am stärksten erwärmt. Führt das dort zu erhöhtem Süßwassereintrag, z. B. durch Eisschmelze auf Grönland und verstärkte Regenfälle, kann die atlantische Zirkulation von kaltem Tiefenwasser nach Süden und warmem Oberflächenwasser nach Norden zum Erliegen kommen. Denn Süßwasser ist leichter als Salzwasser und sinkt langsamer als dieses in die Tiefe. Das schwächt den südwärtigen Tiefenwasserstrom und den von ihm angetriebenen nordwärtigen warmen Oberflächenwasserstrom, den Golfstrom [21,22]. Dessen östlicher Zweig wärmt Europa. Sollte das System der atlantischen thermohalinen Zirkulation instabil werden und zusammenbrechen, wird es kalt in Europa. So schlüge die Natur zurück auf den Kontinent, auf dem Industrialisierung und Treibhausgasemissionen begannen.

Die Emissionen einer auf die Verbrennung von Kohle, Öl und Gas gestützten Wirtschaft sind inzwischen als weltweites Problem erkannt. Dessen Komplexität – Ozeanversauerung, von Rückkopplungseffekten getriebene Annäherung an Kipppunkte, jenseits derer drastische, irreversible ökologische Veränderungen wie der Zusammenbruch des Golfstroms stattfinden – und solare Energiealternativen skizziert [23].

Dennoch stellt der seit Anfang 2017 amtierende Präsident der USA den anthropogenen Treibhauseffekt infrage und will, wie im Wahlkampf versprochen und am 01.06.2017 angekündigt, aus dem Pariser Klimavertrag aussteigen und klimapolitisch notwendige Beschränkungen der Energiewirtschaft aufheben. Andererseits will er neue Beschränkungen, und zwar für den Handel mit den USA und Reisen in dieses Land einführen. Einen nicht geringen Anteil am Wahlsieg des politischen Außenseiters wird der zielgruppenspezifischen Nutzung sozialer Netzwerke des Internets zugeschrieben. Darum werden Beschränkungen nicht nur der Energienutzung sondern auch des Umgangs mit Information bedenkenswert. Abschn. 1.2 geht darauf ein.

Hitzemauer
Selbst ohne den anthropogenen Treibhauseffekt würden Klimaprobleme bei weiterhin wachsender Energieumwandlung und Entropieproduktion in der Biosphäre auftreten.

Berechnungen der Wärmeäquivalente von Schadstoffen, die in Abschn. 2.3.2 zusammengefasst werden, zeigen, dass es im Prinzip möglich ist, alle umweltverschmutzenden Emissionen von Substanzen, einschließlich der radioaktiven, durch geeignete technische Maßnahmen in thermische Emissionen derartiger Stärke umzuwandeln, dass dem Zweiten Hauptsatz gemäß Gl. (A.4) Genüge getan wird. Würde man nicht die damit verbundenen Kosten (und Risiken) scheuen, täte man das wahrscheinlich, weil heutzutage Wärmeemissionen als die noch harmloseste Form der Entropieproduktion gelten. Die Wärmeemissionen ergeben sich aus dem globalen, nicht-solaren Energiekonsum (etwa $4,7 \times 10^{20}$ Ws in 2013), der schlussendlich mehr oder weniger in Wärme endet.[5]

Auch wenn man sich heute noch keine Sorgen wegen Wärmeemissionen macht – es sei denn, man müsste Kraftwerke abschalten wegen Überhitzung der Flüsse, denen sie ihr Kühlwasser entnehmen – so würde sich das ändern, falls der Weltenergiekonsum pro Zeiteinheit um einen Faktor 20 das 2013er-Niveau von $1,55 \times 10^{13}$ W überstiege. Dann stünde die Welt vor der sog. *Hitzemauer* von etwa 3×10^{14} W. Das sind grob drei Promille der von der Erde empfangenen solaren Strahlungsleistung gemäß Gl. (A.7). Anthropogene Wärmeströme dieser Größenordnung dürften das Klima auch ohne den anthropogenen Treibhauseffekt ändern [24], s. auch [25]. Lokale Klimaveränderungen, beobachtet in Städten, wo Raumheizung, Verkehr und Industrie die Wärmeemissionen gegenüber dem Umland deutlich erhöhen, weisen schon heute auf die Hitzemauer hin.[6]

---

[5]Die in Gebäuden gespeicherte potenzielle Energie ist relativ klein und wird beim Abriss der Gebäude als Wärme freigesetzt. Desgleichen wandelt die Oxidation chemischer Produkte die in ihnen gespeicherte chemische Energie in Wärme um.
[6]Die Gesamtheit der Faktoren, die in den „städtischen Inseln" das Klima bestimmen, beschreibt [6, S. 339–343].

Die Hitzemauer ist die letzte, endgültige Grenze für industrielles Wirtschaftswachstum auf der Erde. Weiteres Wachstum wird nur in dem Maße möglich sein,
wie die an Energieumwandlung gekoppelten Emissionen die Biosphäre nicht mehr
belasten. Wir kommen darauf in Kap. 6 zurück.

1.1.3 Der Zerberus vorm Schlaraffenland

Vor ein paar Jahren sagte ein promovierter Physiker, der in einem Fachverband der
physikalischen Gesellschaft eines Industrielandes eine verantwortungsvolle Position
innehatte: „Der Zweite Hauptsatz der Thermodynamik gilt nur in abgeschlossenen
Systemen. Darum kann er auf offene Systeme wie die Wirtschaft nicht angewendet
werden." Der Hinweis darauf, dass die Aussage der Gl. (1.3), nämlich „Alle Prozesse
in der realen Welt produzieren Entropie", der Zweite Hauptsatz *ist* und *immer* gilt,
fruchtete nichts. Leider kam nicht auch das Argument zur Sprache: „Wenn der Zweite
Hauptsatz in offenen Systemen wie der Erde und ihrer Wirtschaft nicht gilt, dann
bauen Sie doch ein Perpetuum mobile 2. Art. Damit lösten Sie alle Energie- und
Umweltprobleme der Menschheit und gewönnen gewiss den Nobelpreis für Physik
und wahrscheinlich auch den für Frieden."

Denn die technische Formulierung des Zweiten Hauptsatzes der Thermodynamik – die Zusammenfassung der Erfahrung vieler gescheiterter Erfinder und der
Patentämter, bei denen diese ihre Erfindungen einreichten und einreichen – lautet

Es gibt kein Perpetuum mobile 2. Art.

Unter einem Perpetuum mobile 2. Art versteht man eine zyklisch arbeitende Maschine, die physikalische Arbeit leistet und dabei *nichts* anderes macht, als einen
Wärmespeicher abzukühlen.

Noch nützlicher wäre freilich ein Perpetuum mobile 1. Art. Das wäre eine Maschine, die Arbeit leistet, ohne dass man ihr irgendetwas von außen zuführen müsste.
Eine derartige Maschine zu bauen, bemühten sich Menschen lange vergeblich, etwa
so lange, wie sie auch nach dem Stein der Weisen suchten. Sie scheiterten am Ersten
Hauptsatz der Thermodynamik, der sagt, dass Energie eine Erhaltungsgröße ist, die
weder vermehrt noch verringert werden kann.

Dennoch sind die Verheißungen neuer Perpetuum mobiles auch heutzutage noch
die Grundlage neuer Geschäftsmodelle. So wurden vor einigen Jahren unterfränki-
schen Kommunen Beteiligungen an einer Schweizer Firma als sehr gewinnbringende
Geldanlage angeboten. Die Firma versprach die Produktion von Generatoren, die als
Kombination von Perpetuum mobiles 1. und 2. Art die quantenmechanischen Null-
punktsschwingungen des Vakuums mittels der Casimir-Kraft in elektrische Energie
umwandeln. Doch ein Würzburger Physik-Student fuhr mit den Kommunalpolitikern
in die Schweiz und hat sie erfolgreich vom Erwerb der Firmenanteile abgehalten.

Wäre es möglich, Perpetuum mobiles 2. Art zu bauen, dann könnte man damit z. B.
den Weltmeeren einen Teil ihrer Wärme entziehen, diese über Kraftwerksgeneratoren

in Elektroenergie umwandeln und derartig das Mehrhundertfache des derzeitigen Weltenergiebedarfs ohne Umweltbeeinträchtigungen decken.[7]

Die Bewohner eines Universums, das nicht den Beschränkungen des Zweiten Hauptsatzes unterworfen wäre, lebten zumindest thermodynamisch in einem Schlaraffenland, sobald sie einen Industrialisierungsgrad erreicht hätten, der unserem heutigen vergleichbar wäre. Denn sie könnten die in ihrem System vorhandene Energie immer wieder und wieder zur Arbeitsleistung in Maschinen heranziehen, ohne dass diese Energie irgendetwas von ihrer Nützlichkeit verlöre. Wir hingegen müssen uns damit abfinden, dass eine gegebene Energiemenge nach Verrichtung einer Energiedienstleistung – sei es das Heben von Lasten, das Graben von Gruben, das Antreiben eines Gefährts, das Temperieren von Räumen usw. – etwas oder alles von ihrer Nützlichkeit verliert. Der nützliche Teil einer Energiemenge heißt *Exergie'* den unnützen Teil nennt man *Anergie;* Anergie ist z. B. an die Umwelt abgegebene Wärme.

Über deren Summe sagt der Erste Hauptsatz der Thermodynamik, der Satz von der Erhaltung der Energie:

Energie ≡ Exergie + Anergie = konstant.

Energie*menge* und die durch Exergie bestimmte Energie*qualität* werden im Anhang A.2 noch genauer besprochen.

Als Konsequenz aus dem Zweiten Hauptsatz wird bei jedem Geschehen in unserem Universum Exergie vernichtet und Anergie vermehrt. In diesem Sinne spricht man von „Energieverbrauch". Das ist der Zerberus vorm Schlaraffenland eines unbeschränkten Wachstums der Wirtschaft auf dem Planeten Erde.

Der Nobelpreisträger der Ökonomie Robert M. Solow glaubte noch nicht so recht an diesen Zerberus, doch falls er existiere, befürchtete er Schlimmstes. So sagte er 1974:

The world can, in effect, get along without natural resources …(but) if real output per unit of resources is effectively bounded – cannot exceed some upper limit of productivity which is not far from where we are now – then catastrophe is unavoidable [26]. [Die Welt kann in der Tat ohne natürliche Ressourcen zurecht kommen …(aber) sollte die reale Wertschöpfung pro Ressourceneinheit beschränkt sein – also eine obere, nicht mehr fernliegende Grenze der Produktivität nicht überschreiten können – dann ist die Katastrophe unvermeidlich.].

Unvermeidlich folgt aus dem Zweiten Hauptsatz, dass mit jeder Nutzung einer Einheit der „natürlichen Ressource" Energie der in ihr enthaltene Exergieanteil verringert wird und schließlich – oft auch schon nach der ersten Nutzung – unwiederbringlich für die Produktion der Wertschöpfung, also des Bruttoinlandsprodukts (BIP) oder Teilen davon, verloren ist. Ob uns deswegen eine ökonomische Katastrophe droht, wird in den Kap. 4 und 6 untersucht.

---

[7]Der Weltenergieumsatz des Jahres 2011 lag laut „Weltenergierat Deutschland 2012" bei etwa $5,4 \cdot 10^{20}$ Ws. Der Energieinhalt der Ozeanschicht zwischen 0 und 700 m Tiefe wird auf 10^{23} Ws geschätzt. Nur ein sehr kleiner Teil dieser Energie könnte dauerhaft mittels des OTEC (Ocean Thermal Energy Conversion)-Verfahrens genutzt werden. Die Quelle dieser Energie ist letztendlich die Sonne, die die Temperaturdifferenz zwischen der Meeresoberfläche und den Tiefenschichten aufrechterhält [2].

1.2 Beschränkungen

Konfuzius wurde einmal gefragt, was er zuerst täte, übergäbe man ihm die Macht im Staate. Er antwortete: „Den Sprachgebrauch verbessern."„Den Sprachgebrauch verbessern? Was ist daran so wichtig?", wunderten sich seine Jünger. Konfuzius sagte: „Wenn die Sprache fehlerhaft ist, verwirren sich die Gedanken. Wenn sich die Gedanken verwirren, leiden die Wissenschaft, die Künste und das Recht. Leiden Wissenschaft, Künste und Recht, dann leidet der Staat".

Bisher war von den harten Beschränkungen die Rede gewesen, die der Produktion materiellen Wohlstands von der Natur und ihren Gesetzen auferlegt werden. Betrachtet man jüngste Entwicklungen in den hoch industrialisierten Gesellschaften und deren Wechselwirkung mit Entwicklungs- und Schwellenländern, kommt man nicht umhin, auch über „weiche" Beschränkungen nachzudenken, die die Bürger sich und ihren Gemeinwesen selbst auferlegen sollten.

1.2.1 Informationsströme

Fortschritte in der Mikro- und Nanostrukturierung des Transistors, des Schlüsselelements moderner Nachrichtentechnik, führten und führen zu einem rasanten Anwachsen der Informationsströme rund um den Globus. Zum Beispiel werden „fast 700 Mio. Mitteilungen pro Tag …in Deutschland über WhatsApp versendet …Pro Minute teilen Nutzer weltweit auf YouTube 400 h Videos, auf Facebook 216.000 Fotos und auf Instagram liken sie 2,4 Mio. Posts" [27].

Von der mit den Informationsströmen verbundenen Entropieproduktion aufgrund der Wärmeentwicklung der elektrischen Ströme in den Transistoren, wie auch vom Verbrauch knapper Materialien, z. B. Seltenen Erden, bei der Produktion von Computern, Tablets und Mobiltelefonen, soll hier nicht weiter die Rede sein. Doch könnten trotz – oder gerade wegen – der Wertschätzung einer wohlinformierten Bevölkerung nicht auch Beschränkungen von Informationsströmen notwendig werden?

Die zuvor kritisch kommentierte Enzyklika *Laudato Sí* findet in den Punkten 46 und 47 klare Worte für das Problem der Informationsüberflutung:

46. Zu den sozialen Komponenten der globalen Veränderung gehören auch die Auswirkungen einiger technologischer Neuerungen auf die Arbeit, die soziale Ausschließung, die Ungleichheit in der Verfügbarkeit und dem Konsum von Energie und anderen Diensten …

47. Dazu kommen die Dynamiken der Medien und der digitalen Welt, die, wenn sie sich in eine Allgegenwart verwandeln, nicht die Entwicklung einer Fähigkeit zu weisem Leben, tiefgründigem Denken und großherziger Liebe begünstigen. Die großen Weisen der Vergangenheit würden in diesem Kontext Gefahr laufen, dass ihre Weisheit inmitten des zerstreuenden Lärms der Informationen erlischt. Das verlangt von uns eine Anstrengung, damit diese Medien sich in einer neuen kulturellen Entwicklung der Menschheit niederschlagen und nicht in einem Verfall ihres innersten Reichtums. Die wirkliche Weisheit, die aus der Reflexion, dem Dialog und der großherzigen Begegnung zwischen Personen hervorgeht, erlangt man nicht mit einer bloßen Anhäufung von Daten, die sättigend und benebelnd in einer Art geistiger Umweltverschmutzung endet. Zugleich besteht die Tendenz, die realen

Beziehungen zu den anderen mit allen Herausforderungen, die sie beinhalten, durch eine Art von Kommunikation zu ersetzen, die per Internet vermittelt wird. Das erlaubt, die Beziehungen nach unserem Belieben auszuwählen oder zu eliminieren, und so pflegt sich eine neue Art künstlicher Gefühlsregungen zu bilden, die mehr mit Apparaturen und Bildschirmen zu tun haben, als mit den Menschen und der Natur. Die derzeitigen Medien gestatten, dass wir Kenntnisse und Gemütsbewegungen übermitteln und miteinander teilen. Trotzdem hindern sie uns manchmal auch, mit der Angst, mit dem Schaudern, mit der Freude des anderen und mit der Komplexität seiner persönlichen Erfahrung in direkten Kontakt zu kommen. Darum dürfte es nicht verwundern, dass sich gemeinsam mit dem überwältigenden Angebot dieser Produkte eine tiefe und wehmütige Unzufriedenheit in den zwischenmenschlichen Beziehungen oder eine schädliche Vereinsamung breitmacht.

„Geistige Umweltverschmutzung" und die Umweltverschmutzung der Biosphäre durch Entropieproduktion haben Zufälligkeit und Durcheinander gemeinsam. Das zeigt der Blick auf den Zusammenhang von Entropie und Information [28], der im Anhang A.1.3 mathematisch dargestellt wird.

Entropie, das physikalische Maß für Unordnung, und Shannon-Entropie, das Maß für Zufälligkeit in der Informationstheorie, unterscheiden sich mathematisch nur durch die in ihren Definitionen auftretenden Wahrscheinlichkeiten und eine frei wählbare Konstante. Wie mit den Gl. (A.16)–(A.19) erläutert wird, erhält man so für die Entropie eine Summe von Wahrscheinlichkeiten, die jeweils mit ihren natürlichen Logarithmen, ln, multipliziert sind, während für die Shannon-Entropie es zweckmäßig ist, die Wahrscheinlichkeiten mit ihren Logarithmen zur Basis der (in den binären Prozessen der Digitalisierung auftretenden) Zahl 2 zu multiplizieren.

Die elementare Entropieeinheit ist das Bit. Ein Bit Zufälligkeit entspricht z. B. einem Münzwurf mit der gleichen Wahrscheinlichkeit für „Kopf/Bild" oder „Zahl". In Computern ist das Bit die Informationseinheit, die in einer Zelle mit zwei möglichen Zuständen gespeichert werden kann. Im Transistor bestehen diese beiden Zustände aus „Strom an" und „Strom aus". Solche Zustände kodieren die dualen Zahlen „Null" und „Eins". Ein Bit Entropie ist dann gegeben, wenn in der Speicherzelle die 0 und die 1 mit gleicher Wahrscheinlichkeit angetroffen werden können. Bei der in Abschn. 2.1 behandelten Fotosynthese von CO_2 und H_2O zu $C_6H_{12}O_6$ (Traubenzucker/Glukose) werden der Biosphäre 40 Bits pro gebildetes Glukosemolekül entzogen. Bei der Energiegewinnung der Lebewesen durch die Veratmung der Glukose und der Emission und Zufallsverteilung des CO_2 und H_2O werden der Biosphäre diese 40 Bits Entropie wieder zurückgegeben.[8] Mit anderen Worten: Die entzogenen 40 Bits entsprechen den Verlusten von Bewegungs-Freiheitsgraden der Atome bei ihrer Bindung an die festen Plätze im Zuckermolekül. Dort können sie weniger Zufallsbewegungen ausführen als in den Ausgangssubstanzen. Man kann diese 40 Bits auch als die Information betrachten, die benötigt wird, um den

---

[8]Da alle durch die Veratmung der Nahrung emittierten CO_2-Moleküle der Atmosphäre zuvor durch die Fotosynthese entnommen worden sind, war das innerhalb einer internationalen wissenschaftlichen Akademie angeregte Forschungsprojekt zur Untersuchung des Einflusses der menschlichen Atmung auf den anthropogenen Treibhauseffekt gegenstandslos und wurde nach einigem Hin und Her aufgegeben.

Atomen ihre festen Plätze im Glukosemolekül zuzuweisen. In makroskopischen Systemen liegen typische Entropieänderungen in der Größenordnung von 10^{23} Bits. Ausführlicher behandeln das [2,29].

Von „geistiger Umweltverschmutzung" durch Informationsüberflutung zu sprechen, ist in folgendem Sinne gerechtfertigt. Zur Bewältigung unserer Umwelt- und Sozialprobleme müssen wir die dazu benötigten (oft trockenen) Sachinformationen wohlgeordnet, klar und leicht abrufbar in unseren Gehirnen speichern. Doch durch die Fülle der auf uns einstürmenden Informationen, die, besonders als Bilder, immer häufiger das Gefühl und immer seltener den Verstand ansprechen, wird die Gesellschaft ständig in Erregungszustände versetzt, die den hochentropischen Anregungszuständen physikalischer Systeme entsprechen, von denen die Abb. 1.1 einen zeigt. In dieser Verfassung fällt es schwer, die wirklich wichtigen Informationen zu erkennen, zu ordnen, dauerhaft geschützt abzuspeichern und bei wichtigen Arbeiten und Entscheidungen präsent zu haben. Daher verhindert Informationsüberflutung das ruhige, konzentrierte Lernen, Bedenken und Entscheiden. Und so ermöglicht sie Wahlerfolge sowohl nüchterner als auch charismatischer Populisten, wenn die Wähler die vielen Beispiele für deren Scheitern an den wirtschaftlichen und technischen Sachverhalten vergessen haben. Hinzu kommt, dass die lingua franca des Internets ein Sprachgemisch ist, das mit angelsächsischen Werbesprüchen häufig sinnlose Verbindungen eingeht und Gedankenwirrwarr fördert, so dass die eingangs von Konfuzius benannten Folgen fehlerhafter Sprache drohen.

Besonders wichtig dürfte eine kluge Beschränkung des Medienkonsums von Kindern und Jugendlichen sein. Darauf weist das Bundesministerium für Gesundheit in seiner am 29. Mai 2017 veröffentlichten „BLIKK Studie 2017" hin [30], die auf einer Befragung von 5573 Eltern und deren Kinder beruht und feststellt:

Die Möglichkeiten und Chancen der Digitalisierung stehen außer Frage. Doch Digitalisierung ist nicht ohne Risiko, zumindest dann, wenn der Medienkonsum außer Kontrolle gerät: Die Zahlen internetabhängiger Jugendlicher und junger Erwachsener steigen rasant – mittlerweile gehen Experten von etwa 600.000 Internetabhängigen und 2,5 Mio. problematischen Nutzern in Deutschland aus. Mit der heute vorgestellten BLIKK-Medienstudie werden nun auch die gesundheitlichen Risiken übermäßigen Medienkonsums für Kinder immer deutlicher. Sie reichen von Fütter- und Einschlafstörungen bei Babys über Sprachentwicklungsstörungen bei Kleinkindern bis zu Konzentrationsstörungen im Grundschulalter. Wenn der Medienkonsum bei Kind oder Eltern auffallend hoch ist, stellen Kinder- und Jugendärzte weit überdurchschnittlich entsprechende Auffälligkeiten fest. Dazu die Drogenbeauftragte der Bundesregierung, Marlene Mortler: „Diese Studie ist ein absolutes Novum. Sie zeigt, welche gesundheitlichen Folgen Kinder erleiden können, wenn sie im digitalen Kosmos in der Entwicklung eigener Medienkompetenz allein gelassen werden, ohne die Hilfe von Eltern, Pädagogen sowie Kinder- und Jugendärzten. Für mich ist ganz klar: Wir müssen die gesundheitlichen Risiken der Digitalisierung ernst nehmen! Es ist dringend notwendig, Eltern beim Thema Mediennutzung Orientierung zu geben. Kleinkinder brauchen kein Smartphone. Sie müssen erst einmal lernen, mit beiden Beinen sicher im realen Leben zu stehen. Unterm Strich ist es höchste Zeit für mehr digitale Fürsorge – durch die Eltern, durch Schulen und Bildungseinrichtungen, aber natürlich auch durch die Politik".

Bei mangelhafter digitaler Fürsorge werden vielleicht später einmal Psychologen davon sprechen, dass in der ersten Dekade des 21. Jahrhunderts mit der Markteinführung des iPhone die Evolution des „Homo smartphonicus" begonnen hat. Falls abzusehen ist, dass diese in eine Sackgasse führt, sollte man dann nicht eine teilweise Rückkehr zu den Verhältnissen vor der Etablierung des Internets in Betracht ziehen, als für das Versenden und Empfangen von Informationen mit Geld und nicht mit persönlichen Daten bezahlt wurde? Könnte man nicht den Betreibern der sozialen Netzwerke in jedem Land Steuern auferlegen, die sich an der Zahl der Accounts von Bürgern dieses Landes bei Facebook und Co. orientieren? Könnte eine derartige Steuer nicht auch Teil einer Antwort der Europäischen Union auf Strafzölle sein, die die seit 2017 amtierende US-Administration europäischen Waren auferlegen will?

1.2.2 Kapitalströme

Bei den Klimaverhandlungen der Vereinten Nationen pochten und pochen die weniger industrialisierten Länder auf Unterstützung durch die hoch industrialisierten Länder. Diese Unterstützung soll und muss als Hilfe zur Anpassung an den zu erwartenden Klimawandel gegeben werden – doch keinesfalls so, dass die Hilfsgelder in den Taschen kleptokratischer Eliten verschwinden und auf verschwiegenen Konten europäischer, nordamerikanischer und karibischer Banken landen.

Eine Vorstellung von den Dollarmilliarden, die orientalische, südostasiatische und afrikanische Potentaten sowie lateinamerikanische Großgrundbesitzer ihren Ländern entziehen und in Banken, Aktien und Luxusimmobilien der Industrieländer und ihrer Offshore-Finanzdependancen deponieren, haben wohl nur unsere diskreten Banker und Vermögensberater. Eine Ahnung vermittelt der Verbindungsmann von Oxfam bei der Afrikanischen Union in Addis Abeba, Désireé Assogbavi, der zur Idee eines Marshallplans für Afrika sagte: „Wenn unsere westlichen Partner uns dabei helfen würden, die 60 Mrd. US$ Schwarzgeld, die jedes Jahr aus Afrika abfließen, auf dem Kontinent zu halten, würde es uns prima gehen, und wir könnten auf jeden Marshallplan verzichten."[9] Und schon im Jahr 1970 antwortete mir ein normalerweise milde gestimmter Kollege vom Departamento de Física der Universidad del Valle in Cali auf die Frage, wie man die schlimme soziale Lage breiter Bevölkerungsschichten in dem reichen, schönen Land Kolumbien am schnellsten ändern könnte: „Man müsste etwa 30 Familien erschießen." Die Antwort war natürlich rein theoretisch gemeint und bezog sich auf „am schnellsten". Aber sie zeigt die tiefe Verbitterung der Bevölkerung in einem Land, in dem etwa 30 Familienclans die beiden großen Parteien beherrschten, die 150 Jahre lang um die Macht im Land konkurriert und diese Konkurrenz in blutigen Bürgerkriegen ausgetragen hatten. Der Abschn. 5.2 geht näher darauf ein. Beim Gedankenaustausch über die Verhältnisse in Industrie- und Entwicklungsländern hielten mir meine kolumbianischen Kollegen vor, dass die von den lateinamerikanischen Eliten außer Landes geschafften gewaltigen Summen

---

[9] DER SPIEGEL, 3/2017/43.

Geldes gerne von US-amerikanischen, deutschen und Schweizer Banken in Empfang genommen würden. In einem anderen südamerikanischen Land erzählte mir der Repräsentant eines führenden deutschen Automobilkonzerns, wie er dem Innenminister die Bestechungsmillionen für einen Großauftrag zur Lieferung von Feuerwehrfahrzeugen in den Papierkorb schütten musste. Bis in die Mitte der 1990er-Jahre konnten deutsche Unternehmen die Bestechung ausländischer Staatsdiener ja auch von der Steuer absetzen.

Die von Merrill Lynch und Capgemini publizierten „World Wealth Reports" zeigen, dass die *Anzahl* der lateinamerikanischen sog. „High Net Worth Individuals" (HNWI) mit einem Finanzvermögen von mindestens einer Million US-Dollars klein ist im Vergleich zur Zahl aller HNWI, ihr *Vermögensanteil* am globalen Gesamtvermögen aller HNWI jedoch in der Größenordnung des Anteils der europäischen HNWI liegt [2, 229–231], s. auch „Capgemini and RCB Management World Wealth Report 2013".

Und wie Reiche und Superreiche der Entwicklungs- und Industrieländer sich vereinigen in dem Bestreben, das scheue Reh (Finanz-) Kapital vor den Steuerbehörden ihrer Heimatländer in meerumspülten Steueroasen in Sicherheit zu bringen, berichten seit 2016 internationale Netzwerke investigativer Journalisten in den *Panama* und *Paradise* Papers.

Aufgrund der geringen sozialen Fortschritte der dem freien Kapitalmarkt unterworfenen Entwicklungsländer während eines halben Jahrhunderts drängt sich der Gedanke an eine Beschränkung der globalen Finanzkapitalströme auf. Für ihre Einführung bietet sich folgendes Verfahren an.

Unabhängig vom Problem finanzieller Hilfen zur Bewältigung der Folgen des anthropogenen Treibhauseffekts beschließen die industriell hochentwickelten Staaten in enger Zusammenarbeit mit zivilgesellschaftlichen Organisationen der Entwicklungs- und Schwellenländer sowie bewährten internationalen Nichtregierungsorganisationen einen Vertrag zur Einführung einer *Kapitalfluchtbremse*. Dieser Vertrag sieht vor, dass allen Banken in den Staaten, die Mitglieder des Kapitalfluchtbremsen-Abkommens sind, unter Androhung des Lizenzentzugs verboten wird, von natürlichen und juristischen Personen aus Ländern mit einem von „Transparency International" festgestellten und von den Staaten des Abkommens als inakzeptabel eingestuften Korruptionsniveau Gelder anzunehmen und, in welcher Form auch immer, außerhalb des Heimatlands der betreffenden Person anzulegen. Der Handel zwischen den korrupten Ländern und dem Rest der Welt wäre über Transferbanken der Vereinten Nationen abzuwickeln. Deren Personal sollte im Kontakt mit Nichtregierungsorganisationen und staatlichen Institutionen der internationalen Zusammenarbeit aus den wirtschaftlich kompetenten Vertretern der einheimischen Zivilgesellschaften ausgesucht werden, die bereit sind, für Gehälter von höheren Verwaltungsbeamten der Staaten mit niedrigem Korruptionsniveau, und so sorgfältig wie diese, zu arbeiten

Die Kapitalfluchtbremse dürfte eines der wenigen Instrumente sein, mit denen die industriell hochentwickelten Staaten ohne Verletzung des Selbstbestimmungsrechts der Völker dazu beitragen können, dass die notwendigen Bedingungen für eine Verbesserung der Lebensverhältnisse in den ärmeren Länder des „Südens"

geschaffen werden. Sie würde deren regierenden, korrupten Eliten, die sich an die
Macht klammern und dadurch auch Stammesfehden und Bürgerkriege auslösen, den
Zugang zu den internationalen Finanzmärkten verwehren. Dann müssten diese Eliten ihre beim Regieren gemachte Beute im eigenen Land investieren – mit anderen
Worten: Sie müssten das nunmehr im Lande verbleibende Finanzkapital zur An-
schaffung von Realkapital, also Maschinen und den zu ihrem Schutz und Betrieb
benötigten Gebäuden und Anlagen, und zur Entwicklung effizienter, nachhaltiger
Landwirtschaft verwenden. Und wie sich beim Übergang zur Industriegesellschaft
in der europäischen feudalen Agrargesellschaft auch aufgeklärte Mitglieder der herrschenden Klasse fanden, die sich um den sozialen und technischen Fortschritt ihrer
Länder kümmerten, so dürften auch heute in den Entwicklungsländern beim Ver-
stopfen der Geldabflusskanäle kluge Frauen und Männer an die Macht kommen, die
die oft reichen natürlichen Ressourcen ihrer Heimat nicht ans Ausland verscherbeln,
sondern für die Bildung ihrer Mitbürger und die Schaffung industrieller Arbeitsplätze
einsetzen. Kurzfristig wird sich dadurch die Emissionsproblematik verschärfen.
Langfristig müssen alle gemeinsam nach Lösungen suchen.

Kapitalverkehrsbeschränkungen durch Sanktionen gegen Banken und Firmen der
Industrieländer bei Zuwiderhandlungen sind keineswegs neu. Sie wurden von den
USA und der Europäischen Union einmal gegen den Iran wegen dessen Atompro-
gramms und ein andermal gegen etliche Mitarbeiter des russischen Präsidenten Putin
wegen der Annexion der Krim[10] eingeführt. Beschränkungen der Kapitalmärkte sind
also ein durchaus bereits erprobtes Instrument zur Durchsetzung höherer Interessen.
Und das Verdrängen der schlimmsten Spielarten persönlicher Korruption aus den
Regierungsgeschäften des 21. Jahrhunderts sollte im höchsten Interesse der internationalen Gemeinschaft und der industriell hochentwickelten Länder liegen.

Unabhängig davon gibt es einen weiteren Grund, Beschränkungen des Kapitalverkehrs einzuführen.

Die Ökonomen Wolfgang Eichhorn und Dirk Solte [31] weisen in ihrem Buch *Das
Kartenhaus Weltfinanzsystem* darauf hin, dass das globale Finanzsystem zusammen-
bräche, wenn alle Inhaber von Sparkonten und Wertpapieren verlangten, dass ihre
Guthaben in Zentralbankgeld, dem einzigen gesetzlichen Zahlungsmittel, ausgezahlt
würden, denn: „Gegenüber dem umlaufenden Zentralbankgeld gibt es …mehr als das
Fünfzigfache an verbrieften Geldansprüchen." Diese verbrieften Geldansprüche werden international gehandelt, wobei dank der modernen Informationstechnologien die
Transaktionen mit Lichtgeschwindigkeit erfolgen. Sie lassen die Kapitalströme um
den Globus immer stärker und schneller anschwellen, mit der Gefahr des Auftretens
von Instabilitäten. So entwickelte sich ab August 2007 eine schwere Finanzkrise, u.a.
wegen des Handels mit faulen Krediten auf US-Immobilien. Die US-Investmentbank
Lehman Brothers brach am 15. September 2008 zusammen. Auch Banken anderer Länder brachte das Platzen der Immobilienblase in Bedrängnis. In Deutschland

---

[10]Die Krim kam 1783 unter russische Herrschaft. Unter dem sowjetischen Parteichef Nikita
Chruschtschow wurde sie 1954 an die Ukrainische Sozialistische Sowjetrepublik angegliedert. Nach
dem Zerfall der Sowjetunion wurde die Ukraine ein souveräner Staat. 2014 kam es zur Abspaltung
der Krim von der Ukraine und zum De-facto-Anschluss an Russland.

musste die Hypo Real Estate mit Steuergeldern gerettet werden. Es kam zur ersten großen Weltwirtschaftskrise des 21. Jahrhunderts. Ob die anschließend verschärften gesetzlichen Vorschriften für den Bankensektor ausreichen, um eine Wiederholung von Ähnlichem zu verhindern, ist nicht sicher. Hatten doch die ökonomischen Akteure offenbar nichts aus dem Platzen der japanischen Immobilienblase in den frühen 1990er-Jahren gelernt. Aufgebläht worden war diese Blase durch Spekulationen, die dazu führten, dass der Wert des Tokioter Kaiserpalasts und seiner Gärten so hoch taxiert wurde wie der des gesamten kalifornischen Staates [32].

1.2.3 Märkte

Das systematische Nachdenken über die Entstehung und Verteilung des Wohlstands begann mit dem schottischen Moralphilosophen und Ökonomen *Adam Smith* und seinem Buch *An inquiry into the nature and causes of the wealth of nations*.[11] Dieses Werk beschreibt systematisch die liberalen Wirtschaftslehren des 18. Jahrhunderts und wurde zur Bibel der klassischen Nationalökonomie. Es erschien im Jahre 1776, dem Jahr der Unabhängigkeitserklärung der Vereinigten Staaten von Amerika.[12] „Diese zeitliche Übereinstimmung ist kaum zufällig: Es besteht ein Zusammenhang zwischen dem politischen Kampf gegen die Herrschaftsform der Monarchie und der Emanzipation der freien Marktpreisbildung von staatlichen Eingriffen und Regulierungen", bemerkt dazu der Autor eines der erfolgreichsten Ökonomielehrbücher [33] *Paul A. Samuelson*.

Damit ist das Grundanliegen der Volkswirtschaftslehre ausgesprochen, die heute, wie kaum eine andere wissenschaftliche Disziplin, das Leben des Einzelnen und die Beziehungen zwischen den Völkern bestimmt: Es geht um die Bildung der Preise von Gütern und Dienstleistungen auf freien Märkten. Dabei sorge, so Adam Smith, eine „unsichtbare Hand" dafür, dass jeder Einzelne in der Verfolgung seines Selbstinteresses gerade das tue, was dem Wohl des Ganzen diene. Dennoch lehnte Adam Smith keineswegs alle wirtschaftspolitischen Eingriffe des Staates und daraus folgende Beschränkungen der Märkte von vornherein ab. Das tat erst der spätere Manchester-Kapitalismus, der als Extremform des wirtschaftlichen Liberalismus für unbedingten Freihandel und schrankenlose Wirtschaftsfreiheit eintrat und auch als „Laissez-faire-Kapitalismus" bezeichnet wird.

In den 1980er-Jahren hatten der US-Präsident Ronald Reagan und die britische Premierministerin Margaret Thatcher den Reiz des Manchester-Kapitalismus neu entdeckt und diese längst überwunden geglaubte, jetzt Reaganomics oder Thatcherismus genannte radikale Spielart der Marktwirtschaft wiederbelebt, die im Namen der Freiheit auch in Kontinentaleuropa propagiert worden war.

---

[11]Deutscher Kurztitel *Der Reichtum der Nationen*.
[12]Im selben Jahr wurde auch die von dem Schotten *James Watt* aus Newcomens Dampfpumpe entwickelte (Vorstufe der) Dampfmaschine erstmals kommerziell zum Leerpumpen von Kohlegruben eingesetzt.

Diese Wiederbelebung ist umso erstaunlicher, als nach dem 2. Weltkrieg die west-lichen Industrieländer, nicht zuletzt Deutschland, gemäß ihrem Selbstverständnis als soziale Rechtsstaaten sich nicht allein auf die „unsichtbare Hand" verlassen woll-ten, sondern dem Markt gesetzliche Rahmenbedingungen gegeben haben, innerhalb derer das individuelle Gewinnstreben sich so entfalten konnte, dass wirtschaftlicher Fortschritt und wachsender Wohlstand für alle Hand in Hand gingen.

Der von Reagan und Thatcher eingeleitete Rückfall wurde begünstigt von einem tiefgreifenden Wandel der Produktionsweisen, an die die Rahmenbedingungen der sozialen Marktwirtschaft noch nicht angepasst worden sind. Dieser Wandel besteht im Vordringen der Informationstechnologien, das durch die Erfindung des Transistors ausgelöst wurde und bisweilen als zweite (oder auch dritte) Industrielle Revolution verstanden wird. Die Kombination von Wärmekraftmaschinen und Transistoren hat der Automation neuen, ungeahnten Schwung verliehen. Neuerdings wird mit „Digitalisierung" das bezeichnet, was Automation meint. Sie ist es, die heute unser wirtschaftliches und soziales Schicksal bestimmt. Kap. 3 handelt davon. Zwar sind Reaganomics und Thatcherismus auf dem Rückzug. Dafür haben der erste große Börsenkrach des 21. Jahrhunderts und die nachfolgende globale Rezession gesorgt, denen ihre Deregulierungsideologie den Boden bereitet hatte. Aber sie haben dem Ruf und der Akzeptanz der Marktwirtschaft geschadet

Als Folge, und auch im Blick auf die ökologischen Probleme, werden jetzt von ganz unterschiedlichen politischen Bewegungen und ökonomischen Denkschulen Alternativen zum „Kapitalismus" mit Beschränkungen von Produktion, Handel und Märkten gefordert – und das in einer Zeit, in der die meisten Länder der Welt nach Industrialisierung unter marktwirtschaftlichen Rahmenbedingungen streben.

Vor dem Hintergrund der sich verstärkenden Kapitalismuskritik sei schon hier gesagt, dass es in diesem Buch um den Produktionsfaktor Kapital geht, der gemäß Kap. 3 aus allen Energieumwandlungsanlagen und Informationsprozessoren samt den zu ihrem Schutz und Betrieb benötigten Gebäuden und Installationen besteht. Dieses Sachkapital der Realwirtschaft wird durch Energie aktiviert. Ganz anders das Geldkapital der Finanzwirtschaft: Es wird aktiviert von menschlichen Bestrebungen. Diese können zu Investitionen in Sachkapital führen. Sie können aber auch Speku-lationsblasen aufblähen, deren Platzen schon große Schäden in der Realwirtschaft angerichtet hat.

Wir haben in diesem Kapitel den derzeit spürbaren Umbruch der Industriegesell-schaft und Beschränkungen zu seiner Beherrschung betrachtet. In den Folgekapiteln geht es um die thermodynamischen Grundlagen industrieller Wertschöpfung, der quantitativen Analyse des Wirtschaftsschaftwachstums unter Berücksichtigung der Energie als Produktionsfaktor und die Leitplanken für Entwicklungspfade, auf denen ein Dunkles Zeitalter vielleicht vermieden werden kann.

Energie und Leben

2

Reiner Kümmel

Wohltätig ist des Feuers Macht,
wenn sie der Mensch bezähmt, bewacht,
und was er bildet, was er schafft,
das dankt er dieser Himmelskraft.
Friedrich von Schiller, „Das Lied von der Glocke"

Die Zähmung des Feuers im Dunkel der Geschichte vor vierhunderttausend Jahren war der erste Schritt des Menschen auf einem Weg, der ihn hoch über alle anderen Lebewesen der Erde geführt hat: Mit erst langsam und dann immer stürmischer sich entfaltender technischer Kreativität nutzte und nutzt er in wachsendem Maße die Kräfte der Natur zur Mehrung des Wohlstands und Beherrschung der Welt.

Prometheus, der nach der griechischen Sage das Feuer aus dem Olymp auf die Erde brachte, wurde vom Göttervater Zeus grausam dafür bestraft, dass er den Menschen solche Macht verliehen und sie damit vor dem Untergang bewahrt hatte.

Das Feuer spendet Licht und schenkt Wärme für Heim und Herd, Metallverarbeitung, Stoffumwandlung und Arbeitsleistung. Heilige und Dichter haben die Macht des Feuers besungen.[1] Die Quelle der Macht des Feuers blieb dem Menschen lange verborgen. In der alten Naturphilosophie galt das Feuer als Ursprung des Seins, oder es war eines der vier Elemente.

Erst im 19. Jahrhundert lernten die Physiker, nicht zuletzt von dem deutschen Arzt *Robert Mayer* und dem englischen Bierbrauer *James Prescott Joule,* dass im Feuer eine Größe aufscheint, die Holz und Kohle, Nahrung, Lage und Bewegung innewohnt und die in Wärme und Arbeit umgewandelt werden kann. Heute wissen wir, dass aus dieser Größe im Urknall vor ca. 14 Mrd. Jahren unser Universum entstanden ist und

---

[1]Der heilige Franz von Assisi betet in seinem Sonnengesang [34]: „Sei gelobt mein Herr für Bruder Feuer/durch den du erleuchtest die Nacht./Sein Sprühen ist kühn, heiter ist er, schön und gewaltig stark".

© Springer-Verlag GmbH Deutschland, ein Teil von Springer Nature 2018
R. Kümmel et al., *Energie, Entropie, Kreativität,*
https://doi.org/10.1007/978-3-662-57858-2_2

dass sie durch das Sonnenlicht und die Fotosynthese der Pflanzen alles Leben auf der Erde erhält. Ihr Name *Energie* – so verstanden wie in Abschn. 1.1.1 angegeben – wurde erstmals von *Thomas Young* (1773–1829) ausgesprochen. Energie und ihre Umwandlung in Arbeit ist unerlässlich für alles Leben und Wirtschaften, das auf unserem Planeten die Biosphäre geschaffen und die Zivilisation entfaltet hat.

Ein extraterrestrischer Beobachter, der seit vier Milliarden Jahren die Entwicklung des Lebens auf der Erde verfolgte, könnte als treibende Kraft nur eine Größe feststellen: die eingestrahlte Sonnenenergie. Sie ist der Faktor, der, zusammen mit der genetischen Informationsverarbeitung, alles auf Erden produziert. Darum genoss die Sonne in vielen Religionen göttliche Verehrung.[2]

2.1 Fotosynthese und Atmung

Die Fotosynthese liefert die chemische Energie für das Leben auf der Erde. Die Atmung wandelt diese Energie in die Arbeit um, die in und von den lebenden Organismen verrichtet wird.

Photonen des Sonnenlichts erregen Elektronen in den Chlorophyll-Molekülen der fotosynthetischen Reaktionszentren der Pflanzen, Algen und einiger Bakterien. Die angeregten Elektronen fließen längs einer Molekülkette als winziger, solargetriebener elektrischer Strom. Dieser Strom verrichtet zwei Arbeiten. Er spaltet Wassermoleküle in Wasserstoff- und Sauerstoffatome auf, und er wandelt Adenosin-Diphosphat (ADP)-Moleküle in energiereichere Adenosin-Triphosphat (ATP)-Verbindungen um. In einer Reihe chemischer Reaktionen werden Zucker (Glukose) und Sauerstoff aus Wasserstoff, Kohlendioxid und ATP gebildet. In der fotosynthetischen Summengleichung ergeben sechs Wasser- und sechs Kohlendioxidmoleküle unter Lichteinwirkung ein Zuckermolekül und sechs Sauerstoffmoleküle:

$$6H_2O + 6CO_2 + \text{Licht} \rightarrow C_6H_{12}O_6 + 6O_2.$$

Dabei wird die Energie des Sonnenlichts im Wesentlichen in die chemische Energie des Zuckers und Sauerstoffs umgewandelt und so gespeichert.

Der Atmungsprozess vollendet den fundamentalen Lebenszyklus. Dabei wird von Pflanzen und Tieren durch die Rekombination von Zucker und Sauerstoff zu Wasser und Kohlendioxid die gespeicherte Sonnenenergie freigesetzt, um damit Arbeit zu verrichten, z. B. mechanische Arbeit der Muskelkontraktion, elektrische Arbeit, wenn Ladungen transportiert werden, osmotische Arbeit, wenn Material durch semipermeable Trennwände transportiert wird, oder chemische Arbeit, wenn neue Materialien synthetisiert werden. In diesen Nichtgleichgewichtsprozessen kann

---

[2]Hymnisch preist der ägyptische Pharao Echnaton (Amenophis IV.) die Sonne um 1400 vor Christus [35]: „Schön erscheinst du im Lichtberg des Himmels,/ Lebender Sonnenstern, der du lebtest am Anfang. …/ Jedes Land erfüllst du mit deiner Schönheit./ Groß bist du, funkelnd über jedem Lande,/ Jedes Land umarmt deine Strahlen/ bis zum letzten Ende alles von dir Erschaffen".

die Arbeitsleistung nur erbracht werden, wenn ein Teil der gespeicherten Exergie in Wärme umgewandelt und an die Umgebung abgegeben wird, wo sie als Anergie endet. Ein wesentlicher Mechanismus dieser Entropieentsorgung ist dabei die Wasserverdunstung. Deshalb sind die Pflanzen so durstig.

In der Summengleichung des Atmungsprozesses, der in einer Reihe von Oxidations- und Reduktionsreaktionen die im Zucker gespeicherte Exergie in die chemische Energie von ATP umwandelt,

$$C_6H_{12}O_6 + 6O_2 \rightarrow 6H_2O + 6CO_2 + „38\ ATP",$$

steht „38 ATP" für die in 38 Mol ATP gespeicherte Energie von etwa 2800 kJ. ATP dient allen Lebewesen als die universelle Energiewährung. Muss zu einer gegebenen Zeit Arbeit geleistet werden, wird ATP in ADP und anorganisches Phosphat umgewandelt und seine Energie in einer Hydrolysereaktion freigesetzt. Die chemischen Endprodukte der Atmung sind Wasser und in die Atmosphäre emittiertes Kohlendioxid.

Die Landwirtschaft stellt seit der „neolithischen Revolution" nach dem Ende der letzten Eiszeit in dem stabil gewordenen Klima die Fotosynthese planmäßig in den Dienst des Menschen. Ackerbau produziert und züchtet systematisch Getreide, Knollenfrüchte, Obst und Gemüse, und Viehzucht wandelt für den Menschen ungenießbare Pflanzen um in nährstoffreiches Fleisch.

2.2 Agrargesellschaft

Die Nutzung der Sonnenenergie und der durch sie angelegten Energiespeicher bestimmt die Zivilisationsgeschichte der Menschheit. So kann aus heutiger Sicht

die Universalgeschichte der Menschheit ... in drei Abschnitte unterteilt werden, denen jeweils ein bestimmtes Energiesystem entspricht. Dieses Energiesystem setzt die Rahmenbedingungen, unter denen sich gesellschaftliche, ökonomische oder kulturelle Strukturen bilden können. Energie ist daher nicht nur ein Wirkungsfaktor unter anderen, sondern es ist prinzipiell möglich, von den jeweiligen energetischen Systembedingungen her formelle Grundzüge der entsprechenden Gesellschaften zu bestimmen [36].

Der erste dieser drei Abschnitte war das Zeitalter der Jäger und Sammler. Es überdeckt 99 % der Zeit menschlicher Existenz. Darauf folgte das Zeitalter der Bauern und Handwerker von rund 10.000-jähriger Dauer. Es wurde vor 200 Jahren vom gegenwärtigen Industriezeitalter abgelöst. Die zivilisatorischen Fortschritte im Laufe der Geschichte gingen einher mit wachsender Energienutzung auf je neu sich entfaltenden Gebieten und der Erschließung immer ergiebigerer Energiequellen.

So deckte während der längsten Zeit seiner Existenz der Mensch seinen Energiebedarf in Form von Nahrung und Brennholz unmittelbar aus den solaren

Energieflüssen und der von ihnen produzierten Biomasse. Der Energieverbrauch pro Kopf und Tag betrug:[3]

- 2 kWh für den einfachen Sammler pflanzlicher Nahrung während der 600.000 Jahre vor der Zähmung des Feuers;
- 6 kWh für den Jäger und Sammler mit heimischem Herd vor 100.000 Jahren;
- 14 kWh für den einfachen Bauer, der nach dem zehn- bis zwölftausend Jahre zurückliegenden Beginn der derzeitigen, klimastabilen Warmzeit in der neolithischen Revolution Ackerbau und Viehzucht entwickelt hatte;
- 30 kWh für die Mitglieder der hochzivilisierten mittelalterlichen Agrargesellschaften 1400 n. Chr., in denen die Handwerker das Feuer in immer größerem Maße technisch, insbesondere zur Metallverarbeitung, nutzten [37].

Dem gegenüber stehen folgende Abschätzungen der jährlichen Energieerträge pro Hektar verschiedener landwirtschaftlicher Produktionsweisen (unter Einschluss der Brache) [36, 38]:

- Reis mit Brandrodung (Iban, Borneo)   236 kWh/ha;
- Gartenbau (Papua, Neuguinea)   386 kWh/ha;
- Weizen (Indien)   3111 kWh/ha;
- Mais (Mexiko)   8167 kWh/ha;
- intensive bäuerliche Landwirtschaft (China) 78.056 kWh/ha.

Jäger und Sammler kamen dagegen jährlich nur auf 0,2 bis 1,7 kWh/ha. Auf der Basis der chinesischen Intensivlandwirtschaft könnten also fünfzigtausend mal mehr Menschen auf einer gegebenen Fläche leben als unter Jäger- und Sammlerbedingungen.

Nach dem Übergang zur Industriegesellschaft durch Erschließung und Nutzung der fossilen Energiequellen stieg seit dem 19. Jahrhundert der Energieverbrauch pro Kopf und Tag in den Industrieländern wesentlich schneller als im Rest der Welt. So betrug er im Jahr:

- 1900 in Deutschland 89 kWh,
- 1960 in (West) Deutschland 61 kWh und in den USA 165 kWh; (Energie wurde 1960 effizienter genutzt als in 1900),
- 1990 in (West) Deutschland 117 kWh und in den USA 228 kWh,
- 1995 im wiedervereinigten Deutschland 133 kWh, in den USA 270 kWh, im Weltmittel 46 kWh, in den Entwicklungsländern 20 kWh.

Im Jahr 2011 verbrauchte im Weltmittel jeder Mensch täglich 59 kWh.

---

[3]Der Einfachheit halber wird die aus dem Alltag vertraute Kilowattstunde (kWh) als Energieeinheit verwendet. 1 kWh = 3.600.000 Ws, 1 Ws = 1 J.

Der Boden als Träger der Solarenergie sammelnden Pflanzen war in der Agrargesellschaft die Quelle wirtschaftlicher und politischer Macht. Zur Bearbeitung des Bodens, wie auch der aus ihm gewonnenen Hölzer, Steine und Metalle, standen lediglich menschliche und tierische Muskelkraft zur Verfügung. Die agrarischen Hochkulturen, die mehr als 5000 Jahre lang die menschliche Zivilisation prägten und vom Zweistromland des Euphrat und Tigris bis nach Fernost reichten, westwärts den Mittelmeerraum und Europa umfassten, und auch in Mittel- und Südamerika eindrucksvolle Zeugnisse der Kunst und Architektur hinterließen, waren in ihrer Entwicklung beschränkt durch die Begrenzung der Arbeitsleistung, die aus Muskelkraft gewonnen werden kann, und die niedrigen Wirkungsgrade der Energieumwandlung in Mensch und Tier. Schiefe Ebenen, Flaschenzüge, Hebel, Windmühlen und Wassermühlen boten eine gewisse, wenn auch nur sehr begrenzte Hilfe zum Überwinden der biologischen Barrieren. Eine Ahnung von den durch Muskelkraft erzielbaren Leistungen vermitteln die folgenden Zahlen [39].

Die Zugkraft eines Pferdes liegt bei 14 % seines Körpergewichts und beträgt dauerhaft etwa 80 Kilopond (kp) (1 kp = 9,81 N). Zum Tiefpflügen benötigt man 120–170 kp und zum Mähen 80–100 kp. Die Durchschnittsleistung eines Pferdes beträgt 600–700 W, die eines Esels 400 W. Ein Pferd verrichtet pro Tag eine Arbeit von 3 bis 6 kWh. Dafür benötigt es Futter mit einem Energiegehalt von etwa grob 30 kWh. Sein energetischer Wirkungsgrad liegt also zwischen 10 und 20 %. Zum Verrichten bestimmter mechanischer Arbeiten wurden Göpel verwendet. Maximal vier Esel konnte man in der Regel in einen Göpel spannen, so dass dessen Leistung auf maximal zwei Kilowatt beschränkt war. Die energetischen Grenzen des Überlandtransports waren in der Agrargesellschaft dadurch gegeben, dass ein Pferd in einer Woche eine Wagenladung Futter frisst. Es war also sinnlos, Pferd und Wagen für länger als eine Woche zum Transport von Nahrung einzusetzen. Darum mussten bei längeren Feldzügen die Heere sich aus den von ihnen besetzten (und „verheerten") Ländern ernähren.

Die energetischen Wirkungsgrade von Mensch und Pferd ähneln sich. Allerdings beträgt die Durchschnittsleistung eines Menschen nur 50–100 W und damit nur ein Achtel der Leistung eines Pferdes. Doch in einem war und ist der Mensch jedem noch so starken Tier überlegen: In der intelligenten Steuerung der in seinem Körper freigesetzten Energien auf die Objekte der Außenwelt zur nützlichen Umformung derselben. So hat des Menschen Hand in Kombination mit der Informationsverarbeitung im menschlichen Gehirn und der geheimnisvollen Macht, die wir Kreativität nennen, höchste kulturelle und technische Leistungen vollbracht. Begrenzt waren diese jedoch durch die menschliche Maximalleistung von 100 Watt. Darum benötigten die agrarischen Hochkulturen zum Bau ihrer Pyramiden und Tempel, Schlösser und Burgen und, am allerwichtigsten, zur Bewirtschaftung ihrer Ländereien Massen entrechteter Sklaven, Leibeigener und Höriger, die ihren Herren ein auch nach heutigen Vorstellungen menschenwürdiges Leben ermöglichten [38].

Als der Apostel Paulus an Philomenon den Brief schrieb, in dem er um Milde für den Sklaven Onesimus bat, bestand die Bevölkerung des Römischen Reiches zu 25 % aus Sklaven. Das Römische Reich brach unter dem Ansturm germanischer Barbarenstämme zusammen und zivilisierte sie noch im Todeskampf. Neue Feudalgesellschaften entstanden im Europa jenseits der Alpen. Dort gerieten die ursprünglich freien Bauern seit dem frühen Mittelalter in immer stärkere Abhängigkeit von den adligen Lehensherren und Landeigentümern. Sie wurden zu Hörigen und Leibeigenen. Die Feinheiten höfischen Lebens blieben den Fürsten, den von ihnen geförderten Künstlern und den handeltreibenden Finanziers der Hofhaltung vorbehalten.

Nach der Entdeckung Amerikas wurden zwischen 1520 und 1850 fast 10 Mio. versklavter Afrikaner zur Bewirtschaftung der Plantagen in die Neue Welt verfrachtet. Dort lebte man auch als bürgerlicher Großgrundbesitzer kultiviert und prächtig.

Sklaverei und Leibeigenschaft waren die Voraussetzungen für die kulturellen Höchstleistungen der Agrargesellschaften. Der Glanz der Wenigen strahlte aus dem Elend der Vielen.

Auch nach der Abschaffung von Sklaverei und Leibeigenschaft in den von der Aufklärung erfassten Ländern während des 18. und 19. Jahrhunderts bestimmte die Verfügungsmacht über den Boden noch mehrere Generationen lang gesellschaftlichen Rang und politischen Einfluss. Diese Bedeutung trat der Boden mit fortschreitender Industrialisierung ab an das Kapital.

2.3 Industriegesellschaft

Der Übergang von der Agrar- zur Industriegesellschaft vollzog sich mit technischen Fortschritten seit dem Ende des Mittelalter und der Entwicklung empirisch fundierter Naturwissenschaft. Ihnen entsprangen die Wärmekraftmaschinen sowie alle anderen Energieumwandlungsanlagen und Informationsprozessoren, die das Produktivkapital bilden. Das Bildungssystem wurde den Erfordernissen der industriegesellschaftlichen Entwicklungsdynamik ständig angepasst.

Im Ringen um die wirtschaftspolitischen Regeln, nach denen die Kräfte der Natur in den Dienst des Menschen gestellt werden, stritten im 17. und 18. Jahrhundert der Merkantilismus, dessen Ziel die finanzielle Stärkung der Staatsmacht war, und im 19. und 20. Jahrhundert planwirtschaftliche, vom Marxismus beeinflusste Vorstellungen gegen die verschieden ausgeprägten marktwirtschaftlichen Lehren. Letzteren zufolge sollen Produktion und Verteilung der landwirtschaftlichen und industriellen Güter und Dienstleistungen durch Privatunternehmen, die über Angebot und Nachfrage miteinander wechselwirken, erfolgen. Dabei ist in der Marktwirtschaft die Rolle des Staates in der Regel darauf beschränkt, die für die Produktion und Verteilung des „Wohlstands der Nationen" angemessenen gesetzlichen Rahmenbedingungen zu schaffen und ihre Beobachtung durchzusetzen; gelegentliche, steuernde staatliche Eingriffe in das Wirtschaftsgeschehen sind dabei nicht ausgeschlossen. *Samuelson* bezeichnet diese Wirtschaftsordnung als „ökonomisches Mischsystem, in dem sowohl öffentliche als auch private Institutionen den Wirtschaftsablauf beeinflussen und bestimmen" [33, Bd. I, S. 65]. In diesem System haben Ziele wie soziale Gerechtigkeit und Nachhaltigkeit eher einen Platz als im zuvor angesprochenen „Laissez-faire-Kapitalismus".

Aus kybernetischer Sicht hat die Marktwirtschaft gegenüber der Planwirtschaft den Vorteil, dass sich die Entscheidungsprozesse zwischen den Marktteilnehmern in kurzgeschlossenen Regelkreisen schnell vollziehen, während sie in einer Planwirtschaft alle hintereinander geschalteten Regler der Planungsbürokratie durchlaufen müssen. Dieser Vorteil hat dazu geführt, dass in der zweiten Dekade des 21. Jahrhunderts nahezu alle Volkswirtschaften der Welt, Nordkorea und Venezuela ausgenommen, marktwirtschaftlich arbeiten.

Allerdings ist die in der modernen, industriellen Marktwirtschaft herrschende Volkswirtschaftslehre noch geprägt von der Begriffswelt des Agrarzeitalters: Die „Bibel" der Nationalökonomie, Adam Smiths *Der Reichtum der Nationen* erschien 1776, jenem Jahr, in dem die Unabhängigkeitserklärung der Vereinigten Staaten von Amerika der bürgerlichen Demokratie die ideelle Grundlage schuf und in dem die das Industriezeitalter eröffnende Dampfmaschine von James Watt ihre erste kommerzielle Anwendung im Leerpumpen von Kohlegruben fand. Als Mensch des gerade zu Ende gehenden Agrarzeitalters, und ohne das völlig Neue erkennen zu können, das mit der kohlebefeuerten Dampfmaschine in die Welt gekommen war, betonte Adam Smith die menschliche Arbeit, in Kombination mit dem Boden und dem produzierten Produktionsmittel Kapital[4], als Quelle des Wohlstands. Dabei werde die Produktivität der Arbeit durch die Arbeitsteilung gesteigert, die mittels Freihandel auch auf internationaler Ebene stattfinden kann und soll.[5]

Doch ohne Wärmekraftmaschinen wäre in Adam Smiths Wirtschaftswelt die Verwirklichung der von der amerikanischen Unabhängigkeitserklärung proklamierten Menschenrechte auf Leben, Freiheit und dem Streben nach Glück in der heutigen, wenn auch noch unvollendeten Form kaum möglich gewesen. Sind sie es doch, die die von der Natur auf der Erde angelegten Brennstoffvorräte in gewaltige Energiedienstleistungen umwandeln und die Menschen der Industrieländer bei wachsendem Wohlstand von schwerer körperlicher Arbeit weitestgehend befreien.

Wärmekraftmaschinen, deren erste, die Dampfmaschine, heutzutage obsolet ist, wandeln die aus (chemischen und nuklearen) Brennstoffen gewonnene Wärme in Arbeit um; gesteuert werden die Umwandlungsprozesse von Informationsprozessoren wie Ventilen, Relais, Elektronenröhren und Transistoren. Die Wärmekraftmaschinen bilden im Verbund mit Feuerungsanlagen und Reaktoren das Herz des Realkapitalstocks. Sie sind (immer noch) unverzichtbar für die Produktion der Güter und Dienstleistung industrieller Volkswirtschaften. Wichtig sind heute:

Dampfturbinen. Sie treiben Dampfschiffe und Elektrizitätsgeneratoren von Kraftwerken an; über Letztere betreiben sie Straßen- und Eisenbahnen und auch alle elektrischen Maschinen in Industrie und Handwerk wie Schweißroboter, Fräsen,

---

[4]In der Agrargesellschaft bestand „Kapital" im Wesentlichen aus Feuerstellen, Werkzeugen, Gießereien, Fahrzeugen und Geräten, die von Muskelkraft, teils auch von Wasser und Wind, bewegt wurden, sowie den sie bergenden Gebäuden. Das lateinische Wort für Geld, *pecunia*, bedeutete ursprünglich Eigentum an Vieh. Wie weit Feuerwaffen zum „Kapital" gezählt wurden, ist unklar.
[5]Im Gegensatz dazu sieht Karl Marx' Arbeitswertlehre in der menschlichen Arbeit die primäre Quelle allen Wohlstands. Deshalb gebühre dem Faktor Arbeit auch die gesamte Wertschöpfung, alle Kapitalgüter eingeschlossen.

Bohrer, Computer, Drucker und Haushaltsgeräte wie Küchenherde, Kühlschränke, Waschmaschinen, Staubsauger und Fernseher.[6]
Ottomotoren bewegen Personenkraftwagen, Motorflugzeuge und Boote.
Dieselmotoren liefern den Antrieb für Traktoren und Mähdrescher, die die Landwirtschaft mechanisierten, sowie für Baumaschinen, Personenkraftwagen, Lastkraftwagen, Lokomotiven, Schiffe und dezentral eingesetzte Elektrizitätsgeneratoren.
Gasturbinen. Sie leisten mechanische Arbeit über die Antriebswellen von Hubschraubern, Schiffen, Pumpstationen und Gasturbinenkraftwerken. Als Düsentriebwerke erzeugen sie den Schub für die Luftflotten des Weltflugverkehrs.

Während die von Kohle, Öl, Gas und etwas Kernenergie betriebenen Wärmekraftmaschinen den Menschen von physischer Arbeit befreiten und befreien, nehmen ihm die von elektrischer Energie betriebenen Informationsprozessoren zunehmend auch geistige Routinearbeit ab. Wesentlich dafür sind heutzutage Transistoren, deren erste Exemplare zwischen 1946 und 1948 von *John Bardeen, Walter Brattain* und *William Shockley* entwickelt wurden, die dafür 1956 den Nobelpreis erhielten.

2.3.1 Technischer Fortschritt, Energiesklaven und Emissionen

Die industrielle Entwicklung verläuft in Innovationsschüben, die dem Energieeinsatz neue und weitere Felder erschließen. Seit 200 Jahren herrscht der Trend:
     Im Zuge des technischen Fortschritts werden in immer stärkerem Maße Energiesklaven statt Menschen zur Produktion von Gütern und Dienstleistungen herangezogen.
     Dabei wirkt ein Energiesklave in einer Energieumwandlungsanlage und hat einen Primärenergiebedarf von knapp drei kWh pro Tag, was dem Arbeitskalorienbedarf eines Schwerstarbeiters entspricht.
     Energiesklaven repräsentieren *Exergie.*Wie in Abschn. 1.1 gesagt und im Anhang A.2 näher ausgeführt wird, ist Exergie der Anteil einer Energiemenge, der vollständig in Arbeit umgewandelt werden kann, sei es mechanische, elektrische, chemische oder irgendeine andere Form der Arbeit. Die Primärenergieträger Kohle, Öl, Gas, Kernbrennstoffe und Sonnenlicht bestehen im Wesentlichen zu 100 % aus Exergie. Exergie ist *der* zentrale Begriff der modernen technischen Thermodynamik zur Kennzeichnung der Qualität und des Wertes von Energiemengen.
     Als einfachste Energiesklaven kann man sich Dynamitpatronen vorstellen. Schufteten sich in antiken Steinbrüchen Tausende versklavter Kriegsgefangener die Seele

---

[6]Eine im *Großen Brockhaus* abgebildete 800 MW Dampfturbine hat samt Generator eine Länge von 44 m und eine Breite von 14 m. Ein Pferd mit einer Leistung von 700 W benötigt eine Weidefläche von etwa 10.000 Quadratmetern. Alle Pferde zusammen, die die Leistung einer 800 MW Dampfturbine erbringen könnten, beanspruchten eine Fläche von knapp 11.500 Quadratkilometern. Das ist etwa die Hälfte der Fläche Hessens, die in Weideland umgewidmet werden müsste, damit die auf ihr wachsende Biomasse rein rechnerisch über Pferdekörper dieselben Energiedienstleistungen erbringen kann wie die durch Kohleverbrennung oder Kernspaltung angetriebene Dampfturbine eines Kraftwerks.

aus dem Leibe und war auch später noch unter humaneren Arbeitsbedingungen das Steinebrechen eine der schwersten und gefährlichsten körperlichen Arbeiten, genügen seit Alfred Nobels Erfindung einige wenige Arbeiter, die Löcher in Steinbruchwände bohren, Dynamitpatronen hineinstopfen und diese zünden. Geräuschärmer und stetiger arbeiten die aus dem Kraftstoff-Luft-Gemisch eines Verbrennungsmotors bestehenden Energiesklaven, die mit jeder Zündung Kolben, Pleuelstangen und Antriebswellen bewegen. Am elegantesten vielleicht verrichten die Strom und Spannung entspringenden Energiesklaven ihre Arbeit in Elektromotoren und Halbleitertransistoren.

Wo immer wir in unserer technisch-industriellen Welt hinschauen, wir sehen Energiesklaven am Werke, die dem Menschen gefährliche, schwere oder auch nur routinemäßig verrichtbare Arbeit abnehmen und ihn zu Unternehmungen befähigen, die er, auf sich allein gestellt, niemals vollbringen könnte, z. B. das Fliegen.

Betrachtet man ein gegebenes Wirtschaftssystem und fragt quantitativ nach der Zahl der darin arbeitenden Energiesklaven, so erhält man diese Zahl aus dem mittleren täglichen Primärenergieverbrauch des Wirtschaftssystems, dividiert durch den menschlichen Arbeitskalorienbedarf von 2500 kcal (2,9 kWh) pro Tag bei schwerer körperlicher Arbeit. Legt man diese Berechnungsmethode zugrunde und beachtet die in Abschn. 2.2 angegebenen Energieverbräuche pro Kopf und Tag, so erhält man als Zahlen der Energiesklaven (ES), die im Lauf der Geschichte jedem Menschen der verschiedenen Gesellschaften dienten, in etwa:

- vor 100.000 Jahren, Jäger und Sammler mit Feuer   1 ES,
- vor 7000 Jahren, einfache Agrargesellschaft   4 ES,
- 1400 n. Chr., Mittelalter Westeuropa   9 ES,
- 1900, Deutschland   30 ES,
- 1960, (West) Deutschland: 21 ES, USA: 59 ES,
- 1990, (West) Deutschland: 40 ES, USA: 79 ES,
- 1995, Deutschland: 45 ES, USA: 92 ES, Weltmittel: 15 ES,
  Entwicklungsländer: 6 ES;
- 2011, Weltmittel: 19 ES.

Eine Vorstellung von der Leistungsfähigkeit und den Kosten eines Energiesklaven gibt folgendes einfache Beispiel: Nehmen wir an, ein Energiesklave, der in einem von Haushaltsstrom angetriebenen Elektromotor arbeitet, soll per Aufzug einen samt Ausrüstung 100 kg schweren Bergsteiger von Meereshöhe auf den Gipfel des 8848 m hohen Mount Everest heben. Dazu müsste er eine Hubarbeit von 2,41 kWh leisten. Nimmt man an, dass zur Überwindung von Reibungswiderständen noch einmal dieselbe Arbeit verrichtet werden muss und dass der Preis einer Kilowattstunde elektrischer Energie 20 Cent beträgt, wird der Bergsteiger zu Energiekosten von rund 0,96 EUR auf den Mount Everest gehievt.[7] Die Gesamtkosten würden sich natürlich

---

[7]Transportmasse $m = 100$ kg, Erdbeschleunigung $g = 9,81$ m/s^2, Hubhöhe $h = 8848$ m, Hubarbeit $mgh = 2,41$ kWh. (Um das Doppelte dieser Arbeit zu leisten, muss ein Energiesklave rund 1,7 Tage lang arbeiten).

Tab. 2.1 Mittlere spezifische Heizwerte von Primärenergieträgern in Kilojoules pro Kilogramm (kJ/kg) und Kilojoules pro Kubikmeter (kJ/m^3); 1000 kJ = 0,278 kWh

Öl	41.900 kJ/kg
Steinkohle	29.300 kJ/kg
Braunkohle	8200 kJ/kg
Holz	14.650 kJ/kg
Torf	12.600 kJ/kg
Ölgas	40.730 kJ/m^3
Erdgas	32.230 kJ/m^3

um die anteiligen Investitionskosten für den Aufzug erhöhen. Doch der Massentransport von Touristen und ihren Ausrüstungen in hohe Bergregionen durch Lifte, Seilbahnen und Helikopter zeigt, um wie viel billiger und leichter verfügbar die Hubarbeit der Energiesklaven als die von Menschen ist.

Die Energie*mengen,* die in einem fossilen oder nuklearen Energieträger enthalten sind und die der Berechnung der Energiesklavenzahlen zugrunde liegen, werden gemessen durch die an die Umgebung abgegebene Wärme Q, die in einer chemischen oder nuklearen Reaktion unter genau kontrollierten Bedingungen freigesetzt wird. Die Tab. 2.1 zeigt die durch ihre mittleren Heizwerte bestimmten Energiemengen von Primärenergieträgern gegebener Massen oder Volumina. Näheres dazu steht im Anhang A.2.

Die Energieausbeuten der Kohlenstoff- und Wasserstoffverbrennung sind gegeben durch die Reaktionsgleichungen

$C + O_2 \rightarrow CO_2 + 394$ kJ/Mol,

$2H_2 + O_2 \rightarrow 2H_2O + 242$ kJ/Mol.

Der prozentuale Energiegewinn durch Kohlenstoffverbrennung beträgt etwa 80/70/60/50 Prozent für Braunkohle/Steinkohle/Öl/Erdgas. Den Rest liefert die Wasserstoffverbrennung. So betrachtet erscheint Erdgas als der am wenigsten klimaschädliche fossile Brennstoff. Allerdings werden bei dessen Förderung in Sibirien und Transport durch Pipelines nach Zentraleuropa wie auch bei der Produktion durch Fracking in den USA nicht geringe Mengen Methan freigesetzt. Wie schon gesagt, ist dessen molekulares Treibhauspotenzial 25-mal größer als das des Kohlendioxids. Ob und wie problematisch dadurch der Ersatz von Kohlekraftwerken durch Gaskraftwerke wird, ist noch nicht geklärt.

Die vollständige Umwandlung der Masse $m = 1$ g in Energie gemäß $E = mc^2$, wobei c die Vakuumlichtgeschwindigkeit ist, ergibt 25 Mio. kWh. Dieselbe Energiemenge erhält man auch aus der Verbrennung von 3100 t Steinkohle oder dem 19-Stunden-Betrieb eines 1300 MW$_{elektrisch}$ Siedewasserreaktors.

Die Energiesklaven betreiben Verbrennungsanlagen, Wärmekraftmaschinen und Transistoren. Dabei leisten sie Arbeit und verarbeiten Informationen. So schöpfen sie einen Großteil des ökonomischen Mehrwerts, dessen Gesamtheit in einer

Tab. 2.2 Kaufkraft der Lohnminute in (West) Deutschland in den Jahren 1960, 1991 und 2008

Gut	1960	1991	2008
Brot, 1 kg	20	11	11
Butter, 250 g	39	6	5
Zucker, 1 kg	30	6	5
Milch, 1 l	11	4	4
Rindfleisch, 1 kg	124	32	32
Kartoffeln, 2,5 kg	17	10	14
Bier, 0,5 l	15	3	3
Benzin, 1 l	14	4	6
Elektrizität, 200 kWh	607	191	201
Kühlschrank	9390	1827	1432
Waschmaschine	13.470	3207	2008

Die mittlere Arbeitszeit eines Industriearbeiters, deren Entlohnung für den Erwerb der genannten Güter aufzuwenden war, ist in Minuten angegeben [40]

Volkswirtschaft das Bruttoinlandsprodukt[8] (BIP) bildet. Es ist die Summe aller mit ihren Marktpreisen bewerteten Güter und Dienstleistungen, die in einem bestimmten Zeitraum, z. B. einem Jahr, von der Volkswirtschaft erzeugt werden. Solange die wirtschaftliche Wertschöpfung gemäß Produktivitätsfortschritt über Tarifverträge und Sozialtransfers an breite Bevölkerungsschichten verteilt wurde, wuchs der allgemeine Wohlstand und damit die Akzeptanz des Gesellschafts- und Wirtschaftssystems in allen Gruppen der Gesellschaft.

So betrug z. B. im Jahre 1991 gemäß Tab. 2.2 die mittlere Arbeitszeit eines deutschen Industriearbeiters, deren Entlohnung für den Kauf von Grundgütern des täglichen Bedarfs aufzuwenden war, für viele Güter weniger als ein Drittel der entsprechenden Arbeitszeit im Jahre 1960.

Dabei hat sich das inflationsbereinigte Bruttoinlandsprodukt der alten BRD zwischen 1960 und 1989 weit mehr als verdoppelt, und im wiedervereinigten Deutschland stieg es zwischen 1990 und 2000 nochmals um 16 %; siehe auch Abb. 3.2.

Darum wurde das System der sozialen Marktwirtschaft für die Menschen in der DDR und anderen Ländern mit sozialistischer Planwirtschaft so attraktiv, dass sie die Berliner Mauer schleiften, den Eisernen Vorhang niederrissen und sich der Europäischen Union anschlossen.

Hätte *Karl Marx*, bevor er 1867 *Das Kapital* veröffentlichte, das völlig Neue erkannt, das mit der Dampfmaschine in die Welt gekommen war, hätte er gesehen, dass der Mehrwert in der Produktionssphäre durch Ausbeutung von Energiequellen statt Ausbeutung von Menschen erzeugt werden kann. Der Gesellschaft wäre die Theorie von der Verelendung der Massen im Kapitalismus und dessen zwangsläufigem Zusammenbruch erspart geblieben, und statt den gescheiterten Versuch zur Errichtung einer Diktatur des Proletariats zu erleiden, hätten

---

[8]Früher sprach man vom Bruttosozialprodukt.

die Menschen in den ehemals sozialistischen Ländern, wie ihre glücklicheren Zeitgenossen in den marktwirtschaftlichen Demokratien, an dem aus den Energiequellen kreativ geschöpften Mehrwert partizipieren können. Das tragische Nichtverstehen des industriellen Produktionsprozesses durch den Sozialismus zeigt sich symbolhaft auch darin, daß Hammer und Sichel, die Werkzeuge der Handwerker und Bauern der vergangenen Agrarepoche, die Staatsflagge der zweitmächtigsten Industrienation der Erde auf ihrem Weg in den ökonomischen Kollaps geziert hatten [38].

Der Kalte Krieg, der jederzeit in die Selbstvernichtung der Menschheit hätte münden können, endete mit der Auflösung der Sowjetunion. Verblasst ist die Schreckensvision, die in den 1980er-Jahren alle heimsuchte, denen bewusst war, dass die Sowjetunion als militärischer Koloss auf ökonomisch tönernen Füßen in den wirtschaftlichen Zusammenbruch marschierte: Die Panzerarmeen des Warschauer Pakts brächen trotz NATO durch die Norddeutsche Tiefebene und den Fulda-Gap nach Westeuropa durch. So risse das Sowjetimperium mit seinen konventionell überlegenen Streitkräften die Fleischtöpfe der Europäischen Gemeinschaft an sich, um sich daraus noch eine Zeitlang zu nähren. Ein gütiges Geschick und *Michail Gorbatschow* haben das verhindert.

Sieht man den friedlichen Ausgang des Kalten Krieges als Zeichen dafür, dass die Welt nicht erschaffen wurde, damit sie an der Dummheit der Menschen zugrunde geht, besteht Anlass zu der Hoffnung, dass es auch in Zukunft nicht zum äußersten kommt – auch wenn jetzt das siegreiche kapitalistische System seinerseits zu degenerieren droht und die Welt mit neuen Konflikten auflädt.

Die Konflikte entzünden sich an der wachsenden Ungleichheit der Lebenschancen innerhalb der Nationen und zwischen den Staaten und den in Abschn. 1.1 angesprochenen Beschränkungen, die einer weiter wachsenden Produktion materiellen Wohlstands von den ersten beiden Hauptsätzen der Thermodynamik auferlegt werden.

Zusammengefasst sagen der Erste und der Zweite Hauptsatz der Thermodynamik:
Nichts kann auf der Welt geschehen ohne Energieumwandlung und Entropieproduktion.

Energieumwandlung bewegt die Welt, und die mit ihr untrennbar verkoppelte Entropieproduktion führt zu Energieentwertung und der Emission von Wärme- und Stoffströmen. Kein Naturgesetz ist mächtiger als die thermodynamischen Hauptsätze, denen alle Entwicklungen im Universum unterworfen sind. Jede Theorie, die dagegen verstößt, landet unweigerlich auf dem Müllhaufen der Wissenschaft, und jedes Wirtschaftssystem, das sie ignoriert, wird scheitern. Auf die Bedeutung der Thermodynamik für die Ökonomie weist auch Robert U. Ayres [41, 42] mit Nachdruck hin.

Dennoch ist vielen die zentrale, entscheidende Rolle der Energie für die ökonomische Praxis nicht so klar wie den meisten Ingenieuren. Selbst manche Physiker billigen ihr lediglich eine Art „Schmierstofffunktion" zu. Und berühmte Ökonomen erklären ihren Glauben an ihre – wie auch aller Wirtschaftsgüter – Substituierbarkeit. So wies auf einer internationalen Konferenz über natürliche Ressourcen ein junger Wirtschaftswissenschaftler in einem Vortrag darauf hin, dass man wegen des Ersten Hauptsatzes der Thermodynamik Energie nicht beliebig durch Kapital ersetzen kann. Da unterbrach ihn zornig ein hoch angesehener amerikanischer Ökonom mit den Worten: „You must never say that! There is always a way for substitution."

Doch für Energie gibt es keinen Ersatz. Zwar kann man mittels technischer Maßnahmen die Effizienz der Energieumwandlungsanlagen erhöhen und so den Energiebedarf für Energiedienstleistungen wie das Wärmen von Räumen durch Öfen, das Leisten mechanischer Arbeit durch Wärmekraftmaschinen und die Verarbeitung von Information durch elektronische Geräte reduzieren. Doch dem sind durch die ersten beiden Hauptsätze der Thermodynamik die in Abschn. 1.1 aufgezeigten physikalischen Grenzen gesetzt. Im Abschn. 2.3.3 betrachten wir Beispielfälle für das, was erreichbar ist.

Wenn alle Potenziale der Energieeinsparung ausgeschöpft sein werden und der Energiebedarf der Menschheit weiter wächst – zum einen wegen des hohen Nachholbedarfs der Schwellen- und Entwicklungsländer, zum anderen weil der Homo sapiens noch viele seinesgleichen zeugen wird – müssen Energiequellen erschlossen werden, die ergiebiger und umweltverträglicher sind als die in Abb. 2.1 dominierenden fossilen Energieträger. Betrachtet man nicht nur deren bekannte *Reserven,* sondern auch deren geschätzte *Ressourcen,* die mit weiterentwickelten Techniken zu höheren Kosten als die Reserven gefördert werden müssten, kommt man für Kohle bei Förderraten des Jahres 2005 auf einen Erschöpfungszeitraum von rund 1000 Jahren [2]. Bis auf Weiteres hat das fossile Energiesystem sein Problem also (nur) mit dem Zweiten Hauptsatz der Thermodynamik.

Doch das Problem ist so groß, dass die Menschheit baldmöglichst auf nicht-fossile Energiequellen umsteigen muss, also jene, die Masse unmittelbar in Energie umwandeln. Das besorgen Kernspaltung und Kernfusion. Deutschland hat 2011 beschlossen,

Abb. 2.1 Weltenergieverbrauch nach Energieträgern [43]. 18,5 Mrd. t SKE/Jahr = $1,72 \times 10^{13}$ W

auf die Kernspaltung zu verzichten. Nunmehr soll Energie solaren Ursprungs schnell an die Stelle der bisherigen Energieträger treten.

Die Sonne scheint dank Kernfusion. Durch die Verschmelzung von 600 Mio. t Wasserstoff zu Helium wandelt sie pro Sekunde 4,3 Mio. t Materie in die Strahlungsenergie um, von der sekündlich ein Bruchteil, nämlich $1,7 \times 10^{17}$ Ws, auf die Erdatmosphäre trifft; s. auch Anhang A.1.2. Das ist etwa das Zehntausendfache der derzeitigen globalen, kommerziellen Energienutzung gemäß Abb. 2.1. Zweifellos kann und muss in Zukunft die vom Fusionsreaktor Sonne kostenlos gelieferte Strahlungsenergie für die umweltschonende Produktion materiellen Wohlstands genutzt werden.

Die Umwandlung der Solarenergie in Arbeit und Wärmedienstleistungen ist allerdings keineswegs kostenlos. Sie erfordert vielmehr Investitionen in Anlagen der Solarthermie, Fotovoltaik, Gewinnung und Verarbeitung von Biomasse, Windturbinen, Staudämme, Energieverteilungsnetze und Energiespeicher.

Ein hoffnungsvoller internationaler Ansatz zur Nutzung der Solarenergie in den Ländern der EUMENA-Region (EUrope, Middle East, North Africa) stellte das DESETEC-Projekt dar. Solarthermische Kraftwerke in den sonnenreichen Ländern rings um das Mittelmeer sollten Strom für diese Länder und Mitteleuropa produzieren. Für den Stromtransport über große Entfernungen wären Höchstspannung-Gleichstrom-Leitungen geeignet. Am 30. Oktober 2009 wurde ein Abkommen zwischen der DESERTEC-Foundation und der DESERTEC Industrial Initiative „DII GmbH" in München geschlossen. Viele große deutsche Firmen wie Siemens, Münchener Rück und RWE gehörten zu der Initiative. Man plante Investitionen bis zu 400 Mrd. EUR. Den Projektstand 2010 beschreibt [2, S. 83–85]. Leider haben die politischen Umwälzungen nach Ausbruch des Arabischen Frühlings größere Fortschritte von DESERTEC nicht gefördert. Den Stand der Dinge im Jahr 2016 und eine Übersicht über die Fülle der Möglichkeiten und Pläne zur Nutzung der erneuerbaren Energien gibt [23].

Nun ist es leichter, das auf dem Energiesektor technisch Machbare aufzuzeigen als die damit verbundenen Systemkosten zu berechnen. Beispiele für Kosten-Nutzen-Analysen der Integration erneuerbarer Energiequellen in das europäische Energiesystem liefert die Publikation des europäischen Forschungsprojekts der LIT-Research Group [44]. Vielleicht gelingt es auch innerhalb der nächsten 50 Jahre, in Kernfusionsreaktoren das Sonnenfeuer auf die Erde zu holen; Kernfusion in Wasserstoffbombenexplosionen wird hoffentlich eine Sache der Vergangenheit bleiben.

Bei intensiver Nutzung der Solarenergie verbleibt der weitaus größte Teil der damit verbundenen Entropieproduktion im Weltraum und belastet nicht die empfindliche Biosphäre der Erde. Doch solange nicht auf die Verbrennung von Kohle, Öl, und Gas verzichtet werden kann, lassen sich die in Abschn. 1.1.2 aufgeführten Schadenswirkungen der Emissionen durch verschiedene Arten der Emissionsminderung vermeiden oder zumindest mildern:

1) Verhinderung des Austritts der produzierten Schadstoffe in die Biosphäre,
2) Minderung der Schadstoffproduktion durch rationelle Energieverwendung, d. h.
   Reduzierung der Verbrennungsprozesse bei ungeschmälerter Energiedienstleistung,
3) Verhaltensänderungen der Energiekonsumenten.

Menschliches Verhalten zu ändern ist schwer und wird im Kap. 4 angesprochen.
Die Studien und Publikationen zu den Möglichkeiten 1) und 2) füllen Bibliotheken.
Schon 1995 gaben 134 Artikel in [45] einen Überblick über Verfahren der CO_2-
Rückhaltung und -Entsorgung, und seit ihrem Beginn mit dem Eröffnungsband „Our
Fragile World" [46] ist die On-line „Encyclopedia of Life Support Systems" auf etwa
600 Bände angewachsen [47].

Doch im Folgenden werden nur die Ergebnisse einiger Studien mit zweierlei
Fragestellungen berichtet: 1) Ist eine thermodynamische Bewertung aller Schadstoff-
emissionen möglich, und ist sie geeignet, bessere wirtschafts- und umweltpolitische
Orientierungshilfen zu geben als die kontroversen Abschätzungen der sog. „externen Kosten" [48]? 2) Wie beeinflusst der Energiepreis den Einsatz der verschiedenen
Techniken der rationellen Energieverwendung, wenn man von kostenminimierendem
Verhalten der ökonomischen Akteure ausgeht? Zur Beantwortung dieser Fragen wurden als Quellen für physikalische und energietechnische Sachinformationen, Grundlagen der technischen Thermodynamik und die Entwicklung thermoökonomischer
Optimierungsmodelle hauptsächlich die Werke von Fricke und Borst [49], Baehr
[50] und Foulds [51] verwendet. Eine Einführung in die Energie/Exergie-Analyse
gibt [52].[9]

2.3.2 Schadstoff-Rückhaltung und Entsorgung

Schadstoff-Rückhaltung und Entsorgung (SRE) verringert die Belastung der Biosphäre durch die in Energieumwandlungsprozessen gebildeten Schadstoffe auf Mengen unterhalb von Grenzwerten, die die Gesellschaft unter Risikoabschätzungen im
Konsens festlegen muss. Dabei ist die Risikobewertung der schwierigste Teil des
Problems.

Wird die zur SRE benötigte Energie fossilen und nuklearen Energiequellen entnommen, werden wegen des Zweiten Hauptsatzes der Thermodynamik Wärmeemissionen an die Umwelt abgegeben. Sie tragen bei fortschreitender Industrialisierung
der Erde zur Annäherung an die in Abschn. 1.1.2 beschriebene Hitzemauer bei. Solar-
energienutzung, die den Anteil der vom System Erde reflektierten gegenüber der
eingestrahlten Sonnenenergie (Albedo) verringert, hat ebenfalls zusätzliche Wärme-
einträge zur Folge.

---

[9] Einem der Pioniere der Exergieanalyse, Willem van Gool, war die Bedeutung von Energie, Entropie
und Exergie für die moderne Welt so wichtig, dass er sein letztes Werk darüber auf dem Krankenbett
kurz vor seinem Tode vollendete [53].

Das Schadstoff-Wärmeäquivalent (SWÄQ) wird definiert als die Abwärme, die bei der Rückhaltung und Entsorgung eines Schadstoffs in einem Produktionsprozess gegebenen Ertrags anfällt, dividiert durch den Primärenergieverbrauch eines Produktionsprozesses gleichen Ertrags ohne Schadstoff-Rückhaltung und Entsorgung.

In diesem Sinne ist das SWÄQ ein thermodynamischer Umweltbelastungsindikator, an dem sich Umweltbelastungssteuern orientieren könnten.

Die Wärmeemissionen eines Produktionsprozesses ohne SRE werden in der Regel der Enthalpie (Heizwert) der verbrauchten Primärenergie gleichgesetzt. Deren Bestimmung dient die Energieanalyse [52]. Zur Berechnung des SWÄQ für bekannte oder projektierte Verfahren der SRE wurde eine Methode entwickelt und exemplarisch angewendet, die der Energieanalyse entspricht [54,55]. Dazu muss man die physikalischen und chemischen Prozessgrenzen definieren, entscheiden, welche indirekten Energieeinträge und Wärmeemissionen berücksichtigt werden sollen, und Regeln für das Erstellen der Energie- und Abwärmebilanzen festlegen. Zu unterscheiden ist dabei zwischen systemeigenen und systemfremden Stoffen.

Systemeigene Stoffe liegen im System „Biosphäre" als permanenter, passiver Untergrund vor. Fallen sie in SRE-Prozessen an, beginnt und endet ihre Betrachtung in den Energie- und Materialbilanzen mit dem Zustand, den sie unter Standardumweltbedingungen annehmen. Zum Beispiel wird Wasserdampf, der während eines SRE-Prozesses an die Umwelt abgegeben wird, in der Energiebilanz mit der Abwärme berücksichtigt, die durch die Kondensationsenergie des Wasserdampfs zu Wasser bei Umgebungstemperatur gegeben ist. Systemfremde Schadstoffe hingegen müssen im Prinzip auf ihrem gesamten Weg durch die Biosphäre verfolgt werden, beginnend mit dem Abbau aus natürlichen Vorkommen oder der Produktion in chemischen und nuklearen Reaktionen bis hin zu der sicheren Deponierung oder der Umwandlung in systemeigene Stoffe. Für die praktische Berechnung endet der Weg dort, wo die Menge des systemfremden Stoffs die gültigen Grenzwerte unterschreitet.

Die SRE endet mit der Deponierung der Schadstoffe. Die in der Analyse berücksichtigten Deponien sind: 1) offene Deponien für reaktionsträge und ökologisch unbedenkliche Substanzen in nicht-flüchtigen Verbindungen, die unter Umweltbedingungen lange stabil sind, z. B. Calcium-Sulfat aus der Entschwefelung; 2) geschlossene Deponien für reaktionsträge, aber ökologisch möglicherweise schädliche Substanzen, die in nicht-flüchtige Formen gebracht für lange Zeit unter Deponiebedingungen stabil sind, z. B. Schwermetallstaub aus Kraftwerksfiltern; 3) der erdferne Weltraum für aggressive, flüchtige und ökologisch gefährliche Substanzen, sofern die Gesellschaft ihre unterirdische Lagerung nicht toleriert, z. B. abgebrannte Brennstäbe aus Kernkraftwerken.

Die SWÄQ werden nach folgenden, hier nur grob skizzierten Regeln berechnet.

1. Mechanische und elektrische Energie, genutzt zur Überwindung von Reibung, wird vollständig zu Wärme. Ebenso wird sie zur Abwärme gerechnet, wenn sie zuerst in potenzielle Energie umgewandelt wird, diese jedoch keine nützliche Arbeit verrichtet, sondern mehr oder weniger schnell dissipiert. Gleiches gilt für die zu Materialtransporten innerhalb der Biosphäre genutzte Energie.

Die gesamte, mit der Nutzung mechanischer und elektrischer Energie verbundene Abwärme enthält auch alle Abwärme, die während der Umwandlung von Primärenergie in die mechanischen und elektrischen Exergien gemäß bekannter Wirkungsgrade entsteht.

2. Endotherme chemische Prozesse emittieren den Teil der Prozesswärme als Abwärme, der nicht in chemische Bindungsenergie umgewandelt wird. In exothermen chemischen Prozessen liefert die Reaktionsenthalpie die Abwärme.

3. Die Minderung des Wirkungsgrades eines Produktionsprozesses infolge von SRE soll möglichst direkt durch erhöhten Primärenergieeinsatz Q ausgeglichen werden. Die daraus folgende zusätzliche Abwärme ΔQ des Produktionsprozesses geht ins SWÄQ ein. Sie ist bestimmt durch die ohne SRE benötigte Primärenergie (oder Prozesswärme) Q_0, den Wirkungsgrad ohne SRE, η_0, und den durch SRE verringerten Wirkungsgrad η, wenn der Ertrag des Produktionsprozesses unverändert bleiben soll, so dass $Q_0\eta_0 = Q\eta$. Damit erhält man $\Delta Q = Q(1 - \eta) - Q_0(1 - \eta_0) = Q_0(\eta_0 - \eta)/\eta$. Ist die Kompensation eines reduzierten Wirkungsgrades nicht durch erhöhten Prozesswärmeeinsatz möglich, so ist die gesamte Abwärme eines zum Ausgleich der verringerten Produktivität zusätzlich erforderlichen, ebenfalls schadstoffentsorgten Produktionsprozesses zu berücksichtigen.

Die volkswirtschaftliche Bedeutung von Grenzwerten und SRE zeigt der Skandal um deutsche Dieselautos. Im Dieselmotor wird die Luft im Kolben durch hohe Verdichtung auf Temperaturen erhitzt, bei denen sich der eingespritzte Dieselkraftstoff selbst entzündet. Der Dieselmotor ist energieeffizienter, und deshalb geeigneter zur Reduktion der CO_2-Emissionen im Verkehr, als der Benzin verbrennende Ottomotor, in dem der Kraftstoff nach Verdichtung von der Zündkerze entzündet wird. Doch der Stickoxidausstoß[10] der modernen deutschen Dieselmotoren in Hochleistungs-Pkw kann nur dann den gültigen gesetzlichen Grenzwerten für NO_x genügen, wenn Harnstoff in ausreichender Menge in einen speziellen Katalysator eingespritzt wird, der das giftige Stickoxid in die systemeigenen Substanzen Stickstoff und Wasser umwandelt. Von den großen deutschen Automobilbauern wurden im Jahr 2007 Harnstofftanks mit Volumina von 17 bis 35 Litern eingebaut, die Reichweiten ohne Nachfüllen von Harnstoff zwischen 16.000 und 30.000 km erlaubten. Dann hat man, um Platz und Kosten zu sparen, Acht-Liter-Tanks vereinbart. Damit aber waren bei gleichen Reichweiten-Anforderungen nur noch geringere als für die Einhaltung der NO_x-Grenzwerte erforderlichen Harnstoffeinspritzungen möglich. Diese erreichte man durch illegale Harnstoffabschaltprogramme in der Motorsoftware. Ab 2015 wurden diese Manipulationen sukzessive aufgedeckt und sanktioniert. Die Strafen, Entschädigungszahlungen, Imageschäden und Absatzverluste in einem der wichtigsten deutschen Wirtschaftszweige belegen die ökonomischen Folgen unangemessenen Umgangs mit thermodynamischen Beschränkungen angesichts gesetzlicher Grenzwerte.

---

[10]Zur NO_x-Produktion und -Wirkung siehe Tab. 1.3. Bei hohen Verbrennungstemperaturen wird auch Stickstoff der Luft oxidiert.

SRE für Kohlekraftwerk

Als ein Beispiel für die Berechnung der SWÄQ betrachten wir ein großes Steinkohlekraftwerk, das mit schwefelarmer Steinkohle befeuert wird. Pro Normalkubikmeter
enthält sein Rauchgas etwa 2000 mg SO_2 und 1000 mg NO_x (gerechnet als NO_2).
Nach der in Abschn. 1.1.2 angesprochenen deutschen Großfeuerungsanlagenverord-
nung für Kraftwerke mit mehr 300 MW thermischer Leistung sind die Grenzwerte
pro Normalkubikmeter 200 mg NO_x und 400 mg SO_2. Für CO_2 gibt es noch keine
gesetzlichen Grenzwerte. Den Empfehlungen von [12] folgend, wird für das SWÄQ
von CO_2 eine Reduktion der Emission um 66 % angenommen.

NO_x wird durch eine selektive katalytische Reduktion mit TiO_2 als Katalysator und Ammoniak (NH_3) als Reduktionsmittel aus den Rauchgasen entfernt. Die
Abwärmeanalyse ergibt für 80-prozentige Entstickung ein SWÄQ von
23,71 MJ/MWh$_{thermisch}$ = **0,66 %**. Das Kalkwaschverfahren kommt in Deutschland häufig für die Entfernung von SO_2 aus Kraftwerksrauchgasen zum Einsatz.
Für 95-prozentige Entschwefelung liefert die Abwärmeanalyse ein SWÄQ von
158,4 MJ/MWh$_{thermisch}$ = **4,4 %**. CO_2-Rückhaltung und Entsorgung (Carbon Cap-
ture and Storage, CCS) wurde theoretisch zuerst für drei der Verbrennung nachge-
schaltete Verfahren untersucht, nämlich chemisches Auswaschen mit Alkanolamin
[56,57], Ausfrieren unter Druck [57,58] und physikalische Absorption von CO_2
durch Selexol [59]. Als Entsorgungsoptionen wurden u. a. die Deponierung des CO_2
in der Tiefsee oder in leeren Öl- und Gasfeldern sowie Kohlenstoffrecycling mittels solarer Kohlenstofftechnologien und die Konversion von Biomasse in Brennstoff diskutiert [60]. Die Alkanolaminwäsche mit 90-prozentiger CO_2-Rückhaltung
würde den Kraftwerkswirkungsgrad von 38 % auf 29 % reduzieren. Sofern Ausfrieren unter Druck und die (ökologisch riskante) Tiefseedeponierung die CO_2-
Emissionen bei ungeschmälerter Elektrizitätsproduktion um 66 % reduzieren sollen,
würde der Kraftwerkswirkungsgrad von 38 % auf 28 % verringert, und als SWÄQ
von CO_2 ergibt sich 1,38 GJ/MWh$_{thermisch}$ = **38,8 %**.

Zwischen den Jahren 2006 und 2014 betrieb Vattenfall Europe auf dem Werks-
gelände „Schwarze Pumpe" in der Lausitz eine Pilotanlage zur CO_2-Abscheidung
nach dem Oxyfuel-Verfahren, in dem die Kohleverbrennung unter reinem Sauerstoff
stattfindet. Es war geplant, das abgeschiedene CO_2 in geologischen Lagerstätten
wie leeren Gasfeldern oder salinen Aquiferen dauerhaft zu deponieren. Die zum 1.
September 2014 beschlossene Stilllegung und der komplette Rückbau der Pilotanlage wurde von Vattenfall mit den politischen Rahmenbedingungen in Deutschland
begründet. Das gewonnene Know-how soll nunmehr von einer kanadischen Firma
genutzt werden [61].

SRE für Kernkraftwerk

Unterirdische Deponien wurden bisher aus verschiedenen Gründen noch nicht als
dauerhafte Lagerstätten für verbrauchte Kernbrennstäbe aus Kernkraftwerken akzeptiert. Die Schwierigkeiten betreffen nicht die Menge, sondern die Risikoeinschätzung. Ein 1300 MW$_{elektrisch}$ Siedewasserreaktor verbraucht jährlich während 7000
Betriebsstunden etwa 12.840 Brennstäbe und produziert dabei 56 t hoch radioaktiven
Abfall. Ein Kohlekraftwerk gleicher Jahresproduktion von Elektroenergie emittiert

jährlich $8,5 \cdot 10^6$ t CO_2. Diese CO_2-Masse ist das mehr als 100.000-Fache der Masse des hoch radioaktiven Abfalls.

Schadstoff-Wärmeäquivalente verbrauchter Kernbrennstäbe wurden für deren Entsorgung in den interstellaren Raum berechnet [54,55]. Ob die Gesellschaft bereit sein würde, die damit verbundenen Kosten und Risiken zu tragen, ist allerdings mehr als fraglich. Andererseits muss sich auch Deutschland trotz des Ausstiegs aus der Kernspaltungstechnologie um die dauerhafte Entsorgung der rund dreißigtausend Kubikmeter[11] hoch-radioaktiven Abfalls der Kernenergienutzung seit ihrem Beginn in den 1970er-Jahren bis zu ihrem Ende 2022 kümmern. Falls Salzstöcke wie Gorleben nach sorgfältiger Erkundung als Endlager verworfen werden, ist die Endlagerung langlebiger radioaktiver Abfälle in Felsgestein eine Option, die man inzwischen ins Auge fasst. Man müsste den radioaktiven Abfall in geeigneten Behältern einschließen, diese in tief in den Fels gebohrten Löchern versenken, und alle verbleibenden Hohlräume mit wasserundurchlässigem Material verfüllen. Kein Kernenergie nutzendes Land hat diese Option bisher verfolgt und ihren Energiebedarf abgeschätzt. Doch dürfte die Weltraumentsorgung das energetisch aufwendigste Verfahren sein, so dass man damit für die SWÄQ-Berechnung auf der thermodynamisch sicheren Seite liegt.

Wir betrachten Raketen und elektromagnetische Materialschleudern für die Beschleunigung sicher verpackter abgebrannter Brennelemente auf die für das Verlassen des Schwerefelds der Erde erforderliche Mindestgeschwindigkeit von rund 11 km/s (Fluchtgeschwindigkeit).

Bei Raketen mit Wasserstoffantrieb, von denen jede 350 kg Kernbrennstäbe in die Tiefen des Alls tragen würde, beträge das SWÄQ hoch radioaktiven nuklearen Abfalls etwa **0,27 %**. Doch es bräuchte 25.000 Raketenstarts pro Jahr, um die abgebrannten Kernbrennstäbe zu entsorgen, die alle Kernkraftwerke der Welt in den 1990er-Jahren produzierten. Das dürfte kaum zu realisieren sein. Henry Kolm, Physik-Professor am Massachusetts Institute of Technology, hatte dagegen vorgeschlagen, den verpackten radioaktiven Müll mittels elektromagnetischer Beschleuniger direkt von der Erdoberfläche in den Weltraum zu schießen [62]. Die Materialschleudern arbeiten nach dem Prinzip der elektromagnetischen Linearmotoren, die die in Deutschland und Japan entwickelten und erprobten und in China kommerziell betriebenen Magnetschwebebahnen antreiben. Prototypen dieser Materialschleudern waren von *Henry Kolm, Gerard K. O'Neill* (Physik-Professor in Princeton) und Mitarbeitern an der Princeton University für die in Abschn. 6.2 skizzierte Weltraumindustrialisierung [63–66] gebaut worden. Die Materialschleuder für die Entsorgung nuklearen Abfalls würde ihre Energie von riesigen Kondensatorbänken beziehen, die von einem $1000\,MW_{elektrisch}$ Kernkraftwerk aufgeladen würden. Die technischen Daten zeigt die Tab. 2.3.

---

[11]Bis zum 31. Dezember 2010 sind 13.471 Tonnen bestrahlter Brennelemente angefallen. Das Gesamtvolumen an endzulagernden, wärmeentwickelnden, radioaktiven Abfällen aus Kernenergienutzung wird in der Prognose des Bundesamts für Strahlenschutz nach Inkrafttreten des geänderten Atomgesetzes vom 6. August 2011 auf $29.030\,m^3$ geschätzt.

Tab. 2.3 Technische Daten für die Entsorgung abgebrannter Kernbrennstäbe in den interstellaren Raum mittels einer elektromagnetischen Materialschleuder mit tausendfacher Erdbeschleunigung g [62]

Projektil	Stahlzylinder
Masse	1000 kg
Startgeschwindigkeit	12,3 km/s
Geschwindigkeit am oberen Atmosphärenrand (Fluchtgeschwindigkeit)	11 km/s
Kinetische Energie beim Start	76 GJ
Abschmelzverlust des SiC Schildes	3 % der Masse
Energieverlust	20 %
Beschleunigung	1000 g
Länge der Materialschleuder	7,8 km
Dauer der Beschleunigung	1,2 s
Mittlere Kraft	$9,81 \times 10^6$ N
Mittlere Leistung	60 GW
Ladezeit der Kondensatoren	1,5 min

Trotz der hohen Luftreibung würde gemäß NASA-Studien ein mit einem Siliziumcarbid-Hitzeschild versehener Stahlzylinder bei dem nur etwa 1,5 s dauernden Durchtritt durch die dichte Erdatmosphäre nicht verglühen. In dem beladenen Stahlzylindergeschoss mit einer Gesamtmasse von 1000 kg könnten maximal 40 Brennstäbe mit zusammen 175 kg Masse transportiert werden, wenn in dem Stahlmantel bei tausendfacher Erdbeschleunigung eine kritische Belastung von 6×10^8 N/m^2 nicht überschritten werden soll. Die Geschossherstellung, die Produktion der für die Beschleunigung benötigten Energie in dem Kernkraftwerk mit einem Wirkungsgrad von 33 %, Verluste bei der Beschleunigung sowie Luftreibung würden pro Abschuss 233 GJ Abwärme verursachen. Für einen 1300 MW$_{elektrisch}$ Siedewasserreaktor mit jährlich anfallenden 56 t abgebrannter Brennstäbe wären 321 Abschüsse/Jahr erforderlich, und es würden dadurch etwa 75 TJ Abwärme pro Jahr freigesetzt. Bezogen auf die pro Jahr aus der Kernspaltung erzeugten rund 27 TWh thermischer Energie erhält man daraus ein SWÄQ von **0,08 %**. Wenn man die Risiken für den Fall einer Panne samt Absturz des Projektils minimieren will und statt 40 Brennstäben nur einen in das Geschoss packt, wächst das SWÄQ der Weltraumentsorgung abgebrannter Kernbrennstäbe auf **3 %**.

Wollte man die verbrauchten Brennstäbe von 160 Kernkraftwerken entsorgen, von denen jedes eine Leistung von 1300 MW$_{elektrisch}$ hat, so dass deren Gesamtleistung 56 % der im Jahre 2007 vorhandenen globalen nuklearen Erzeugungskapazität von 371,7 GW$_{elektrisch}$ entspricht, benötigte man pro Jahr mehr als 50.000 elektromagnetische Abschüsse mit jeweils einer Nutzlast von 40 Brennstäben. Würde eine Materialschleuder alle 12 min Tag und Nacht genutzt [62], käme man auf 43.800 Abschüsse pro Jahr. Jeder Abschuss erzeugt in der Atmosphäre eine explosionsartige Druckwelle mit einem Energieinhalt, der zehnmal größer ist als die

Energie von 0,1 MWh im Hauptstrang einer mittleren Blitzentladung. Dies dürfte das Ionengleichgewicht und die Chemie der Atmosphäre nahe der Abschussstelle stören. Die Folgen sind unbekannt. Doch sicherheitshalber sollte man auch noch den relativ kleinen Energieaufwand für den Transport aller Systemkomponenten zu Wüstenabschussstellen in das SWÄQ aufnehmen.

Die Schadstoff-Wärmeäquivalente der SO_2-, NO_x- und CO_2-Entsorgung von Kohlekraftwerken sind um mindestens einen Faktor 10 größer als die der Weltraumentsorgung hoch radioaktiver Abfälle von Kernkraftwerken. Damit geben sie einen Eindruck von der entsprechend unterschiedlich starken Annäherung an die Hitzemauer bei der SRE von Kohle- und Kernkraftwerken. Eine an den SWÄQ orientierte Belastung der Energieträger durch Umweltsteuern würde dem Rechnung tragen.

Die SWÄQ-Methode löst aber nicht das Problem der Risikoeinschätzung und -bewertung aller anderen Nebenwirkungen fossiler und nuklearer Energienutzung. Wie weit bei der Kernenergie die Risikobewertung gehen kann, zeigt die folgende Begebenheit. Als im Freundeskreis einmal das Gespräch auf die Frage kam: „Wohin mit dem Atommüll?", wurde auch die Studie zur Weltraumentsorgung erwähnt. Da empörte sich jemand mit abgeschlossenem naturwissenschaftlichem Studium: „Erst belastet Ihr Physiker die Erde mit Atombombenexplosionen und Atomkraftwerken, und jetzt wollt Ihr auch noch den Weltraum radioaktiv verseuchen!"

2.3.3 Rationelle Energieverwendung

Würden dereinst aus Solarenergie alle Geräte zur Umwandlung der Sonneneinstrahlung in Elektroenergie, Raum- und Prozesswärme hergestellt, sollten Lebenszyklusemissionen wie die in Tab. 1.2 für CO_2 angegebenen kein Problem mehr sein. Doch der Weg dahin ist noch weit. Zudem zeigt die Tab. 2.4 CO_2-Emissionen pro Kopf und Jahr sowohl nach dem *Konsumprinzip* als auch nach dem *Produktionsprinzip*. Ersteres lastet die mit der Erzeugung importierter Güter verbundenen Emissionen dem Importeur an, letzteres dem Exporteur. Die amtlichen Emissionsstatistiken beruhen auf dem Produktionsprinzip. In ihnen kommen gerade wohlhabende mitteleuropäische Länder, die energieintensive Industrien ins Ausland verlagern und deren Produkte importieren, zu gut weg.

Auch werden ökologische Schäden durch Biomasse, die nicht aus nachhaltiger Forstwirtschaft stammt, wie auch zukünftige Umweltbelastungen durch den Elektronikschrott der Fotovoltaik in den Diskussionen um nachhaltige Entwicklung zu wenig gewürdigt. Wie auch immer, der Einsatz von Techniken, die bei ungeschmälerter Energiedienstleistung den Primärenergiebedarf reduzieren, gehört zu den in vielerlei Hinsicht besten Optionen der Emissionsminderung. Die Frage ist, welche Kosten damit verbunden sind.

Die Ergebnisse thermoökonomischer Optimierungsstudien hängen wesentlich von der Struktur, den Grenzen, und dem Energiebedarfsprofil des betrachteten Systems ab. Hinzu kommt bei der Betrachtung lokaler Systeme die Energieversorgungsstruktur des übergeordneten Systems, z. B. des Landes, in das sie eingebettet sind. Die

Tab. 2.4 CO_2-Emissionen nach Zurechnungsprinzipien, in Tonnen CO_2 pro Person und Jahr (2011)
[67]

Land	Konsumprinzip	Produktionsprinzip
Kuwait	34,5	33,9
Australien	29,4	33,4
USA	27,9	23,5
Schweiz	23,0	7,3
Österreich	21,5	12,8
Deutschland	18,3	13,2
Russland	14,0	19,4
Iran	11,0	10,6
VR China	8,4	9,5
Indien	3,3	3,5

Tab. 2.5 Deutsche Bruttostromerzeugung in den Jahren 1990, 2000, 2010 und 2016, in Terawatt-stunden (TWh) [68]

Energieträger	1990	2000	2010	2016
Braunkohle	170,9	148,3	145,9	150,0
Kernenergie	152,5	169,6	140,6	84,6
Steinkohle	140,8	143,1	117,0	111,5
Erdgas	35,9	49,2	89,3	80,5
Mineralölprodukte	10,8	5,9	8,7	5,9
Windenergie onshore	k. A.	9,5	37,8	65,0
Windenergie offshore				12,4
Wasserkraft	19,7	24,9	21,0	21,0
Biomasse	k. A.	1,6	28,9	45,6
Photovoltaik	k. A.	0,0	11,7	38,2
Hausmüll	k. A.	1,8	4,7	6,0
Übrige Energieträger	19,3	22,6	26,8	27,5
Summe	549,9	576,6	632,4	648,4

Tab. 2.5, 2.6 und 2.7 informieren über die Struktur der Energieversorgung Deutschlands zwischen 1990 und 2016.

Den beiden Optimierungsstudien zur rationellen Energieverwendung (REV), um deren Ergebnisse es hier geht, liegen die Energieversorgungsstrukturen der Bundesrepublik Deutschland (BRD) in den 1980er- und 1990er-Jahren zugrunde. Denen entspricht am ehesten die Versorgungsstruktur Deutschlands im Jahr 1990. Ziel beider Studien war es, unter optimistischen Annahmen die maximal möglichen

Tab. 2.6 Prozentuale Anteile der Energieträger an der deutschen Bruttostromerzeugung in den Jahren 1990, 2000, 2010 und 2016 [68]

Energieträger	1990	2000	2010	2016
Braunkohle	31,1	25,7	23,1	23,1
Kernenergie	27,7	29,5	22,2	13,1
Steinkohle	25,6	24,8	18,5	17,2
Erdgas	6,5	8,5	14,1	12,4
Mineralölprodukte	2,0	1,0	1,4	0,9
Windenergie onshore	k. A.	1,6	6,0	10,2
Windenergie offshore				1,9
Wasserkraft	3,6	4,3	3,3	3,2
Biomasse	k. A.	0,3	4,6	6,9
Photovoltaik	k. A.	0,0	1,9	5,9
Hausmüll	k. A.	0,3	0,7	0,9
Übrige Energieträger	3,5	3,9	4,2	4,3
Summe	100	100	100	100

Tab. 2.7 Primärenergieverbrauch in der Bundesrepublik Deutschland [69]

Energieträger	1990	2000	2010	2016	2016 in %
Mineralöl	5217	5499	4684	4563	34,0
Erdgas, -öl	2293	2985	3171	3043	22,7
Steinkohle	2306	2021	1714	1635	12,2
Braunkohle	3201	1550	1512	1525	11,4
Kernenergie	1668	1851	1533	927	6,9
BEE	139	290	1160	1163	8,7
PWW	58	127	254	529	3,9
ASS	3	11	−64	−200	−1,5
Sonstige	22	68	254	242	1,8
Gesamt	14.905	14.402	14.217	13.426	100,0

Angaben in Petajoule (PJ); BEE = Brennstoffe aus erneuerbaren Energiequellen, PWW = Photovoltaik, Wind, Wasserkraft, ASS = Außenhandelssaldo Strom

Reduzierungen des Primärenergieeinsatzes bei vorgegebenen Energiebedarfsprofilen zu berechnen.

Zur Ermittlung der thermodynamischen Grenzen der Energieeinsparung in der alten BRD und der damit verbundenen Kosten in Abhängigkeit vom Energiepreis wurde das statische Modell der Energie-, Kosten- und CO_2-Optimierung *ecco* verwendet; Abb. 2.2 zeigt ein Ergebnis. Aus *ecco* wurde das Modell *deeco* der dynamischen Energie-, Emissions- und Kostenoptimierung entwickelt und auf eine Modellstadt „Würzburg" angewendet. Diese Modellstadt wäre „auf der grünen

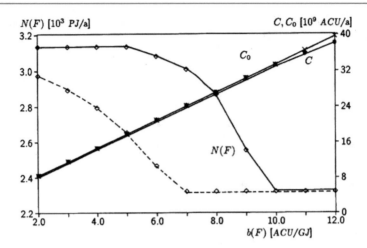

Abb. 2.2 Jährlicher Primärenergiebedarf $N(F)$ der (alten) BRD und die mit seiner Deckung verbundenen jährlichen Kosten C *mit* und C_0 *ohne* Wärmerückgewinnung in Abhängigkeit vom Brennstoffpreis $b(F)$ gemäß dem statischen Optimierungsmodell *ecco* [70]. Die durchgezogene (gestrichelte) $N(F)$-Kurve gilt bei der Kostenobergrenze $C \leq C_0$ ($C \leq 1, 1C_0$). Der Minimalwert von $N(F)$, ab dem die Kostenobergrenzen wegen Ausschöpfung des Energieeinsparpotenzials nicht mehr wirken, liegt bei 2321 PJ/a. Ein Primärenergiepreis von $b(F) = 4$ ACU/GJ entspricht in etwa dem 1986er-Ölpreis von 24 US\$ pro Barrel. Wie Abb. 3.1 zeigt, liegt dieser Preis in inflationsbereinigten US\$ nahe beim Ölpreis von 2014

Wiese" zu bauen. Ihrem fluktuierenden Bedarf an Wärme und Elektroenergie liegt der von den Stadtwerken Würzburg für das Jahr 1993 ermittelte Bedarf der real existierenden Stadt Würzburg zugrunde. Die Abb. 2.3 und 2.4 zeigen einige Ergebnisse.

Beide Studien verdeutlichen beispielhaft für Modellsysteme, deren Energiebedarf sich an dem realer Systeme orientiert, den Einfluss von Energiepreisen auf Energie-, Emissions-, und Kostenoptimierungen sowie die Synergie- und Konkurrenzeffekte von Techniken der REV.

Die zugrunde liegenden thermodynamischen und ökonomischen Prinzipien sollten beim Umbau und Ausbau moderner Energieversorgungssysteme beachtet werden

Der Abschätzung der thermodynamischen Grenzen der REV durch Wärmerückgewinnung mittels des Modells *ecco* liegen die von Instituten wie der Münchener Forschungsstelle für Energiewirtschaft dokumentierten Strukturen der Nachfrage nach industrieller Prozesswärme mit Temperaturen zwischen 50 und 1700 °C zugrunde. Diese wurden für Deutschland, Japan, die Niederlande und die USA auf Enthalpie-Exergie-Nachfrageprofile umgerechnet und die Nachfrage nach der zu 100 % aus Exergie bestehenden Elektrizität hinzugefügt [70, 71].

Der Einfachheit halber wird von einem einzigen Brennstoff (Fuel) F ausgegangen. Die berücksichtigten REV-Technologien sind Wärmepumpen (WP), Wärmetauscher-Netzwerke (WN) mit einer mittleren Entfernung von 50 km zwischen Abwärmeproduzenten und Wärmeabnehmer, sowie Kraft-Wärme-

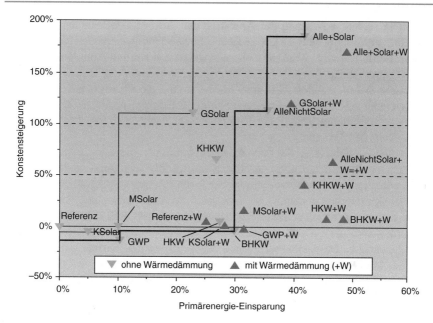

Abb. 2.3 Relative Reduzierung des Primärenergieeinsatzes und die damit verbundenen Kostensteigerungen in „Würzburg" gemäß dem Modell *deeco* der dynamischen Energie-, Emissions- und Kostenoptimierung [75]

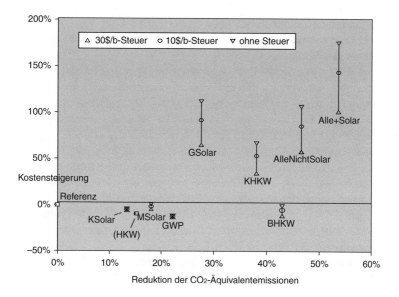

Abb. 2.4 Relative Reduktion der „Würzburger" CO_2-Äquivalentemissionen und die damit verbundenen Kostensteigerungen für REV-Szenarien und kombinierte CO_2-Energie-Steuern in US$ pro Barrel Öl gemäß dem Modell *deeco* [75]

Kopplung (KWK = Nutzung der Abwärme der Elektrizitätserzeugung) mit einer mittleren Entfernung von 25 km zwischen abwärmeproduzierenden Kraftwerken und Wärmeabnehmern. Wärmetauschernetzwerke und Kraft-Wärme-Kopplung liefern Abwärme direkt von höheren an niedrigere Exergieniveaus. Indirekt versorgen elektrische Wärmepumpen Abnehmer auf höheren Exergieniveaus mit exergetisch aufgewerteter Abwärme, die Quellen niedrigerer Exergie entstammt. Die zu minimierende Zielfunktion enthält die Komponenten „Primärenergiebedarf" und „Gesamtkosten" des Systems.

Die Abb. 2.2 zeigt unter der Annahme kostenminimierenden Verhaltens der ökonomischen Akteure den Einfluss des Energiepreises $b(F)$ auf die Ausschöpfung der mit den Technologiekombinationen verbundenen Energieeinsparpotenziale. Dabei wird der Optimierung in einem ersten Szenario die Nebenbedingung auferlegt, dass in die Techniken der REV nur so stark investiert werden darf, dass die jährlichen Gesamtkosten C des Systems *mit* REV die Gesamtkosten C_0 des Systems *ohne* REV nicht übersteigen. Die Kosten setzen sich zusammen aus den jährlichen Investitionskosten (unter Zugrundelegung eines Annuitätenfaktors von 0,175), Wartungskosten und Energiekosten. Dann wird das gesamte Einsparpotenzial der REV-Techniken erst bei einem Brennstoffpreis von 10 ACU/GJ ($\approx$60 \$$_{1986}$ pro Barrel Öl) ausgeschöpft. Erlaubt man hingegen in einem zweiten Szenario eine Kostenobergrenze von 1,1C_0, wenn z. B. die Techniken der REV durch staatliche Subventionen gefördert werden, erreicht man schon bei einem Brennstoffpreis von 6,5 ACU/GJ das Energiebedarfsminimum von 2321 PJ/a. (Das sind 74 % des Primärenergiebedarfs ohne REV. Für die Enthalpie-Exergie-Nachfrageprofile der USA, der Niederlande und Japans liegen die prozentualen Energiebedarfsminima bei 70, 66 und 53 % des Energiebedarfs ohne REV [73].) Die prozentualen Emissionsminderungen entsprechen den prozentualen Minderungen des Primärenergiebedarfs.

Statt bei der Optimierung einer mehrkomponentigen Zielfunktion Obergrenzen vorzugeben, wie in Abb. 2.2 für die Kosten geschehen, kann Emissionsminderung auch durch Vektoroptimierung mit linearer Zielgewichtung von Primärenergie (Steinkohle), CO_2-Emissionen[12] und Kosten berechnet werden. Dann liefert das Modell *ecco* unter Einschluss des Energiebedarfs der privaten Haushalte im Enthalpie-Exergie-Nachfrageprofil bei einem Brennstoffpreis von 24 US\$$_{1986}$ pro Barrel Öl Reduzierungen des deutschen Primärenergieeinsatzes und der CO_2-Emissionen um jeweils 41 % bei Kostensteigerungen um 44 %. Berücksichtigt man im Modell auch noch die bei den Schadstoff-Wärmeäquivalenten angesprochenen Technologien der CO_2-Rückhaltung und -Entsorgung (unter sehr grober Abschätzung ihrer Kosten), erhält man Reduzierungen der CO_2-Emissionen um nahezu 80 % bei Kostensteigerungen um rund 100 % [72].

Schon das in Abb. 2.2 dargestellte Ergebnis des relativ einfachen Optimierungsmodells *ecco* wirft die Frage auf, die sich der Energie- und Umweltpolitik in einer

---

[12]Für die Verbrennung von Steinkohle ohne REV werden CO_2-Emissionen von 0,31 kg/kWh$_{thermisch}$ angenommen.

realen Marktwirtschaft immer wieder stellt: **Wie sollen Anreize zur Emissionsminderung gegeben werden – durch Erhöhung des Energiepreises mittels Energiesteuern oder durch Subventionierung des Einsatzes emissionsmindernder Techniken?** Dabei hat man oft den Eindruck, dass Wähler und Politiker Subventionen spürbaren Energiesteuererhöhungen vorziehen. Marktwirtschaftlich orientierte Ökonomen hingegen halten Subventionen für bedenklich, weil sie möglicherweise auf die falsche Technik setzen und das System auf einen suboptimalen Entwicklungspfad drängen. Und nahezu einmütig vertreten Ökonomen die Ansicht, dass die dritte Alternative, nämlich Gebote und Verbote (z. B. von Energieträgern und Energietechnologien) nur bei unmittelbar drohender Gefahr zu rechtfertigen ist.

Während das Modell *ecco* anhand der statischen Enthalpie-Exergie-Nachfrageprofile ganzer Volkswirtschaften die Kosten der Emissionsminderung durch REV liefert und dabei stark vereinfachend bis an die Grenzen des thermodynamisch Möglichen geht, erlaubt das deutlich komplexere Modell *deeco,* für regionale Energiesysteme die Kosten der Emissionsminderung durch REV unter Berücksichtigung der zeitlichen Schwankungen des Bedarfs an Wärme und Strom sowie der Außentemperatur und der Sonneneinstrahlung zu berechnen. Dabei kommen auch regenerative Energieträger ins Spiel, und zwischen den fossilen Energieträgern wird differenziert. Zuverlässige Daten konnten für die Stadt Würzburg erhoben werden. Die mit ihren Daten optimierte Modellstadt „Würzburg" wird im Weiteren einfach Stadt genannt. In ihr werden Wärme und elektrische Energie im Wesentlichen von Haushalten und Kleinverbrauchern nachgefragt. Als Kernbereich wird die von einem Heizkraftwerk über ein Fernwärmenetz mit Wärme versorgte Innenstadt bezeichnet. Randbereich ist der Rest des Stadtgebiets. Die Optimierung erfolgt auf der Grundlage gemessener Zeitreihen a) des Wärmebedarfs (Leistungsanforderung: 1. des Kernbereichs im Mittel 43 MW, Spitze 125 MW, 2. des Randbereichs im Mittel 129 MW, Spitze 374 MW), b) des Elektroenergiebedarfs der Stadt (im Mittel 69 MW, Stundenspitze 122 MW), c) der solaren Einstrahlung (Jahresmittelwert 1160 kWh/(m^{2}a)) und d) der Außentemperatur (Jahresmittelwert 9 °C).

Das zu optimierende Energiesystem der Stadt erzeugt für sich die gesamte Wärme aus Kohle, Öl und Gas. Elektroenergie wird teils von der Stadt erzeugt, teils aus dem deutschen Stromnetz bezogen oder auch darin eingespeist. Im Referenzszenario wird die Stadt mit Wärme aus Ölkesseln und Elektroenergie aus dem deutschen Stromnetz versorgt. Die Kombination von Techniken, die vom Optimierungsprogramm *deeco* zur dynamischen Minimierung der Zielfunktion mit den Komponenten nichtregenerative Primärenergie, Kosten sowie CO_2-, NO_x- und SO_2-Emissionen auszuwählen sind, bilden Szenarien. Dabei stehen *deeco* Spezialausführungen der schon von *ecco* verwendeten Grundtechniken (WP, WN, KWK) der REV sowie deren Kombinationen – auch mit direktem Heizen durch Öl- und Gaskessel – zur Verfügung. Hinzu kommen solarthermische Anlagen und Wärmedämmungen *W*. Letztere reduzieren den Raumwärmebedarf um 50 %. Zehn der insgesamt gerechneten 22 Szenarien werden in Tab. 2.8 skizziert.

Tab. 2.8 REV-Szenarien für „Würzburg"

Szenario	Techniken
Referenz	Ölkessel
KHKW	Gasbefeuerte Kleinheizkraftwerke, Gaskessel
BHKW	Nahwärme aus gasbefeuerten Blockheizkraftwerken, Gaskessel
HKW	Fernwärme aus steinkohlebefeuerten Heizkraftwerken und aus Gasspitzenkesseln
GWP	Nahwärme aus Außenluft-Gaswärmepumpen und Gaskesseln
KSolar	im Randbereich 258 kleine solare Nahwärmeanlagen ohne Wärmespeicher (Deckungsbeitrag 7 %), Nahwärme aus Gasbrennwertkesseln; im Kernbereich Ölkessel
MSolar	im Randbereich 258 mittlere solare Nahwärmeanlagen mit Wärmespeicher (Deckungsbeitrag 25 %), Nahwärme aus Gasbrennwertkesseln; im Kernbereich Ölkessel
GSolar	im Randbereich 258 große solare Nahwärmeanlagen mit saisonalem Wärmespeicher (Deckungsbeitrag 71 %), Nahwärme aus Gasbrennwertkesseln; im Kernbereich Ölkessel
AlleNichtSolar	Alle nicht solaren Techniken plus Elektrowärmepumpen
Alle+Solar	Alle wie in AlleNichtSolar plus große solare Nahwärmeanlagen wie in GSolar

In allen Szenarien ist Strombezug aus dem deutschen Netz zugelassen

Die Abb. 2.3 zeigt für die betrachteten Szenarien die mit den verwendeten Techniken erzielbaren Primärenergieeinsparungen und die damit verbundenen Kostensteigerungen in Prozent von Primärenergiebedarf und Kosten des Referenzszenarios. Die dicke „Trade-Off"-Treppenkurve gibt den minimalen Kostenanstieg an, zu dem sich eine vorgegebene Primärenergieeinsparung ohne Wärmedämmung realisieren lässt. Die Ergebnisse für die einzelnen Szenarien ohne und mit Wärmedämmung ($+W$) liegen verstreut um die dicke Trade-Off-Kurve. Die nicht eingezeichnete entsprechende Trade-Off-Kurve für die Szenarien mit Wärmedämmung liegt im Bereich deutlich höherer Energieeinsparungen.

Im Szenario BHKW ist es möglich, 30 % der im Referenzfall eingesetzten Primärenergie ohne Kostensteigerung einzusparen. Dabei decken Blockheizkraftwerke 57 % des Wärme- und 86 % des Strombedarfs. Die restlichen 43 % des Wärmebedarfs liefern Gaskessel. Das Szenario HKW ist nur wenig ungünstiger. Wenn hingegen im Szenario AlleNichtSolar aus allen nicht-solaren Techniken ausgewählt werden kann, decken Klein- und Blockheizkraftwerke 73 % des Wärme- und 86 % des Strombedarfs. Gasbrennwertkessel befriedigen mit einem Anteil von 21 % die verbleibende Wärmenachfrage fast vollständig. Alle anderen Techniken werden nur selten während des Jahres eingesetzt, schlagen jedoch mit ihren vollen Investitions- und Wartungskosten zu Buche, so dass sich bei einer Kostensteigerung um 114 % gegenüber dem Referenzszenario nur eine Erhöhung der Primärenergieeinsparung um sechs Prozentpunkte gegenüber dem BHKW-Szenario realisieren lässt. Dies ist ein typisches Beispiel dafür, dass viele REV-Techniken bei ihrem Zusammenwirken miteinander konkurrieren, so dass sich ihre Einsparpotenziale nicht voll entfalten können. Aus gleichem Grunde führt das Zusammenwirken von großen Solarkollektoren und saisonalen Wärmespeichern mit allen nicht-solaren Techniken im Szenario Alle+Solar zu Steigerungen der Primärenergieeinsparungen auf nur 42 %, während die Kosten auf 186 % hochschnellen.

Gemäß der dünn eingezeichneten Trade-Off-Treppenkurve für die Solarszenarien liefert das Szenario MSolar eine 10 %-ige Primärenergieeinsparung ohne Kostensteigerung, während im Szenario GSolar wegen Wärmeverlusten in den Kollektoren und dem saisonalen Speicher die Primärenergieeinsparung nur 23 % beträgt, die Kosten jedoch um 111 % steigen.

Abb. 2.4 zeigt den Zusammenhang von Emissionsminderung und Kosten des Energiesystems. Die Ergebnisse beruhen auf der Minimierung der Emissionen von CO_2-Äquivalenten, die man durch Zusammenfassung aller klimarelevanten Emissionen mit einschlägigen Gewichtsfaktoren erhält. (Hier nicht betrachtete Wärmeschutzmaßnahmen haben die gleichen Verschiebungseffekte wie in Abb. 2.3.) Den Kostenberechnungen liegen die Energiepreise Mitte der 1990er-Jahre zugrunde. Zusätzlich werden zwei weitere Energiesteuer-Sätze angenommen: eine kombinierte CO_2/Energiesteuer von 10 US$ pro Barrel Rohöl gemäß dem Richtlinienvorschlag der EU-Kommision [76] und eine Verdreifachung dieser Steuer in Anlehnung an das IEA-CO_2-Steuer-Szenario [77]. Die angegebenen Steuersätze werden im Verhältnis 1:1 auf den Heizwert und die spezifischen CO_2-Emissionen des Rohöls bezogen. Dadurch ergeben sich Energie- und CO_2-Hebesätze, die zur Besteuerung der anderen Energieträger gemäß ihrem Energie- und Kohlenstoffgehalt herangezogen werden [78,79]. Die in Abb. 2.4 dargestellten relativen Kostensteigerungen bei verschiedenen Steuersätzen zeigen, dass einerseits der Abstand aller signifikant emissionsmindernden Szenarien zur Wirtschaftlichkeitsschwelle durch die angenommenen Energiepreiserhöhungen deutlich verringert wird, andererseits ein Durchbruch zur Wirtschaftlichkeit nur im Szenario MSolar erreicht wird. (Die Szenarien BHWK, GWP und KSolar sind ohnehin kostengünstiger als das Referenzszenario.)

Wollte man die Ergebnisse der *deeco*-gestützten Optimierung umsetzen, müsste man eine neue Stadt bauen. Insofern zeigen die Ergebnisse (nur), was in den 1990er-Jahren günstigstenfalls auf kommunaler Ebene an Emissionsminderung bei welchen Investitions- und Energiekosten möglich gewesen wäre. Spätere Studien mit *deeco* zur Energie-, Emissions- und Kostenoptimierung bei Neubauten [80] und Umbauten [81] von Wohnanlagen bestätigen drei zentrale Ergebnisse der hier besprochenen Untersuchungen: 1) Die maximalen Energieeinsparpotenziale von Einzeltechniken der REV addieren sich bei der Kombination dieser Techniken keineswegs. Vielmehr konkurrieren sie oft miteinander, z. B. bei der Wärmeversorgung, so dass am meisten die kostengünstigste Technikkombination zum Zuge kommt und die anderen Techniken kaum, oder gar nicht, genutzt werden, während ihre Investitionskosten voll bezahlt werden müssen. 2) Wärmedämmung von Gebäuden erlaubt erhebliche Energieeinsparungen bei mäßigen Kostensteigerungen. 3) Mit steigenden Energiepreisen kompensieren die durch REV eingesparten Energiekosten in zunehmendem Maße die Investitionskosten der REV-Techniken. Somit wird der Einsatz emissionsmindernder Techniken der REV in Wirtschaftssystemen, die Kostenminimierung anstreben, durch höhere Energiepreise stärker begünstigt als durch niedrige.

Wirtschaftswachstum

3

Reiner Kümmel und Dietmar Lindenberger

Die Ideen der Nationalökonomen – seien sie richtig oder falsch – sind weit einflussreicher, als man allgemein glaubt. Tatsächlich wird die Welt kaum von etwas anderem regiert. Praktiker, die sich völlig frei von jedem intellektuellen Einfluss glauben, sind gewöhnlich nur Sklaven irgendeines verstorbenen Nationalökonomen. Verrückte Politiker, die Stimmen in der Luft hören, beziehen ihren Unsinn meist von irgendeinem akademischen Schreiberling früherer Jahre. Ich bin sicher, dass der Einfluss erworbener Rechte und Interessen weit übertrieben wird im Vergleich zu diesem langsam aber stetig wachsenden Einfluss von Ideen. So etwas geschieht natürlich nicht sofort, ein solcher Prozess braucht Zeit. Auf dem Gebiet der ökonomischen und politischen Philosophie gibt es nicht viele, die von neuen Theorien beeinflusst werden, nachdem sie älter als 25 oder 30 sind. Es ist daher nicht sehr wahrscheinlich, dass Beamte, Politiker und sogar Agitatoren die neuesten Ideen auf die aktuellen Ereignisse anwenden. Aber früher oder später sind es die Ideen und nicht die verschiedenen Interessen, die gefährlich sind – sei es zum Guten oder zum Bösen.

John Maynard Keynes[1]

3.1 Volkswirtschaftslehre – orthodox

„Volkswirtschaftslehre …: die älteste der Künste, die jüngste der Wissenschaften – vielleicht sogar die Königin der Sozialwissenschaften". So beschreibt der Nobelpreisträger der Ökonomie, Paul A. Samuelson, seine Wissenschaft in der Einführung zu Band I seiner *Volkswirtschaftslehre* [33].

Das in den Abschn. 1.2.3 und 2.3 bereits angesprochene Werk Adam Smiths *Der Reichtum der Nationen* aus dem Jahr 1776 begründete die klassische Nationalökonomie. Seitdem hat sich das agrarische Wirtschaftssystem ins industrielle gewandelt. Die klassischen Produktionsfaktoren Boden, Kapital und Arbeit reichen zum Verständnis der Wertschöpfungsprozesse nicht mehr aus. Deshalb hat die besonders in quantitativen Analysen des Wirtschaftswachstums dominierende neoklassische

---

[1] Diese letzten Zeilen aus John Maynard Keynes' 1936 geschriebenem Buch „The General Theory Of Employment, Interest and Money" sind [33, Bd. I, S. 32] entnommen.

© Springer-Verlag GmbH Deutschland, ein Teil von Springer Nature 2018
R. Kümmel et al., *Energie, Entropie, Kreativität,*
https://doi.org/10.1007/978-3-662-57858-2_3

Theorie, die auf den Vorstellungen der klassischen Nationalökonomie aufbaut, den „technischen Fortschritt" den Faktoren Kapital und Arbeit zur Seite gestellt.[2] Ähnlich betont die neue, sog. „endogene" Wachstumstheorie das „Wissen".

Da aber der „technische Fortschritt" ursächlich nicht näher spezifiziert und „Wissen" nicht quantifiziert wird, liegt weiterhin ein Schleier über den treibenden Kräften und hemmenden Grenzen des Wirtschaftswachstums. Durchaus in der Tradition Adam Smiths interessiert sich auch heute die Lehrbuchökonomie primär für das Verhalten ökonomischer Akteure im Wettbewerb und die Preisbildung auf Märkten. Die physische Sphäre der Produktion von Gütern und Dienstleistungen liegt am Rande, wenn nicht sogar außerhalb des Blickfelds der meisten Ökonomen. Wenn sich diese physische Sphäre dennoch, wie z. B. im Falle des anthropogenen Treibhauseffekts, in den Vordergrund schiebt, ist die Gefahr groß, dass kurzsichtige, an gegenwärtigen Marktpreisen orientierte Bewertungen zu Fehleinschätzungen zukünftiger Entwicklungen mit schwerwiegenden ökonomischen und gesellschaftlichen Folgen führen.

So bewerten viele wirtschaftswissenschaftliche Modelle die heute verursachten, aber erst in der Zukunft auftretenden Schäden nach dem – nennen wir es – „Esau-Prinzip". Die damit bezeichnete individuelle Zeitpräferenz existiert schon seit biblischen Zeiten. Das Buch Genesis des Alten Testaments schildert sie in seiner Erzählung über den Verkauf des Erstgeburtsrechts für ein Linsengericht durch Esau an Jakob. Esau war als Sohn Isaaks und Enkel Abrahams vor seinem Zwillingsbruder Jakob geboren worden. Er besaß das Recht der Erstgeburt, das Vorzugsrecht auf das Erbe. Eines Tages kam er von der Jagd hungrig nach Hause, wo Jakob gerade ein Linsenmus kochte. Esau sagte zu Jakob: „Lass mich doch rasch von dem roten Essen da kosten, denn ich bin erschöpft." Jakob entgegnete: „Verkaufe mir heute noch deine Erstgeburt." Esau dagegen: „Ich wandele so einher und muss doch sterben! Was soll mir da die Erstgeburt?" Und um seinen gegenwärtigen Hunger zu stillen, verkaufte er eine Verheißung für die Zukunft. Jakob erhielt den seinem Bruder zugedachten väterlichen Segen und wurde der Stammvater Israels.

Gemäß der seit alters her praktizierten Zeitpräferenz des Homo sapiens wird gegenwärtiger Nutzen höher eingeschätzt als zukünftiger Nutzen oder auch Schaden – den Wirtschaftsethikern zum Trotz, die vom Skandal der Zukunftsdiskontierung sprechen [82].

Träten z. B. in 150 Jahren infolge des anthropogenen Treibhauseffekts wegen eines Abschmelzens des westantarktischen Eisschelfs und der Überflutung tief liegender Küstengebiete globale Schäden in Höhe von 2000 Mrd. US$$_{1971}$ auf,[3] was etwa dem Doppelten des Bruttoinlandsprodukts (BIP) der USA im Jahre 1971 entspräche, und diskontierte man diese Schäden mit einem Diskontsatz von 4 % auf die Gegenwart ab, so entsprächen sie nur knapp sechs Promille des BIP der

---

[2]Der nicht mehr vermehrbare Boden spielt für die Fragen des industriellen Wirtschaftswachstums so gut wie keine Rolle.
[3]Diese Schätzung aus den 1970er-Jahren geht auf die Klimaforscher Chen und Schneider vom National Center for Atmospheric Research in Boulder, Colorado, zurück.

USA.[4] Mehr zur Kompensation oder Abwendung dieser Zukunftsschäden heute zu investieren, wäre ökonomisch nicht rational.

Ein zweites Beispiel für monetäre Kurzsichtigkeit im Blick auf Preis und Wert schildert das ehemalige Mitglied des Direktoriums der Weltbank, Herman Daly, in seinem Artikel „When smart people make dumb mistakes" [83], in dem er Äußerungen der Wirtschaftswissenschaftler W. Nordhaus (Yale University), W. Beckerman (Oxford University) und T.C. Schelling (Harvard University, ehem. Präsident der American Economic Association, Nobelpreis für Wirtschaftswissenschaft 2005) berichtet. Diese hoch angesehenen und einflussreichen Vertreter ihres Faches haben die Risiken des anthropogenen Treibhauseffekts (ATE) aus ökonomischer Sicht bewertet. Dabei gehen sie von der Tatsache aus, dass zurzeit die Landwirtschaft nur 3 % zum Bruttoinlandsprodukt (Gross National Product, GNP) der USA beiträgt – ähnlich niedrig liegt ihr Beitrag auch in den anderen industriell hochentwickelten OECD-Ländern – und sie nehmen an, die Landwirtschaft sei praktisch als einziger Wirtschaftszweig von den Folgen des ATE betroffen. (Ob diese Annahme berechtigt ist, sei dahingestellt.) Damit gelangen sie zu dem Schluss, dass selbst bei einem drastischen Einbruch der landwirtschaftlichen Produktion nur unbedeutende Wohlfahrtsverluste zu erwarten seien: Denn selbst wenn die Agrarproduktion um 50 % zurückginge, sänke das Bruttoinlandsprodukt ja nur um 1,5 %; würde die landwirtschaftliche Produktion durch den Klimawandel drastisch reduziert, so stiegen die Lebenshaltungskosten nur um 1 bis 2 %, und das zu einer Zeit, wenn sich das Pro-Kopf-Einkommen wahrscheinlich verdoppelt haben würde. [Im Originaltext: „there is no way to get a very large effect on the US economy" (Nordhaus), „even if net output of agriculture fell by 50 % by the end of next century this is only a 1.5 % cut in GNP" (Beckerman), und „If agricultural productivity were drastically reduced by climate change, the cost of living would rise by 1 or 2 %, and at a time when per capita income will likely have doubled" (Schelling).] Dieser Risikoeinschätzung entgeht, dass bei drastischer Verknappung der Nahrungsmittel deren Preise natürlich explodieren und den heute eher marginalen Beitrag der Landwirtschaft zum Bruttoinlandsprodukt in die Höhe treiben werden. Vergessen scheint, dass schon immer schwere Wirtschaftskrisen mit Hungersnöten einhergingen.

Ähnlich gering wie die Nahrung bewertet die Lehrbuchökonomie auch die Bedeutung der Energie für die Produktion von Gütern und Dienstleistungen. In beiden Fällen klaffen gegenwärtiger Marktpreis und der Wert für Leben und Wirtschaft weit auseinander.

Dagegen ist an sich nichts einzuwenden. Im Gegenteil: Nach der Überwindung der Folgen des 2. Weltkriegs brach für die Bürger der westlichen Industrieländer ein Goldenes Zeitalter an. Niemals in der Geschichte der Menschheit war es so vielen so gut gegangen, weil wesentliche materielle Grundbedürfnisse zu immer geringeren Kosten befriedigt werden konnten. Tab. 2.2 zeigt Beispiele. Billige Energie führte

---

[4]Bei einem Diskontsatz von 7 %, was vor der Quasinullzinspolitik der Zentralbanken nach der ersten schweren Rezession des 21. Jahrhunderts durchaus dem Zinssatz bei langfristigen Geldanlagen entsprach, lägen die abdiskontierten Schäden noch mal um einen Faktor 75 darunter.

mit wachsender Mechanisierung der Landwirtschaft und weitgehender Eliminierung des Kostenfaktors Mensch aus derselben zu sinkenden Kosten der Nahrungsmittelproduktion. Deshalb sank der Anteil der Landwirtschaft an der gesamtwirtschaftlichen Wertschöpfung. Noch 1950 arbeiteten in der Bundesrepublik Deutschland fünf Millionen Menschen oder 25 % aller Erwerbstätigen in der Landwirtschaft und erzeugten 11 % des Bruttoinlandsprodukts (BIP). In den 1990er-Jahren hingegen waren nur noch etwa 3 % der Erwerbstätigen im Agrarsektor beschäftigt, dessen Anteil am deutschen BIP auf rund 1 % gesunken ist; s. auch die Tab. 3.2 und 3.3.

Problematisch wird es jedoch, wenn die gegenwärtigen niedrigen Preise von Nahrung und Energie über deren gewaltigen Wert im Sinne von Nutzen für das Leben und die Industrieproduktion hinwegtäuschten. Selbstverständlich werden Mainstream-Ökonomen versichern, dass ihre Wissenschaft derartiger Täuschung nicht unterliege. Vielmehr unterscheide sie zwischen dem Grenznutzen und dem Gesamtnutzen. Dabei ist der Grenznutzen der Nutzen der letzten nachgefragten Einheit eines Wirtschaftsgutes, während der Gesamtnutzen eines Gutes dessen Gesamtbeitrag zum ökonomischen Wohlergehen darstellt.[5] Schließlich habe die Neoklassik seit gut einhundert Jahren das Wertparadox von Wasser und Diamanten aufgelöst, das seit Adam Smith ein berühmtes Problem gewesen war und ihm schon im *The Wealth of Nations* Kummer bereitet hatte. Wie sei es zu erklären, fragte er damals und nach ihm viele andere, dass Wasser, obgleich so nützlich, dass kein Leben ohne Wasser möglich ist, einen so niedrigen Preis hat, während die völlig unnötigen Diamanten einen so hohen Preis erzielen.

Darauf antwortet heute ein Lehrbuch wie das von Samuelson: Diamanten sind sehr *knapp,* und die Produktionskosten für *zusätzliche* Diamanten sind hoch; Wasser hingegen ist relativ *reichlich* vorhanden, und seine Kosten sind in vielen Zonen der Erde recht niedrig. Zudem bestimmt der Gesamtnutzen des Wassers weder seinen Preis noch seine Nachfrage. Lediglich der relative Grenznutzen und die Kosten der letzten Wassereinheit legen seinen Preis fest. Und warum? Weil die Menschen die Freiheit haben, diese letzte kleine Wassermenge zu kaufen oder nicht zu kaufen. Wenn daher ihr Preis über dem Grenznutzen liegt, kann diese letzte Mengeneinheit nicht verkauft werden. Und aus diesem Grund muss der Preis so weit sinken, bis er genau das Nützlichkeitsniveau erreicht. Hinzu kommt, dass jede Wassereinheit allen anderen genau gleich ist, und da es auf einem Wettbewerbsmarkt nur einen Preis gibt, muss jede Einheit genau zu dem Preis verkauft werden, den die letzte nützliche Einheit erzielt. [33, Bd. II, S. 88, 89]

Die neoklassische Erkenntnis, dass die letzte nachgefragte Einheit eines Gutes den Preis aller Einheiten dieses Gutes bestimmt, wird als so bedeutend angesehen, dass man sie bisweilen als „Marginal-Revolution" bezeichnet.

---

[5]Warum Beckermann, Nordhaus und Schelling diese Unterscheidung gerade nicht getroffen haben, als sie die Folgen des Klimawandels abschätzten, gibt H. Daly Anlass zu Vermutungen über die Wirkung des „Dogmas" von der Notwendigkeit ständigen Wirtschaftswachstum auf die wissenschaftliche Ratio.

Marginale, d. h. sehr kleine Veränderungen werden mathematisch in der Infinitesimalrechnung durch Differentiale erfasst, größere Veränderungen durch Integrale.
Newton entwickelte neben *Leibniz* die Infinitesimalrechnung, um die Kräfte und
Bewegungen mechanischer Systeme zu beschreiben. Die Newton'sche Mechanik
war so erfolgreich und faszinierte im 19. Jahrhundert viele Wissenschaftler derartig,
dass ihr Formalismus bei der mathematischen Formulierung auch anderer Wissen-
schaftsdisziplinen Pate stand – so auch der neoklassischen Ökonomie. In dieser
spielen von der Physik verwendete Extremalprinzipien eine wichtige Rolle. Im
Abschn. 3.4 werden wir jedoch sehen, dass bei der Optimierung des Gewinns zwei
von der Lehrbuchökonomie nicht berücksichtigte *technologische Beschränkungen*
verhindern, dass das neoklassische Optimum bei den bisherigen Energiepreisen
erreicht wird. Gleiches folgt aus der Optimierung des gesamtgesellschaftlichen,
zeitintegrierten Nutzens [2, 102, 124]. Dabei wird sich zeigen, wie die Übernahme
formaler Aspekte der *Mechanik* durch die Ökonomie bei Berücksichtigung der technologischen Beschränkungen verträglich wird mit den ökonomisch so wichtigen
Inhalten der *Thermodynamik*.

Die Außerachtlassung technologischer Beschränkungen führt dazu, dass in der
neoklassischen Lehrbuchökonomie die Bedeutung des Produktionsfaktors Energie
drastisch unterschätzt wird, wie wir in den Abschn. 3.3 und 3.4 noch näher sehen
werden. Diese Unterschätzung des Faktors Energie hat nicht nur theoretische, sondern auch praktische Konsequenzen. Wie bereits angedeutet, führt sie erstens dazu,
dass der anthropogene Treibhauseffekt ökonomisch als ein nur geringes Problem
gesehen wird. Denn wenn Energie im Vergleich zu den Produktionsfaktoren Arbeit
und Kapital unwichtig wäre, ließe sich das Problem sehr einfach durch Zurückfah-
ren des Energieeinsatzes lösen, ohne dass die Wohlstandsproduktion davon wesentlich betroffen würde. Zweitens führt die Unterschätzung des Faktors Energie dazu,
dass in der energiepolitischen Debatte die Energieversorgungssicherheit zu wenig
Beachtung findet, ebenfalls mit potenziell gravierenden Folgen: Schließlich kommen
ohne Energie und insbesondere Elektrizität nicht nur große Teile der Produktion,
sondern auch die maschinenbasierten Kommunikationsprozesse sowie nahezu das
gesamte öffentliche Leben zum Stillstand. Und drittens lassen sich mit einem geringen Gewicht des Produktionsfaktors Energie die volkswirtschaftlichen Folgen von
Energie- oder Ölpreisschocks auch nicht näherungsweise abbilden. Darauf gehen
wir im Weiteren ein.

Während die vergleichsweise träge Lehrbuchökonomie bezüglich der Wichtigkeit
von Energie nach wie vor einen blinden Fleck aufweist, wird der Sachverhalt von
Wirtschaftsforschern zunehmend erkannt. So spricht der Chefökonom des Handels-
blatts in seinem Newsletter vom 23.02.2018 mit Blick auf die Außerachtlassung oder
Geringgewichtung des Produktionsfaktors Energie im Vergleich zu Arbeit und Kapital von einem „gravierenden Defizit der Standardmodelle der Volkswirtschaftslehre"
[84] und verweist dazu auf eine aktuelle Analyse für das Handelsblatt Research
Institute [85].

3.2 Ölpreisschocks

Drei Rezessionen erschütterten die Weltwirtschaft seit dem Ende des 2. Weltkriegs.
Sie gingen einher mit den in Abb. 3.1 gezeigten starken Schwankungen des Rohöl-
preises und sind am Beispiel der USA und der Bundesrepublik Deutschland (BRD)
in Abb. 3.2 erkennbar. Sie haben neues Nachdenken über das Wirtschaftswachstum
angeregt, weil die neoklassische Wachstumstheorie als Teil der wirtschaftswissenschaftlichen Orthodoxie Probleme mit dem Verständnis der beobachteten Wirtschaftsentwicklung hat.

Seit Anfang der 1950er-Jahre war der Weltmarktpreis eines Barrels (157 l) Rohöl
gesunken. Leicht und billig konnte es aus den zuvor entdeckten gewaltigen Erdöl-
feldern im Nahen und Mittleren Osten, in Indonesien und den Amerikas gefördert
werden. Zusammen mit den Investitionen des Marshallplans leistete Erdöl einen
wichtigen Beitrag zum Wiederaufbau des zerstörten Europas. Seitdem war es, wie
Abb. 2.1 zeigt, der mengenmäßig bedeutendste Energieträger. Unverzichtbar war,
und ist es auch heute noch, für den Gütertransport und damit für den Welthandel.

Die Phase des stetigen Wirtschaftswachstums der Nachkriegszeit, mit jährlichen
Wachstumsraten von bis zu 7 %, fand Anfang der 1970er-Jahre abrupt ein Ende. Am
schlimmsten war der erste Ölpreisschock 1973–1975, der vom Jom-Kippur-Krieg im
Oktober 1973 ausgelöst wurde. Damals war Israel am jüdischen Versöhnungstag Jom
Kippur von Ägypten und Syrien überraschend angegriffen worden. Nach anfänglich

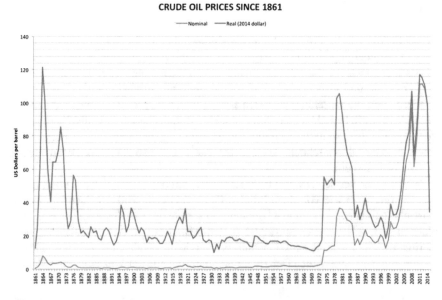

Abb. 3.1 Entwicklung des durchschnittlichen Jahrespreises eines Barrels Rohöl zwischen 1861 und
2014. Obere Kurve: inflationsbereinigt in US\$$_{2014}$. Untere Kurve: in Dollar-Tagespreisen; Daten
vom BP Workbook of Historical Data [86]

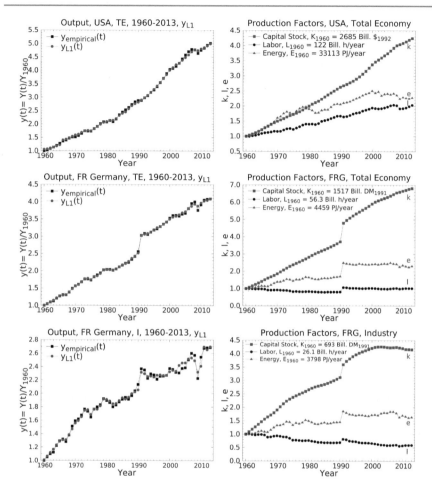

Abb. 3.2 Wirtschaftswachstum in den USA und der BR Deutschland (BRD) zwischen den Jahren $t = 1960$ und $t = 2013$. Oben: USA, Gesamtwirtschaft; Mitte: BRD Gesamtwirtschaft; unten: BRD Industrie („Warenproduzierendes Gewerbe"). Links: (relative) Wertschöpfung (Output) $y(t) = Y(t)/Y_{1960}$; empirisch (Quadrate) und theoretisch (Kreise). Rechts: empirische, auf das Basisjahr 1960 normierte Produktionsfaktoren Kapitalstock $k = K(t)/K_{1960}$ (Quadrate), Arbeit $l = L(t)/L_{1960}$ (Kreise) und Energie $e = E(t)/E_{1960}$ (Dreiecke). Wertschöpfung und Kapital sind inflationsbereinigt. Der Output im Basisjahr, Y_{1960}, beträgt 2263 Mrd. US\$$_{1992}$ in den USA, 852,8 Mrd. DM$_{1991}$ in BRD Gesamtwirtschaft und 453,5 Mrd. DM$_{1991}$ in BRD Industrie. Die empirischen Daten und ihre theoretische Reproduktion mit der Produktionsfunktion aus Gl. (3.42) sind [87] entnommen. Die Theorie folgt in Abschn. 3.3

großer Bedrängnis[6] siegte es schließlich doch noch. Mit einem Lieferboykott suchten die erdölfördernden arabischen Staaten die als Israel-freundlich geltenden nicht-
sozialistischen Staaten Europas, Nordamerika und Japan zu einer Änderung ihrer bisherigen Haltung in dem seit 1948 schwelenden Nahostkonflikt zwischen Israel und
seinen arabischen Nachbarn zu zwingen: Die Organisation erdölexportierender Staa-
ten (OPEC) trieb den Erdölpreis auf dem Weltmarkt von 16 US\$$_{2014}$ pro Barrel Rohöl
im Jahre 1973 auf 56 US\$$_{2014}$ im Jahre 1975. Die Konjunktur in den Marktwirtschaf-
ten brach weltweit ein. (Anders erging es den „sozialistischen"Planwirtschaften, wie
weiter unten besprochen wird.) Die Rückgänge von Energieeinsatz und Wirtschaftswachstum zwischen 1973 und 1975 in der Bundesrepublik Deutschland und den
USA zeigt die Abb. 3.2; wie es Japan traf, zeigt Abb. 3.3. Bisweilen nennt man das
auch die erste Energiekrise.

Doch „Ölpreisschock" weist besser auf den psychologisch-technischen Mechanismus des Konjunktureinbruchs hin. Denn Unternehmer befürchteten, dass der bisher
so üppig und billig geflossene Treibstoff für ihren Wärmekraftmaschinenpark knapp
würde, so dass dieser teilweise stillgelegt werden müsste. Also fuhren sie zur Vermeidung von Überkapazitäten ihre Investitionen zurück – im industriellen Sektor
„Warenproduzierendes Gewerbe" der BRD von 90 Mrd. DM in 1973 auf weniger als
50 Mrd. DM in 1975 [88, 89]. Zu dieser fast halbierten Nachfrage nach Investitionsgütern seitens der Investoren trat die abgeschwächte Nachfrage nach Konsumgütern
seitens der Konsumenten, weil ein Teil ihrer Kaufkraft durch Benzin- und Heizölver-
teuerung „von den Ölscheichs" abgeschöpft worden war. Der gesunkenen Nachfrage
folgend wurde die Wertschöpfung der Gesamtwirtschaft, das BIP, wie auch die der
Industrie durch verminderte Auslastung der Produktionsanlagen zurückgefahren.
Entsprechend weniger Energie wurde benötigt und eingesetzt. Insgesamt war der
aus den Preisen von Kohle, Öl und Gas und ihren Kostenanteilen aggregierte Energiepreis von 61,45 DM pro Tonne Steinkohleeinheiten (t SKE) in 1973 auf 100,91
DM pro t SKE in 1975 gestiegen [88].

Zwischen 1975 und 1979 blieb der Ölpreis stabil. Die OPEC Länder wollten die
Weltwirtschaft, von der sie selbst abhängen, nicht weiter schädigen. Zudem begann
die Kernenergie, das Öl aus der Stromproduktion zu verdrängen, und Nicht-OPEC-
Länder wie Großbritannien und Norwegen erschlossen die Erdölfelder der Nordsee.
Nachdem der Schock abgeklungen war, kam die Wirtschaft auch bei den um rund
50 % gestiegenen aggregierten Energiepreisen wieder in Schwung.

Dann überfiel Saddam Husseins Irak den revolutionären Iran. Dieser Krieg zwischen zwei Haupterdölieferanten schränkte deren Ölangebot auf dem Weltmarkt
drastisch ein, und der Ölpreis schoss, sich nahezu verdoppelnd, zwischen 1979
und 1981 auf 106 US\$$_{2014}$. Dieser zweite Ölpreisschock bescherte dem Wirtschafts-
wachstum in den Marktwirtschaften den nächsten Dämpfer.

---

[6]Glaubwürdige Quellen sprechen davon, dass es nach den großen Anfangsverlusten Israels beinahe
zum Kernwaffeneinsatz gekommen wäre, der nur durch massive Lieferungen von Kriegsmaterial
seitens der USA verhindert worden sei.

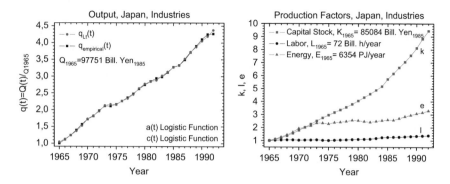

Abb. 3.3 Wirtschaftswachstum im japanischen Sektor „Industries", der etwa 90 % des japanischen BIP produziert [2]. Links: Empirische (Quadrate) und theoretische (Kreise) Wertschöpfung $Q(t)/Q_{1965} \equiv Y(t)/Y_{1965}$, die auf das Basisjahr 1965 normiert ist. Rechts: Empirische, auf das Basisjahr normierte Produktionsfaktoren Kapital k, Arbeit l und Energie e

Nach dem Ende des irakisch-iranischen Kriegs kam es zu einem Überangebot von Öl auf dem Weltmarkt. Der Ölpreis stürzte bis 1985 auf $36\,\mathrm{US\$}_{2014}$ ab. Für die erdölexportierenden Länder war dies der erste *negative* Ölpreisschock. In den öl-importierenden Ländern wuchs die Wirtschaft wieder, bis es etwa ab dem Beginn des 21. Jahrhunderts zu den wilden Preisanstiegen und -abstürzen kam, die die Abb. 3.1 zeigt. Einbruch und Wiedererholung des Wirtschaftswachstums zwischen 2007 und 2010 in der Abb. 3.2 hängen zusammen mit der schon erwähnten, 2007 beginnenden Krise des Hypothekenmarktes, der durch Ramschhypotheken auf US-Immobilien vergiftet worden war. Die Krise brach offen aus, als am 15. September 2008 die Lehman Brothers Investmentbank zusammenbrach und dem 21. Jahrhundert seine erste Weltwirtschaftskrise bescherte. Das Platzen der Immobilienblase in den USA wird auch damit in Zusammenhang gebracht, dass die hochverschuldeten Hausbesitzer in den amerikanischen Vorstädten wegen der seit 2005 stark angestiegenen Ölpreise und der damit verbundenen erhöhten Kosten für die Autofahrten zur Arbeit ihre Hypotheken nicht mehr bezahlen konnten [90].

Im Juli 2014 setzte der zweite negative Ölpreisschock mit dem Absturz des Preises für ein Barrel Rohöl in den Bereich zwischen 30 und 50 US\$ ein. Bei den zuvor herrschenden Ölhöchstpreisen war die Förderung von Öl und Gas aus nicht-konventionellen Quellen wie Ölsänden und Teerschiefer wirtschaftlich geworden, die USA wurden vom Ölimporteur wieder zum Selbstversorger, und viele OPEC-Staaten wollten ihre angehäuften Schulden durch unbeschränkte Ölförderung und -verkäufe verringern. Der Konjunktur der hoch industrialisierten Länder hat das gutgetan. Probleme ergaben und ergeben sich daraus für Ölexporteure wie Russland, das damit schmerzlich an den Zusammenbruch der Sowjetunion erinnert wird.

Die Sowjetunion (UdSSR) war kein Mitglied der OPEC gewesen. Aber als einer der großen Ölexporteure profitierte sie nach 1973 enorm von den hohen Ölpreisen auf dem Weltmarkt. Während die westlichen Marktwirtschaften unter den ersten beiden Ölpreisexplosionen bis 1981 litten, erfreuten sich die Länder des Warschauer Pakts der niedrigen Ölpreise, die die sowjetischen Planer sowohl der UdSSR als auch ihren sozialistischen Bruderstaaten gewährten. Als Folge blieb die DDR von den beiden Ölpreischocks so gut wie unberührt, während die BRD in die beiden Rezessionen rutschte, die die Abb. 3.2 zeigt. Damals prahlte ein Mitglied des Politbüros der SED, dass nunmehr die Überlegenheit des Sozialismus ja bewiesen sei. Im Jahr 1979 fühlte sich die Führung der Sowjetunion unter Vorsitz von Leonid Breschnew, dem Generalsekretär der Kommunistischen Partei der Sowjetunion (KPdSU), stark genug, Afghanistan zu besetzen und ein Wettrüsten zu beginnen. Die Seestreitkräfte wurden verstärkt, um in der Beherrschung der Meere mit den USA gleichzuziehen, und SS-20 Raketen wurden gegen Westeuropa in Stellung gebracht. Doch der Absturz des Ölpreises nach 1981 drosselte den Fluss der Petrodollars in die Sowjetunion erheblich. Die hohen Importe der dringend benötigten Konsumgüter waren nicht mehr zu finanzieren. Bei den Investitionen der Ressourcen des Landes hatte man die Schwerindustrie bevorzugt, während die von der Planungsbürokratie ineffizient organisierte Konsumgüterindustrie vernachlässigt worden war und zu wenig produzierte. Der neue Generalsekretär der KPdSU, Michail Gorbatschow, erkannte die Notwendigkeit von Veränderungen. Er führte die Perestroika- und Glasnost-Reformen ein, aber es war zu spät. Nach dem Zusammenbruch der Sowjetunion in 1991 gingen Russland und die anderen Nachfolgestaaten zur Marktwirtschaft über – doch ohne die angemessenen gesetzlichen Rahmenbedingungen und die zu ihrer Durchsetzung notwendigen Institutionen. Das war ein Grund für den Niedergang der einstigen Supermacht in der Dekade zwischen 1990 und 2000. Ein anderer war der niedrige Ölpreis während der 1990er-Jahre. Als der Ölpreis gegen Ende des 20. Jahrhunderts wieder anzog und bis auf 116 US\$$_{2014}$ in 2011 stieg, kam Wladimir Putin in Russland an die Macht. Er wurde am 31.12.1999 amtierender Präsident der Russischen Föderation, gewann die Präsidentschaftswahlen in 2000 und 2004 und wäre 2008 wiedergewählt worden, hätte nicht die Verfassung eine dritte Amtszeit verboten. Stattdessen wurde er von seinem Nachfolger, Dimitri Medvedew, zum Premierminister ernannt. Nach einer Gesetzesänderung, die die Präsidentenamtszeit von vier auf sechs Jahre verlängerte, gewann Putin die nächsten Präsidentschaftswahlen im März 2012. Analysten führen die Popularität Putins zu einem Gutteil auf die Hebung des Lebensstandards im Lande dank der hohen russischen Einkünfte aus den Exporten von Öl und Gas während seiner Regierungszeit zurück. Seit dem Juli 2014 jedoch stürzte der Ölpreis noch dramatischer ab als nach 1981. Zusammen mit den Sanktionen von USA und EU wegen des Ukraine-Konflikts hat das Russland wirtschaftliche Schwierigkeiten eingetragen, die aber – vielleicht gerade wegen der westlichen Sanktionen – Putins Ansehen in der Bevölkerung (noch) nicht geschadet haben. Im März 2018 wurde er wiedergewählt.

Die bisherigen Energiepreisschwankungen hatten wirtschaftspolitische Gründe. Die in ihrem Gefolge aufgetretenen Veränderungen von Energieeinsatz und Wirtschaftswachstum beruhen auf bidirektionaler Kausalität zwischen den beiden: 1) Wird, z. B. bei einer Energiepreissteigerung, oder einem Auslastungsrückgang wegen Streiks, weniger Energie nachgefragt und in die Maschinen des Kapitalstocks eingespeist, werden weniger Güter und Dienstleistungen produziert – die Wertschöpfung sinkt. 2) Geht, z. B. wegen des Platzens einer Spekulationsblase mit anschließendem Börsenkrach, die Nachfrage nach Gütern und Dienstleistungen zurück, laufen zu deren Produktion weniger Maschinen; für deren Betrieb ist dann auch nur weniger Energie vonnöten. Erholt sich die Nachfrage, so dass Energie den Maschinenpark, u. U. bis zur Vollauslastung, erneut antreibt, steigt die Produktion, und die Wirtschaft wächst wieder.

Die Abb. 3.2 und 3.3 zeigen diesen Zusammenhang von Energie und Wirtschaftswachstum auch in der theoretischen Reproduktion der beobachteten Wirtschaftsentwicklung, zusammen mit den zugehörigen, empirisch gegebenen Produktionsfaktoren Kapital K, Arbeit L und Energie E. Darin ist der Ausstoß (Output) Y von Gütern und Dienstleistungen die jährliche Wertschöpfung eines Wirtschaftssystems, also das Bruttoinlandsprodukt (BIP), oder ein Teil davon, falls nur ein Sektor der Volkswirtschaft betrachtet wird. In den USA und Deutschland schwankt der Output im Rhythmus des Energieeinsatzes, in Japan knickt er zwischen 1973 und 1975 ab wie der Energieeinsatz, und insgesamt wächst er in etwa so wie das Kapital. Die menschliche Arbeit L wächst in den USA, nimmt in Deutschland ab, und bleibt in Japan nahezu konstant. Die unterschiedlichen Trends des Arbeitseinsatzes machen sich so gut wie nicht in Unterschieden der Wachstumskurven bemerkbar.

3.3 Wachstumstheorie

Produktionsfunktionen, wie die zur Berechnung der theoretischen Wertschöpfung in Abb. 3.2 und 3.3 verwendete *LinEx*-Funktion aus Gl. (3.42), dienen der mathematischen Beschreibung von Wertschöpfungsprozessen und beobachtetem Wirtschaftswachstum. Sie sind ein Standard-Instrument der Produktions- und Wachstumstheorie.

Zwar werden sie von solchen Ökonomen skeptisch gesehen, die entweder im Rahmen der evolutionären Ökonomie es vorziehen, auf die ökonomische Bedeutung der Thermodynamik durch qualitative Betrachtung von Produktionsprozessen in der Wirtschaft und der „nicht anthropogen manipulierten Natur" hinzuweisen [91], oder zur Untersuchung ökonomischer Aktivitäten und der damit verbundenen CO_2-Emissionen eine, wie sie sagen, „sparsame" *(parsimonious)* Darstellung vorziehen und die Produktionsmöglichkeiten einzelner Firmen und Wirtschaftssektoren unter Beachtung des Zweiten Hauptsatzes der Thermodynamik im Rahmen der Input-Output Analyse modellieren [19]. Doch für die *quantitative* makroökonomische Analyse der treibenden Kräfte und hemmenden Grenzen von Wertschöpfung und Wirtschaftswachstum sind Produktionsfunktionen ein schwer zu entbehrendes Werkzeug, das von vielen Forschern verwendet wird.

3.3.1 Kapital, Arbeit, Energie und Kreativität

Wie in der Physik liegt auch in der Ökonomie der mathematischen Beschreibung eines Systems ein System*modell* zugrunde. Produktionsfunktionen bilden

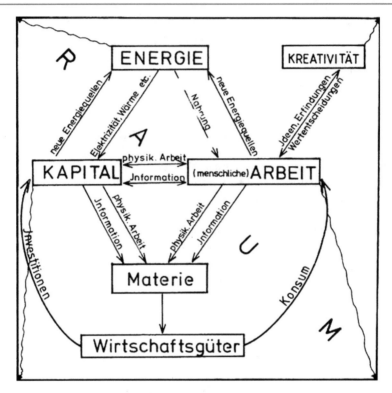

Abb. 3.4 Zusammenwirken der Produktionsfaktoren Kapital, Arbeit und Energie mit Kreativität im Raum des Wirtschaftssystems [92]

makroökonomische Modelle ab. Die Abb. 3.4 veranschaulicht unser Modell. Sie skizziert die Wertschöpfung einer industriellen Volkswirtschaft durch Arbeitsleistung und Informationsverarbeitung.

Kapital bezeichnet hier den von den Volkswirtschaftlichen Gesamtrechnungen in inflationsbereinigten monetären Einheiten ausgewiesenen Kapital*stock*. **Der Kapitalstock besteht aus allen Energieumwandlungsanlagen und Informationsprozessoren samt den zu ihrem Schutz und Betrieb benötigten Gebäuden und Installationen.**[7] Die menschliche Arbeit manipuliert den Kapitalstock. Sie wird von den nationalen Arbeitsmarktstatistiken in geleisteten Arbeitsstunden pro Jahr gemessen. Energie aktiviert den Kapitalstock. Die nationalen Energiebilanzen messen sie in Einheiten der jährlich umgesetzten Petajoule (PJ); gebräuchlich sind auch Maße wie Tonnen Steinkohleeinheiten (tSKE) pro Jahr, Tonnen Öleinheiten (tÖE) pro Jahr und andere im Anhang A.2.1 angegebenen Energieeinheiten. (Der unterbrochene Pfeil

---

[7]Die von diesem Kapitalbegriff nicht erfassten, von reiner Muskelkraft bewegten Werkzeuge und Geräte machen nur einen vernachlässigbar kleinen Teil des Kapitals einer industriellen Volkswirtschaft aus.

„Nahrung" von „Energie" zu „Arbeit" deutet an, dass die menschliche Nahrung nicht zum Produktionsfaktor Energie gezählt wird.) „Kreativität" bezeichnet den Einfluss menschlicher Ideen, Erfindungen und Wertentscheidungen, der jenseits von Kapital, Arbeit und Energie die wirtschaftliche Entwicklung prägt.

Preissignale von Angebot und Nachfrage koppeln den in der Abb. 3.4 skizzierten produktiven physischen Unterbau der Wirtschaft an den Überbau des Marktes, auf dem die Produktionsfaktoren und die Wirtschaftsgüter gehandelt werden. Das bestimmt die in unserem Modell exogen vorgegebenen Mengen der eingesetzten Produktionsfaktoren Kapital, Arbeit und Energie.

Materialien, in Abb. 3.4 unter „Materie" zusammengefasst, sind Durchlaufposten in der Wertschöpfungsbilanz.[8] Sie sind die passiven Partner des Produktionsprozesses, in dem Kapital, Arbeit und Energie ihre Atome so ordnen, dass sie den Anforderungen an das jeweilige Produkt entsprechen. Mittels Recycling können durch Einsatz hinreichend großer Mengen der drei Produktionsfaktoren die Materialien unter geringen Verlusten immer wieder aufs Neue dem Produktionsprozess zugeführt werden, sobald die ökonomische Lebensdauer der aus ihnen gebildeten Produkte abgelaufen ist und sie zu Schrott geworden sind. Solange es genügend Energie gibt und die mittlere Recyclingfrequenz der Materialien kleiner ist als die inverse mittlere ökonomische Lebensdauer der Produkte, muss das Wirtschaftswachstum also nicht an materialbedingte Wachstumsgrenzen stoßen. Eine umfassende, exergetisch fundierte Verfügbarkeitsanalyse der für moderne industrielle Volkswirtschaften unverzichtbaren Materialien gibt [93].

Die gewellten Pfeile zu den Ecken des Raums, der das Produktionssystem begrenzt, sollen andeuten, dass durch Erweiterung des Wirtschaftsraums mithilfe von Kapital, Arbeit, Energie und Kreativität die Grenzen des Wachstums [95] vielleicht verschoben werden können.

Information, so wichtig in der Wirtschaft, ist an die Produktionsfaktoren gekoppelt und mit ihnen verwoben. Informations*verarbeitung,* die im Dienstleistungssektor die menschliche Hand und Sprache steuert und die im Industriesektor den Energiefluss nach den Bauplänen der Konstrukteure so auf die Materie lenkt, dass er aus Rohstoffen Produkte formt, findet statt in den Informationsprozessoren des menschlichen Gehirns und des Kapitalstocks. Die einfachste Informationsverarbeitung besteht im Öffnen oder Schließen eines Schalters für Energieflüsse. Informations*transport* ist immer an Energieströme gebunden, seien es elektromagnetische Wellen, denen Information digital oder analog aufgeprägt wird, seien es Impulse elektrischer Ströme in Leitern oder Halbleitern, die auch die kleinste Informationseinheit, das Bit, darstellen können, oder sei es die kinetische Energie von Fahrzeugen, die Zeitungen und Bücher transportieren. Bei der Informations*speicherung* wird die Druckerschwärze auf Papier immer mehr durch Brennen von CDs mittels Lasern, elektrische Ströme in Schaltkreisen, Magnetisierung von Festplatten usw. abgelöst. Diese

---

[8]Materialien erscheinen als Vorleistungen im Bruttoproduktionswert, aber nicht im Bruttoinlandsprodukt, oder dessen Teilen, um die es hier geht. Im deutschen Verarbeitenden Gewerbe betrug 1989 der Bruttoproduktionswert das 2,7-Fache des Beitrags dieses Wirtschaftssektors zum BIP [94].

Informationsspeicher sind, sofern sie in der Produktion genutzt werden, Teile des
Kapitalstocks.[9] Die *Entstehung* von Information und Wissen hingegen ist eine Gabe
der menschlichen Kreativität.

Verluste traditioneller Konsum- und Investitionsmöglichkeiten in Höhe von 0,8 %
bis 6 % des deutschen BIP wurden in verschiedenen Szenarien als Folge der Bekämpfung der Emissionen von SO_2, NO_x und CO_2 mittels rationeller Energieverwendung
und Fotovoltaikeinspeisevergütungen errechnet [96]. Dennoch beschränken wir uns
hier der Einfachheit halber auf die Berechnung des BIP, das alle monetär bewerteten
wirtschaftlichen Aktivitäten misst, also auch solche, die der Behebung von Schäden
dienen, die durch wirtschaftliche Aktivitäten verursacht worden sind.

Nebenbemerkung
Energiewertlehren messen der Energie die alles überragende Bedeutung zu. In
Arbeitswertlehren ist der menschlichen Arbeit alles zu verdanken. Entscheidend
sind Zeitskalen und Systemgrenzen. Auf einer Zeitskala seit der Entstehung der
Erde vor vier Milliarden Jahren mag man alles auf die eingestrahlte Solarenergie
zurückführen, sofern man glaubt, dass nicht noch andere Anstöße „von außen" für
die Entfaltung des Lebens und der Zivilisation nötig waren. Auf einer Zeitskala
vom Beginn der neolithischen Revolution bis zur Mitte des 19. Jahrhunderts und bei
einer Systemgrenze, die die Energie außen vor lässt, weil Energie physikalisch noch
gar nicht recht verstanden und begrifflich gefasst worden war, konnte man alternativ auch die Arbeit und die technische Kreativität des Menschen als die Faktoren
sehen, die alles geschaffen haben. Seitdem jedoch in hoch industrialisierten Ländern das produzierte Produktionsmittel *Kapitalstock* auf die (mehrfache) Größe des
Bruttoinlandsprodukts angewachsen ist und die in Abschn. 2.3.1 angegebenen Energiesklavenzahlen die Einwohnerzahlen bei Weitem übertreffen, sind Kapital, Arbeit,
Energie und technische Kreativität als die bestimmenden Produktionsfaktoren nicht
mehr zu übersehen.

Allerdings könnte gemäß einer utopischen Vision von Digitalisierung die Energie vielleicht doch irgendwann einmal als einziger Produktionsfaktor verstanden
werden. Dann nämlich, wenn das Erste Evolutionsprinzip der Produktionsfaktoren
wirksam wird. Es besagt: Mit wachsender Industrialisierung und Automation kon-
vergieren die Produktionsfaktoren Kapital und Arbeit im Produktionsfaktor Energie. Das bedeutet: Im Zuge der wirtschaftlichen Entwicklung erweitert die Energie
zuerst die Wirksamkeit von Kapital und Arbeit und substituiert diese beiden dann
in zunehmendem Maße. Nach der Substitution der Arbeit durch Energie und Kapital in Rationalisierungsmaßnahmen wird die Substitution des Faktors Kapital durch
die Betrachtung folgender Grenzsituation deutlich. Es ist die Situation der vollauto-
matisierten, computergesteuerten, sich selbst in Recyclingprozessen der veralteten
Anlagen regenerierenden Fabrik, in die zur Aufrechterhaltung einer ununterbro-
chenen Produktion neben den immer wieder verwertbaren Rohmaterialien (aus

---

[9]Genetische Informationsspeicher werden mit weiterem biotechnologischem Fortschritt vielleicht
auch eines Tages Teil des Kapitalstocks.

verschrotteten Konsum- und Investitionsgütern) nur Energie von außen eingespeist werden muss. Der Faktor menschliche Arbeit ist vollständig ausgeschaltet, und der Faktor Kapital, der ja mit der Fabrik gegeben ist, verliert gegenüber dem Faktor Energie immer mehr an Bedeutung, wenn man die von der Fabrik produzierten Investitionsgüter nicht formal auf das Wirken des Kapitals zurückführt (gewissermaßen von einer wunderbaren Kapitalvermehrung spricht), sondern technisch-kausal durch das Wirken der Energie entstanden sieht [38, 116].

3.3.2 Modellierung der Produktion

Für die weitere, quantitative Analyse des Wirtschaftswachstums verwenden wir Produktionsfunktionen. Mathematische Annahmen und technisch-ökonomische Vorstellungen führen zu orthodox-neoklassischen und alternativen Versionen dieser Funktionen. Die mathematischen Annahmen sind dabei im Wesentlichen die gleichen. Doch bei den technisch-ökonomischen Vorstellungen gabelt sich der Weg.

Vor den Ölpreisschocks betrachtete die orthodoxe Volkswirtschaftslehre nur Kapital K und Arbeit L als die Produktionsfaktoren, die als unabhängige Variablen in der neoklassischen Produktionsfunktion $A(t) f(K, L)$ bei der Berechnung der Wertschöpfung Y_t zur Zeit t zu berücksichtigen seien. $A(t)$ ist ein „technischer Fortschritt" genanntes Innovationsmaß, und $f(K, L)$ ist eine (zweimal stetig differenzierbare) Funktion ihrer Argumente.

Als Reaktion auf die Ölpreisschocks führten Ökonomen wie Hudson [97], Jorgenson [98, 100], Berndt und Wood [99] Energie als dritten Produktionsfaktor in die Produktionsfunktion ein. Ihnen folgte Nordhaus, als er ökonomische Probleme des Klimawandels untersuchte [101]. Die um den Faktor Energie erweiterte Produktionsfunktion ist dann $A(t) f_E(K, L, E)$. Gemäß Neoklassik sind in ihr jedoch die Gewichte der Produktionsfaktoren – die in Gl. (3.4) definierten *Produktionselastizitäten* von Kapital, Arbeit undEnergie – durch die Faktor*anteile* an den gesamten Faktor*kosten* im Voraus festgelegt. Dieses *Kostenanteiltheorem* ist fundamental für die neoklassische Gleichgewichtsökonomie und beruht im Grunde auf der Argumentation, die das schon erwähnte Wertparadox von Diamant und Wasser (für Gegenden mit reichlich Wasser) auflöst. Seine mathematische Herleitung aus der Maximierung des Profits (oder der Gesamtwohlfahrt) übersieht allerdings *technologische Beschränkungen* [2, 102, 124]. Abschn. 3.4 geht darauf ein. Da in hoch industrialisierten Ländern die Faktoranteile an den Gesamtkosten etwa 25 % beim Kapital, 70 % bei der menschlichen Arbeit und nur 5 % bei der Energie[10] ausmachen, betrachten neoklassische Ökonomen den Beitrag der Energie zum Wirtschaftswachstum als bestenfalls marginal. Diese ökonomische Geringschätzung der Energie ist zum einen thermodynamisch fragwürdig und zum anderen beschert sie der neoklassischen Wachstumstheorie Probleme mit der Empirie.

---

[10]OECD Werte stehen in Abschn. 6.1.2.

Zum Beispiel argumentierte der Ökonometriker Edward F. Denison in einer kriti-
schen Auseinandersetzung mit Dale W. Jorgensons These, der Rückgang der Wertschöpfung in den USA während der Jahre 1973–1975 habe etwas mit der gleich-
zeitigen Ölpreisexplosion zu tun, folgendermaßen [103]: Wenn man denn Energie
überhaupt als eigenständigen Produktionsfaktor und nicht als ein Produkt von Kapital und Boden betrachten wolle, so müsse man doch beachten, dass die Energiekosten
im industriellen Sektor der USA weniger als 5 % der Gesamtfaktorkosten wie auch
der Wertschöpfung in diesem Sektor ausmachen. Darum könne der empirisch beobachtete Rückgang des Energieeinsatzes um 7,3 % im Sektor Industries der USA
zwischen 1973 und 1975 nicht mit dem beobachteten Rückgang der Industrieproduktion um 5,3 % zusammenängen.[11] [Im Originaltext: „Energy gets about 5 percent
of the total input weight in the business sector … the value of primary energy used by
nonresidential business can be put at $42 billion in 1975, which was 4.6 percent of a
$916 billion nonresidential business national income. … If … the weight of energy
is 5 percent, a 1-percent reduction in energy consumption with no change in labor
and capital would reduce output by 0.05 percent."][12].

Die mangelhafte Berücksichtigung der Energie als Produktionsfaktor in der Standardökonomie war lange zuvor schon von Tryon und danach, zu Beginn der ersten
Energiekrise, von Binswanger und Ledergerber kritisiert worden. So erklärte Tryon
1927: „Anything as important in industrial life as power deserves more attention than
it has yet received from economists. …A theory of production that will really explain
how wealth is produced must analyze the contribution of the element energy" [105].
[Energiedienstleistungen, die für Industriewirtschaft so wichtig sind, verdienen mehr
Beachtung als ihnen bisher von Ökonomen zuteil geworden ist. …Eine Produktionstheorie, die wirklich erklärt, wie der Wohlstand entsteht, muss den Beitrag des Ele-
mentes Energie analysieren.] Binswanger und Ledergerber [106] stellten 1974 fest:
„Der entscheidende Fehler der traditionellen Ökonomie (liberaler und sozialistischer
Prägung!) ist die Außerachtlassung der Energie als Produktionsfaktor."

Gewichtet man gemäß neoklassischer Vorschrift Kapital, Arbeit und Energie mit
ihren oben genannten Kostenanteilen und setzt die entsprechenden Produktionselastizitäten in die energieabhängige Version der in der Neoklassik oft verwendeten Cobb-Douglas-Produktionsfunktion (3.31) ein, dann erhält man die in Abb. 3.5
gezeigten großen Abweichungen des berechneten vom beobachteten Wirtschaftswachstum. Schon der Nobelpreisträger der Ökonomie Robert M. Solow hatte in

---

[11]Das Wachstum der Wertschöpfung im Sektor Industries der USA zwischen 1960 und 1978,
einschließlich des Rückgangs von Energieeinsatz und Wertschöpfung zwischen 1973 und 1975,
wird in [104] theoretisch reproduziert.

[12]Im industriellen Sektor „Warenproduzierendes Gewerbe" der alten BRD beliefen sich die Faktorkosten in den Jahren 1970 bzw. 1981 für Kapital auf 81 bzw. 156 Mrd. DM, für Arbeit auf 213 bzw.
258 Mrd. DM, und für Primärenergie auf 11 bzw. 30 Mrd. DM; (DM-Angaben inflationsbereinigt,
Wert 1970). Das bedeutet: 1970, als der Ölpreis sein langjähriges Minimum hatte, lag in Deutschland
der Anteil der Energiekosten an der Summe der Faktorkosten bei 3,5 %, und 1981, im Ölpreismaxi-
mum des 20. Jahrhunderts, machten die industriellen Energiekosten 7 % der Gesamtkosten aus
[88].

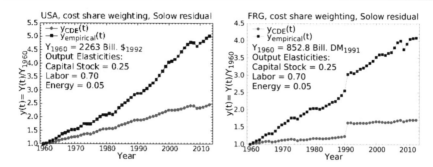

Abb. 3.5 Empirische Wertschöpfung (Quadrate) und theoretisch berechnete (Kreise) in den USA und der BRD bei der Gewichtung von Kapital, Arbeit und Energie mit ihren Kostenanteilen [87]

Analysen des Wirtschaftswachstums der USA während der ersten Hälfte des 20. Jahrhunderts bei der Gewichtung von Kapital und Arbeit mit ihren Kostenanteilen ein theoretisches Wirtschaftswachstum gefunden, das deutlich unter dem empirischen liegt [107]. Diese Diskrepanz ist das berühmt-berüchtigte *Solow-Residuum*. Zu ihrer formalen Beseitigung nimmt man ein so starkes Wachstum der technischen Fortschrittsfunktion $A(t)$ an, dass die Diskrepanz möglichst klein wird. Damit wird der von den neoklassisch gewichteten Produktionsfaktoren nicht erklärte Beitrag zu Wertschöpfung und deren Wachstum dem Wirken des *technischen Fortschritts* zugeschrieben. Diese alles dominierende Größe, die für das steht, was man nicht versteht, wird bisweilen auch als „Holy Grail of Economics" oder „Manna from Heaven" bezeichnet. Solow selbst sagte [108], die dominierende Rolle des technischen Fortschritts „has lead to a criticism of the neoclassical model: it is a theory of growth that leaves the main factor in economic growth unexplained". [„hat zu einer Kritik des neoklassischen Modells geführt: es ist eine Wachstumstheorie, die den wichtigsten Faktor des Wirtschaftswachstums unerklärt lässt."]

Die von der neoklassischen Ökonomie und auch von uns angenommenen fundamentalen mathematischen Eigenschaften von Produktionsfunktionen gleichen denen physikalischer Zustandsfunktionen. Sie legen ein alternatives Verfahren zur Bestimmung der ökonomischen Gewichte von Kapital K, Arbeit L und Energie E nahe, das an die Stelle der Gewichtung gemäß Faktorkostenanteilen tritt. Es macht Gebrauch von der Eigenschaft von Zustandsfunktionen, nur von den aktuellen Variablen des Systems abzuhängen und nicht von der Geschichte des Systems, die zu den aktuellen Variablen geführt hat.

Produktionsfunktionen der allgemeinen Form

$$Y = Y(K(t), L(t), E(t); t), \qquad (3.1)$$

in denen die Gewichtung der Faktoren noch völlig offen ist, modellieren die Summe aller unternehmerischen Entscheidungen in einer Volkswirtschaft als marktbeeinflusste Entscheidung eines „repräsentativen Unternehmers" über die zu einer Zeit t einzusetzenden Mengen von Kapital $K(t)$, Arbeit $L(t)$ und Energie $E(t)$. Diese

Entscheidungen werden bestimmt durch die Einschätzungen der Marktchancen seiner Produkte.

Zu Zeiten der Litfaßsäule war der Unternehmer auf Intuition und Erfahrung hinsichtlich der Kundenwünsche angewiesen, und mit Plakaten und Anzeigen warb er für seine Produkte. Heutzutage ermitteln die großen Internetkonzerne Verhaltensmuster und Konsumpräferenzen aus den personenbezogenen Daten, mit denen ihre Kunden für ihre Dienstleistungen bezahlen. Diese Informationen werden an Unternehmen verkauft, die daran die Produktion ihrer Güter und Dienstleistungen und die entsprechende Nachfrage nach den Produktionsfaktoren orientieren. Dann kaufen sie bei den Internetkonzernen zielgenaue Werbung im Internet, deren Adressaten von den Algorithmen der Server aus den Nutzerprofilen errechnet werden. Wem seine Privatsphäre egal ist, kann das als hoch effizienten, globalen Marktmechanismus betrachten.

Letzter Ursprung und Empfänger von Information sind Gehirn und Nervensystem. Der erste Schub zur Massenproduktion der Ware Information erfolgte durch die Druckerpresse. Die massenhafte Verbreitung dieser Ware erfolgte noch lange nach Gutenbergs Erfindung des Buchdrucks durch Ross und Reiter. Heutzutage, da die Transistoren von Computern, Smartphones, Fernsehern und Radios Gedanken in Texte und Daten umwandeln und diese, häufig bebildert und beliebig vervielfachbar, versenden und empfangen, ist Information zu einer Massenware geworden. Für Privatleute ist sie scheinbar zum Nulltarif zu haben, während Unternehmer für Informationen zu optimaler Investitionsentscheidung tief in die Tasche greifen.

Investitionen in den Kapitalstock $K(t)$ tätigt der repräsentative Unternehmer unter Beachtung des angestrebten Automationsgrades, ρ, sowie in Erwartung eines Kapitalauslastungsgrades η. Abschn. 3.4 geht näher darauf ein. Entsprechend der gewählten ρ und η ergibt sich die unternehmerische Nachfrage nach Arbeit $L(t)$ und Energie $E(t)$. In diesem Sinne sind Kapital, Arbeit und Energie die unabhängigen Variablen der Produktionsfunktion einer industriellen Volkswirtschaft.

Die Produktionsfunktion (3.1) hängt über die Produktionsfaktoren $K(t)$, $L(t)$ und $E(t)$ *implizit* von der Zeit ab. Die *explizite* Zeitabhängigkeit berücksichtigt das Wirken der „Kreativität", d. h. den Einfluss menschlicher Ideen, Erfindungen und Wertentscheidungen auf das Wirtschaftsgeschehen. Diese allgemeine Form der Produktionsfunktion deckt sowohl den um Energie erweiterten neoklassischen, orthodoxen Ansatz ab, wenn die Produktionsfaktoren einfach mit ihren Kostenanteilen gewichtet werden, als auch alternative Produktionsfunktionen. In Abschn. 3.3.3 ergeben sich Letztere aus Produktionselastizitäten, die ein den Maxwell-Relationen der Thermodynamik entsprechendes Differentialgleichungssystem und seinen technischökonomischen, asymptotischen Randbedingungen genügen. **Diese Randbedingungen stehen auf dem Wegweiser, der an der methodischen Wegegabelung die Abzweigung zu „alternativen Produktionselastizitäten und Produktionsfunktionen" anzeigt. Sie werden als *asymptotisch* bezeichnet, weil sie Grenzfälle der Wirtschaftsentwicklung abbilden.**

Produktionsfunktionen als Zustandsfunktionen setzen Kausalbeziehungen zwischen der abhängigen Variablen, d. h. der Wertschöpfung Y, und den unabhängigen Variablen, den Produktionsfaktoren K, L, E, voraus. Die Neoklassik nimmt sie als gegeben an. Wir begründen sie aus der in [104] eingeführten, und im Anhang A.3 ausführlicher dargestellten Aggregierung von Wertschöpfung und Produktionsfaktoren in Einheiten von Arbeitsleistung und Informationsverarbeitung. Da Arbeitsleistung und Informationsverarbeitung im energieaktivierten Kapitalstock den Kausalgesetzen der Technik unterworfen sind, und Gleiches auch für die sachgerechte Handhabung der Maschinen und Anlagen durch den Menschen gilt, hängt die Wertschöpfung, das Ergebnis des Zusammenwirkens der drei Faktoren, kausal von diesen ab. Die im Anhang A.3 angegebenen technischen Messvorschriften für Kapital und Wertschöpfung sind allerdings komplex und wurden noch nicht realisiert. Deshalb ist man bis auf Weiteres auf die in den Volkswirtschaftlichen Gesamtrechnungen publizierten monetären Bewertungen von Kapitalstock und Wertschöpfung angewiesen. Diese können zu irgendeinem Zeitpunkt als proportional zu den technischen Maßen angenommen werden. Ändern sich die monetären Bewertungen mit der Zeit, ändern sich die entsprechenden Proportionalitätsfaktoren. Das trägt dann zur expliziten Zeitabhängigkeit der Produktionsfunktion (3.1) bei.

Eingegangen wird mit der Aggregierung in Einheiten von Arbeitsleistung und Informationsverarbeitung auch zumindest begrifflich auf die zuerst in der sog. „Cambridge Kontroverse" zwischen Ökonomen aus Cambridge, UK, und Cambridge, Mass., erhobene Forderung, Wertschöpfung und Produktionsfaktoren in physischen Einheiten auszudrücken, damit makroökonomische Produktionsfunktionen einen Sinn machen [109–111].

Nebenbemerkung

Für die mathematische Gleichbehandlung von Kapital, Arbeit und Energie in der Produktionsfunktion ist ausschlaggebend, dass diese drei Faktoren die vom Unternehmer frei wählbaren Variablen sind: Der repräsentative Unternehmer kann den Kapitalstock durch Investitionen vergrößern oder durch unterlassene Ersatzinvestitionen und/oder Verlagerung der Produktion ins Ausland verkleinern; innerhalb der in Abschn. 3.4 behandelten technologischen Beschränkungen wählt er die pro Zeitintervall zu leistenden Arbeitsstunden und einzusetzenden Energiemengen gemäß angestrebten Auslastungs- und Automationsgraden des Kapitalstocks aus. Unterschiede zwischen Bestands- und Flussgrößen *(stocks and flows)*, die von heterodoxen Ökonomen bisweilen betont werden, spielen dabei keine Rolle.

Darüber hinaus verschwimmt der Unterschied zwischen Bestands- und Flussgrößen mit der Ausdehnung der Zeitskalen: Innerhalb eines Jahres mögen der Kapitalstock und die verfügbare Arbeitskraft als Bestandsgrößen erscheinen, während die eingesetzte Primärenergie zu Abwärme umgewandelt wird, die in nutzloser Umgebungswärme endet – sofern sie nicht, wie in Abschn. 2.3.3 berechnet, in rationeller Energieverwendung durch Wärmerückgewinnung weiter verwendet wird. Wie auch immer, auf Zeitskalen von der mittleren Lebensdauer der Investitionsgüter und Dauer menschlicher Arbeitsfähigkeit nutzen sich Kapital und Arbeit ebenfalls ab und werden zu Flussgrößen.

3.3.3 Produktionsmächtigkeiten

Die Wachstumsraten des Bruttoinlandsprodukts oder der Wertschöpfung einzelner Wirtschaftszweige werden als Indikatoren der Dynamik und Stärke einer Volkswirtschaft oder ihrer Sektoren betrachtet. Sie entscheiden bisweilen über das Wohl und Wehe von Regierungen. Wie tragen Kapital, Arbeit, Energie und Innovationen dazu bei? Auch vor dem Hintergrund der in Kap. 1 beschriebenen Kopplung von Energieumwandlung an Emissionen einerseits und der vielfältigen, in Kap. 2 aufgezählten Dienstleistungen von Energiesklaven andererseits, ist für die Beurteilung der Möglichkeiten nachhaltiger Wirtschaftsentwicklung eine quantitative Bestimmung der Faktorbeiträge zum Wirtschaftswachstum nötig. Mit anderen Worten: Gesucht werden die Gewichte, mit denen die Wachstumsraten des Kapitalstocks, der jährlich geleisteten Arbeitsstunden und der pro Jahr eingesetzten Primärenergiemengen im Zusammenwirken mit Innovationen zum Wachstum der Wertschöpfung beitragen. Diese Gewichte bezeichnen wir mit α für das Kapital, β für die Arbeit und γ für die Energie. Die Volkswirtschaftslehre nennt sie *Produktionselastizitäten*. Wir sprechen auch von *Produktionsmächtigkeiten,* weil sie die Wirkmacht der Faktoren K, L und E messen. Die Produktionsmächtigkeit der von der menschlichen Kreativität bewirkten Innovationen, die durch zeitliche Änderungen von Effizienzparametern gemessen wird, bezeichnen wir mit δ.

Im Weiteren wird die mathematische Theorie skizziert, die es erlaubt, zuerst Produktionselastizitäten und anschließend Produktionsfunktionen in Abhängigkeit von Kapital, Arbeit und Energie zu berechnen und damit aus beobachtetem Wirtschaftswachstum, also den empirisch gegebenen Zeitreihen der Produktionsfaktoren und der Wertschöpfung eines Wirtschaftssystems, die entsprechenden Zahlenwerte von α, β, γ und δ zu bestimmen. Leser, denen diese Zahlenwerte fürs Erste wichtiger sind als der dahinter stehende mathematische Apparat, können von hier aus direkt bis zu dem auf Gl. (3.45) folgenden Absatz springen.

Die Berechnung von Produktionselastizitäten und Produktionsfunktionen beginnt mit der Betrachtung einer infinitesimal kleinen Änderung der Wertschöpfung, dY. Eine solche Änderung ist gleich dem totalen Differential

$$dY(K, L, E; t) = \frac{\partial Y}{\partial K}dK + \frac{\partial Y}{\partial L}dL + \frac{\partial Y}{\partial E}dE + \frac{\partial Y}{\partial t}dt \qquad (3.2)$$

der Produktionsfunktion $Y(K, L, E; t)$, die das Wirtschaftssystem beschreibt. (Der Einfachheit halber wird in der Notation nicht mehr die Zeitabhängigkeit von K, L, E vermerkt.) Dividiert man dY durch die Produktionsfunktion $Y(K, L, E; t)$, so erhält man die Wachstumsrate der Wertschöpfung. Deren Abhängigkeit von den Wachstumsraten der Produktionsfaktoren und den Innovationen im Laufe der Zeit beschreibt die Wachstumsgleichung

$$\frac{dY}{Y} = \alpha\frac{dK}{K} + \beta\frac{dL}{L} + \gamma\frac{dE}{E} + \delta\frac{dt}{\Delta t}. \qquad (3.3)$$

Die Gewichte der Wachstumsraten von Kapital, α, Arbeit, β, und Energie, γ, also die Produktionselastizitäten der Faktoren, geben, grob gesprochen, die prozentuale Änderung der Wertschöpfung bei einprozentiger Faktoränderung an. In diesem Sinne messen sie die Produktionsmächtigkeiten der Produktionsfaktoren. Aus dem Vergleich von (3.3) mit (3.2) folgt ihre Definition:

$$\alpha \equiv \frac{K}{Y}\frac{\partial Y}{\partial K}, \quad \beta \equiv \frac{L}{Y}\frac{\partial Y}{\partial L}, \quad \gamma \equiv \frac{E}{Y}\frac{\partial Y}{\partial E}; \tag{3.4}$$

ferner ergibt der Vergleich

$$\delta \equiv \frac{\Delta t}{Y}\frac{\partial Y}{\partial t}. \tag{3.5}$$

Wir bezeichnen δ, analog zu α, β, γ, als Produktionselastizität der Kreativität. Wir wählen $\Delta t = |t - t_0|$, wobei t_0 ein beliebiges Basisjahr mit den Faktoreinsätzen K_0, L_0, E_0 ist. (Diese Wahl dürfte Langzeiteffekte der Kreativität stärker hervorheben als eine andere Wahl, z. B. $\Delta t = 1$ Jahr.)

Als Zustandsfunktion muss $Y(K, L, E; t)$ zweimal stetig differenzierbar sein, d. h. ihre gemischten zweiten Ableitungen bezüglich K, L, E müssen gleich sein. Daraus folgen die (Cauchy-) Integrabilitätsbedingungen der Wachstumsgleichung (3.3):

$$L\frac{\partial \alpha}{\partial L} = K\frac{\partial \beta}{\partial K}, \quad E\frac{\partial \beta}{\partial E} = L\frac{\partial \gamma}{\partial L}, \quad K\frac{\partial \gamma}{\partial K} = E\frac{\partial \alpha}{\partial E}. \tag{3.6}$$

Sie entsprechen den Maxwell-Relationen der Thermodynamik, und so wie diese gewinnt man sie aus dem totalen Differential der Zustandsfunktion, hier also aus Gl. (3.2).

Wir integrieren die Wachstumsgleichung (3.3) zu einer festen Zeit t, zu der die Produktionsfaktoren $K = K(t), L = L(t), E = E(t)$ wirken. Das Integral der linken Seite von $Y_0(t)$ bis $Y(K, L, E; t)$ ergibt $\ln \frac{Y(K,L,E;t)}{Y_0(t)}$. Es ist gleich dem Pfadintegral der rechten Seite,

$$F(K, L, E)_t \equiv \int_{P_0}^{P}\left[\alpha\frac{dK}{K} + \beta\frac{dL}{L} + \gamma\frac{dE}{E}\right] ds. \tag{3.7}$$

Erfüllen die Produktionselastizitäten die Integrabilitätsbedingungen (3.6), kann dies Integral längs eines beliebigen Pfades s im Faktorraum von einem Anfangspunkt P_0 bei (K_0, L_0, E_0) zum Endpunkt P bei $(K(t), L(t), E(t))$ ausgewertet werden.

Ein bequemer Pfad besteht aus drei geraden Strecken parallel zu den kartesischen Axen des K, L, E-Raums: $P_0 = (K_0, L_0, E_0) \rightarrow P_1 = (K, L_0, E_0) \rightarrow P_2 = (K, L, E_0) \rightarrow P = (K, L, E)$. Damit erhält man

$$F(K, L, E)_t = \int_{K_0,L_0,E_0}^{K,L_0,E_0} \alpha(K, L_0, E_0)\frac{dK}{K} + \int_{K,L_0,E_0}^{K,L,E_0} \beta(K, L, E_0)\frac{dL}{L}$$
$$+ \int_{K,L,E_0}^{K,L,E} \gamma(K, L, E)\frac{dE}{E}. \tag{3.8}$$

Da $\ln \frac{Y(K,L,E;t)}{Y_0(t)} = F(K, L, E)_t$ ist, hat die allgemeine Produktionsfunktion (3.1) die Form

$$Y(K, L, E; t) = Y_0(t) \exp \{F(K, L, E)_t\}. \tag{3.9}$$

Die Integrationskonstante $Y_0(t)$ ist der monetäre Wert eines Warenkorbs von Gütern und Dienstleistungen, der zur Zeit t mit den Faktoren K_0, L_0, und E_0 produziert würde. Ruht die Kreativität während des Zeitintervalls $|t - t_0|$, ist $Y_0(t)$ auch gleich der Produktionsfunktion zur Zeit t_0. Aktive Kreativität hingegen kann Y_0 ändern. Gleiches gilt auch für die beiden Technologieparameter (a und c) in den LinEx-Funktionen, die in Abschn. 3.3.4 und im Anhang A.4 berechnet werden.

Zu jeder fest vorgegebenen Zeit t müssen sich die Beiträge der Wachstumsraten von K, L, E zur Wachstumsrate der Wertschöpfung auf 100 % addieren, die Produktionselastizitäten also die sog. „Relation konstanter Skalenerträge" erfüllen:

$$\alpha + \beta + \gamma = 1. \tag{3.10}$$

Denn wenn man zu einem existierenden Produktionssystem ein identisches mit den gleichen Faktoreinsätzen hinzufügt, muss sich die Wertschöpfung verdoppeln. Die Produktionsfunktion ist also *linear homogen*. (Etwas genauer gesagt: Für die Produktionsfunktion muss gelten, dass $Y(\lambda K, \lambda L, \lambda E; t) = \lambda Y(K, L, E; t)$ ist, und zwar für jedes $\lambda > 0$ und alle möglichen Faktorkombinationen. Differenziert man diese Gleichung nach λ gemäß der Kettenregel und setzt anschließend $\lambda = 1$, erhält man die Euler-Relation $K \partial Y / \partial K + L \partial Y / \partial L + E \partial Y / \partial E = Y$. Division dieser Gleichung durch Y und Beachtung von (3.4) liefert die Gl. (3.10)).

Zudem müssen die Produktionselastizitäten nicht-negativ sein. Andernfalls würde die Erhöhung eines Produktionsfaktors die Wertschöpfung mindern – eine Situation, die die ökonomischen Akteure vermeiden. Darum gelten die Beschränkungen

$$\alpha \geq 0, \quad \beta \geq 0, \quad \gamma \geq 0. \tag{3.11}$$

Schreibt man die Gl. (3.10) um auf $\gamma = 1 - \alpha - \beta$ und setzt dies γ in die Integrabilitätsbedingungen (3.6) ein, dann werden diese zu

$$K \frac{\partial \alpha}{\partial K} + L \frac{\partial \alpha}{\partial L} + E \frac{\partial \alpha}{\partial E} = 0, \tag{3.12}$$

$$K \frac{\partial \beta}{\partial K} + L \frac{\partial \beta}{\partial L} + E \frac{\partial \beta}{\partial E} = 0, \tag{3.13}$$

$$L \frac{\partial \alpha}{\partial L} = K \frac{\partial \beta}{\partial K}. \tag{3.14}$$

Die allgemeinen Lösungen der Gl. (3.12)–(3.14) sind die Produktionselastizitäten

$$\alpha = \alpha \left(\frac{L}{K}, \frac{E}{K} \right), \quad \beta = \beta \left(\frac{L}{K}, \frac{E}{K} \right). \tag{3.15}$$

Wegen Gl. (3.14) ist außerdem

$$\beta = \int^{K} \frac{L}{K'} \frac{\partial \alpha}{\partial L} dK' + J\left(L/E\right). \tag{3.16}$$

$\alpha(L/K, E/K)$, $\beta(L/K, E/K)$ und $J(L/E)$ sind stetige, differenzierbare Funktionen ihrer Argumente.

Die beiden Gleichungen in (3.15) folgen aus der Theorie partieller Differentialgleichungen. Verifiziert werden können sie und Gl. (3.16) durch das Einsetzen von $\alpha(L/K, E/K)$ und $\beta(L/K, E/K)$ in die Gl. (3.12) und (3.13), sowie von $\alpha(L/K, E/K)$ und dem β der Gl. (3.16) in Gl. (3.14).

Die allgemeine Form der zweimal stetig-differenzierbaren, linear-homogenen Produktionsfunktion mit den Produktionselastizitäten (3.15) und $\gamma = 1 - \alpha - \beta$ ist dann

$$Y = E\mathcal{F}\left(\frac{L}{K}, \frac{E}{K}\right). \tag{3.17}$$

Schreibt man hingegen die konstante Skalenrelation (3.10) als $\beta = 1 - \alpha - \gamma$ und setzt dies β in die Integrabilitätsbedingungen (3.6) ein, erhält man statt des Gleichungssystems (3.12)–(3.14) die Gleichungen

$$K\frac{\partial \alpha}{\partial K} + L\frac{\partial \alpha}{\partial L} + E\frac{\partial \alpha}{\partial E} = 0, \tag{3.18}$$

$$K\frac{\partial \gamma}{\partial K} + L\frac{\partial \gamma}{\partial L} + E\frac{\partial \gamma}{\partial E} = 0, \tag{3.19}$$

$$E\frac{\partial \alpha}{\partial E} = K\frac{\partial \gamma}{\partial K}. \tag{3.20}$$

Der obigen Argumentation wieder folgend, findet man als allgemeine Lösungen der Gl. (3.18)–(3.20) die Produktionselastizitäten

$$\alpha = \alpha\left(\frac{L}{K}, \frac{E}{K}\right), \quad \gamma = \gamma\left(\frac{L}{K}, \frac{E}{K}\right), \tag{3.21}$$

wobei

$$\gamma = \int^{K} \frac{E}{K'} \frac{\partial \alpha}{\partial E} dK' + P\left(E/L\right) \tag{3.22}$$

ist, sowie als Form der allgemeinen Produktionsfunktion

$$Y = L\mathcal{G}\left(\frac{L}{K}, \frac{E}{K}\right). \tag{3.23}$$

Entsprechend ergibt die Kombination von $\alpha = 1 - \beta - \gamma$ mit (3.6) ein drittes Gleichungssystem:

$$K \frac{\partial \gamma}{\partial K} + L \frac{\partial \gamma}{\partial L} + E \frac{\partial \gamma}{\partial E} = 0 \tag{3.24}$$

$$K \frac{\partial \beta}{\partial K} + L \frac{\partial \beta}{\partial L} + E \frac{\partial \beta}{\partial E} = 0 \tag{3.25}$$

$$L \frac{\partial \gamma}{\partial L} = E \frac{\partial \beta}{\partial E}. \tag{3.26}$$

Dessen Lösungen sind

$$\beta = \beta \left(\frac{L}{K}, \frac{E}{K} \right), \quad \gamma = \gamma \left(\frac{L}{K}, \frac{E}{K} \right), \tag{3.27}$$

mit

$$\gamma = \int^{L} \frac{E}{L'} \frac{\partial \beta}{\partial E} \mathrm{d}L' + R\,(E/K). \tag{3.28}$$

Die allgemeine Produktionsfunktion hat dann die Form

$$Y = K \mathcal{H} \left(\frac{L}{K}, \frac{E}{K} \right). \tag{3.29}$$

Die in den allgemeinen Versionen (3.17), (3.23), (3.29) der linear-homogenen Produktionsfunktion formal hervorgehobene Rolle der linearen Faktoren, die $\mathcal{F}$, $\mathcal{G}$ oder $\mathcal{H}$ multiplizieren und deren Produktionselastizitäten durch die Produktionselastizitäten der beiden anderen Faktoren gemäß (3.10) ausgedrückt werden, folgt aus der 1 im Integranden des entsprechenden Pfadintegrals auf der rechten Seite der Gl. (3.8).

Im Abschn. 3.3.5 und Anhang A.4 werden für Produktionssysteme unterschiedlichen Industrialisierungs- und Automationsgrades aus unterschiedlichen asymptotischen Randbedingungen der partiellen Differentialgleichungssysteme (3.12)–(3.14), (3.18)–(3.20), (3.24)–(3.26) explizite Formen der Produktionselastizitäten und der zugehörigen Produktionsfunktionen (3.17), (3.23), (3.29) berechnet.

Zuvor werfen wir einen Blick auf die neoklassische Theorie.

3.3.4 Neoklassik

Neoklassische Produktionsfunktionen wurden von ihren „Erfindern" hinsichtlich gewünschter Funktionseigenschaften konstruiert und nicht durch Integration der Wachstumsgleichung (3.3) mit entsprechenden Produktionselastizitäten gewonnen. Lehrbücher wie [112] bezeichnen die faktorunabhängige Konstante, die in der neoklassischen Produktionsfunktion den Platz der Integrationskonstanten $Y_0(t)$ einnimmt, als Effizienzparameter oder Niveauparameter. Zu den Eigenschaften, die

neoklassische Produktionsfunktionen haben sollen, gehört, dass die Isoquante, die
bei Variation zweier Produktionsfaktoren, z. B. K und L, die Punkte gleichen Outputs
Y verbindet, stets unterhalb der Sehne liegt, die zwei ihrer Punkte verbindet; man
sagt auch, dass sie „konvex zum Ursprung" des $K - L$-Achsenkreuzes sein muss,
damit sie ein effizientes Produktionssystem beschreibt [112]. Ferner wird gefordert,
dass jede der zweiten Ableitungen der Produktionsfunktion nach den einzelnen Produktionsfaktoren negativ sei, so dass die Grenzproduktivität $\partial Y / \partial X$ des Faktors X
mit wachsendem X abnimmt und das in Abschn. 3.3.5 ausformulierte Gesetz vom
abnehmenden Ertragszuwachs schon durch die zweiten Ableitungen (Krümmungen)
der Produktionsfunktion modelliert wird.

Ausgehend von der Wachstumsgleichung (3.3) und der Definition (3.4) der
Produktionselastizitäten folgt nach kurzer Rechnung, dass die Bedingungen $\partial^2 Y / \partial K^2$
< 0, $\partial^2 Y / \partial L^2 < 0$, $\partial^2 Y / \partial E^2 < 0$ erfüllt sind, wenn

$$\alpha - \alpha^2 > K \frac{\partial \alpha}{\partial K}, \quad \beta - \beta^2 > L \frac{\partial \beta}{\partial L}, \quad \gamma - \gamma^2 > E \frac{\partial \gamma}{\partial E}. \tag{3.30}$$

Die einfachste und in der Lehrbuchökonomie häufig verwendete Produktionsfunktion mit den geforderten mathematischen Eigenschaften ist die von C.W. Cobb und
P.H. Douglas in den 1920er-Jahren vorgeschlagene Cobb-Douglas-Funktion der Faktoren Kapital und Arbeit. Erweitert man sie um den Faktor Energie E, hat sie mit
den konstanten Produktionselastizitäten α_0, β_0 und $\gamma_0 = 1 - \alpha_0 - \beta_0$ die Form

$$Y_{CDE}(K, L, E; t) = Y_0(t) \left(\frac{K}{K_0} \right)^{\alpha_0} \left(\frac{L}{L_0} \right)^{\beta_0} \left(\frac{E}{E_0} \right)^{1 - \alpha_0 - \beta_0}. \tag{3.31}$$

So ergibt sie sich auch aus den trivialen, d. h. konstanten Lösungen der Differentialgleichungen (3.12)–(3.14), wenn man diese Lösungen in die Gl. (3.8) und (3.9)
einsetzt. Mit der für die Neoklassik charakteristischen Annahme, dass Produktionselastizitäten den Faktorkosten gleich sind, dass also in etwa $\alpha_0 = 0,25$, $\beta_0 = 0,7$
$\gamma_0 = 0,05$ sind, erhält man (mit festem $Y_0(t)$) das theoretische Wirtschaftswachstum
der Abb. 3.5, das um die Solow-Residuen vom empirischen Wachstum abweicht.

Um die Solow-Residuen zu beseitigen, setzt man in der Lehrbuchökonomie an
die Stelle von $Y_0(t)$ die schon zuvor erwähnte Funktion $A(t)$, die man mit der Zeit t
so stark, z. B. exponentiell, anwachsen lässt, dass die theoretische Wachstumskurve
möglichst wenig vom empirischen Wachstum abweicht. Der hohe Beitrag dieser
Funktion $A(t)$ zum Wirtschaftswachstum wird als Beitrag des wissenschaftlichen
und technischen Fortschritts interpretiert.

Häufig betrachtet die Standardökonomie auch Produktionsfunktionen mit konstanten Substitutionselastizitäten (constant elasticity of substitution), die sog. CES-
Funktionen. Sie wurden von Arrow et al. [113] eingeführt und auf mehr als zwei Produktionsfaktoren von Uzawa [114] erweitert. Die linear homogene CES-Funktion in
K, L, E hat die Form [115]

$$Y_{CES}(K, L, E; t) = A(t)[aK^{-\rho} + bL^{-\rho} + (1 - a - b)E^{-\rho}]^{-1/\rho}. \tag{3.32}$$

Die Parameter a und b sind nicht-negativ, und die Konstante $\rho \equiv 1/\sigma - 1$, die durch die konstante Substitionselastizität σ festgelegt wird, muss größer als -1 sein. Die CES-Funktion kann leicht in die Form der Gl. (3.17) gebracht werden. Sie genügt der Wachstumsgleichung (3.3) wie auch den Gl. (3.12)–(3.14). Ihre Produktions elastizitäten erhält man gemäß der Gl. (3.4) zu

$$\alpha_{CES} = a \left(\frac{Y_{CES}}{Y_0(t)K} \right)^{\rho}, \quad \beta_{CES} = b \left(\frac{Y_{CES}}{Y_0(t)L} \right)^{\rho}; \qquad (3.33)$$

γ_{CES} folgt aus (3.10). Im Grenzfall $\sigma \to 1$, wenn $\rho \to 0$, wird die CES-Funktion (3.32) zur Cobb-Douglas-Funktion (3.31). Am einfachsten sieht man das an den Produktionselastizitäten (3.33), die in diesem Grenzfall zu Konstanten werden.

Translog-Funktionen approximieren die allgemeine Produktionsfunktion durch Taylor-Entwicklungen bis zur zweiten Ordnung in $\ln \frac{L/L_0}{K/K_0}$ und $\ln \frac{E/E_0}{K/K_0}$ [89].

Ergänzung: Variable Substitutionselastizitäten

Die (Hicks-, oder direkte) Elastizität der Substitution σ_{ij} des Produktionsfaktors x_i durch den Faktor x_j ist definiert als

$$\sigma_{ij} \equiv -\frac{d(x_i/x_j)}{(x_i/x_j)} \cdot \left[\frac{d\left(\frac{\partial y/\partial x_i}{\partial y/\partial x_j} \right)}{\left(\frac{\partial y/\partial x_i}{\partial y/\partial x_j} \right)} \right]^{-1}. \qquad (3.34)$$

Sie ist das Verhältnis von relativer Änderung der Faktorquotienten zur relativen Änderung der Quotienten der Grenzproduktivitäten, wenn sich nur die Faktoren x_i und x_j ändern und alle anderen Faktoren konstant bleiben.

In dem Drei-Faktoren-Modell mit $(x_1, x_2, x_3) = (K, L, E)$ kann man die Substitutionselastizitäten durch die Produktionselastizitäten α, β und γ ausdrücken. Nach einigen algebraischen Manipulationen erhält man [115]

$$\sigma_{KL} = \frac{-(\alpha + \beta)\alpha\beta}{\beta^2(K\partial\alpha/\partial K - \alpha) + \alpha^2(L\partial\beta/\partial L - \beta) - 2\alpha\beta L\partial\alpha/\partial L}, \qquad (3.35)$$

$$\sigma_{KE} = \frac{-(\alpha + \gamma)\alpha\gamma}{\gamma^2(K\partial\alpha/\partial K - \alpha) + \alpha^2(E\partial\gamma/\partial E - \gamma) - 2\alpha\gamma E\partial\alpha/\partial E}, \qquad (3.36)$$

$$\sigma_{LE} = \frac{-(\beta + \gamma)\beta\gamma}{\gamma^2(L\partial\beta/\partial L - \beta) + \beta^2(E\partial\gamma/\partial E - \gamma) - 2\beta\gamma E\partial\beta/\partial E}. \qquad (3.37)$$

3.3.5 Vom Gesetz des abnehmenden Ertragszuwachses zu LinEx-Funktionen

Preis und Menge eines Produktionsfaktors bestimmen dessen Anteil an den gesamten Faktorkosten. Wir haben gesehen, dass bei den bisherigen Preisen für Energie und Arbeit die neoklassische Annahme „Produktionselastizität = Faktorkostenanteil"auf Produktionsfunktionen mit großen Solow-Residuen und geringem Erklärungsgehalt führen. Die für den Lückenbüßer „technischer Fortschritt" eingeführte Funktion $A(t)$ hat nur die Bedeutung eines allgemeinen Niveauparameters ohne weitere technisch-ökonomische Spezifizierung. Ökonomisch unverstanden bleiben damit die konjunkturellen Schwankungen in Reaktion auf Ölpreisschocks, und thermodynamisch unverständlich ist die geringe Bedeutung, die so der Energie in hoch industrialisierten Volkswirtschaften wie den USA, Japan und Deutschland zugewiesen wird.[13]

Alternativ weisen technisch-ökonomische Zusammenhänge den Weg zur Berechnung von Produktionselastizitäten aus den Differentialgleichungssystemen (3.12)–(3.14) oder (3.18)–(3.20) oder (3.24)–(3.26).

Der Wegweiser zu den Randbedingungen, die man zur Lösung dieser Differentialgleichungen braucht, ist das Gesetz vom abnehmenden Ertragszuwachs. Diese „berühmte technisch-ökonomische Relation" [33], wird von Samuelson [33, Bd. I, S. 44 ff] folgendermaßen formuliert:

> Bei gegebenem Stand der Technik bewirkt der zusätzliche Einsatz eines Faktors bei Konstanthaltung der übrigen Faktoreinsatzmengen eine Zunahme der Produktion; von einem bestimmten Punkt an wird jedoch der zusätzliche Ertrag einer zusätzlichen Einheit des variablen Faktors abnehmen. Diese Abnahme beruht auf der Tatsache, dass eine Einheit des zunehmenden Faktors mit immer geringeren Mengen der festen Faktoren kombiniert wird.

Samuelson betont die fundamentale Bedeutung des Gesetzes vom abnehmenden Ertragszuwachs wegen empirischer Fakten, die diesem Gesetz zu widersprechen scheinen, wenn nur Kapital und Arbeit als Produktionsfaktoren betrachtet werden: In der Abbildung 37.3 seines Lehrbuchs [33] nimmt zwischen 1900 und 1970 das Verhältnis von Kapital zu Arbeit, K/L, auch *Produktionstiefe* genannt, ständig zu, während die Wertschöpfung Y mit dem Kapitalstock K so wächst, dass das Verhältnis K/Y, auch *Kapitalkoeffizient* genannt, in etwa gleich bleibt. Unsere Abb. 3.2 setzt für die USA diese Entwicklung bis 2013 fort. (In Deutschlands Gesamtwirtschaft wächst zwar K/Y zwischen 1960 und 2013 um einen Faktor 1,5, doch bleibt dieses Wachstum weit hinter dem der Produktionstiefe K/L zurück, die sich versiebenfacht.) Liegt mit den beobachteten Entwicklungen von Produktionstiefe und Kapitalkoeffizient also eine Verletzung des Gesetzes vom abnehmenden

---

[13]Das äußert sich auch im Sprachgebrauch der Börsennachrichten. Dort spricht man von Energie als dem „Schmierstoff" – nicht Treibstoff – der Wirtschaft. Offenbar denkt niemand daran, dass der Autofahrer ohne regelmäßiges Tanken von Benzin oder Diesel nicht weit kommt, aber nur gelegentlich, und immer seltener, Getriebeöl nachfüllen muss. Bei Elektroautos werden die Unterschiede zwischen „Tanken" und „Schmieren" noch eindrucksvoller.

Ertragszuwachs vor? Mitnichten, sagt Samuelson, und weist darauf hin, dass „zeitgenössische Wirtschaftstheoretiker glauben, dass wissenschaftlicher und technischer
Fortschritt in den Industrienationen die quantitativ wichtigste Ursache für Wachstum
war und noch ist" und dass dieser Fortschritt das Gesetz nur verbirgt [33, Fußnote
15, S. 483, Bd. II].

Aufgrund dieses Hinweises wurde vorgeschlagen, eine um den Produktionsfaktor Energie E **erweiterte Produktionstiefe** $K/(E+L)$ einzuführen, die Produktionselastizität des Kapitals α als proportional zu $(E+L)/K$ anzunehmen und ein
derartiges α in der Gleichung für die Wachstumsrate dY/Y zu verwenden [116].
Damit begann die Suche nach Produktionsfunktionen, deren Produktionselastizitäten die Lösungen des Differentialgleichungssystems (3.12)–(3.14) samt angemesse-
ner technisch-ökonomischer Randbedingungen sind und so den wissenschaftlichen
und technischen Fortschritt als das Wirken von Energie und Kreativität abbilden.

Um *exakte* Produktionselastizitäten und -funktionen berechnen zu können, müsste
man die exakten Randbedingungen kennen. Gemäß der Theorie partieller Differentialgleichungen wären diese für das Gleichungssystem (3.12)–(3.14) zu jedem Zeitpunkt t alle Werte von β auf einer Grenzfläche im K, L, E-Raum und die von α auf
einer Grenzkurve. (Entsprechendes müsste man für die beiden anderen Differentialgleichungssysteme wissen.) Diese Informationen sind niemandem zugänglich. In
diesem Sinne sind alle Randbedingungen Näherungen und die zugehörigen Produktionselastizitäten und -funktionen ebenfalls. Die exakte Produktionsfunktion eines
Wirtschaftssystems kann man nicht kennen.

Nebenbemerkung
Tintner et al. erhielten in einer der ersten ökonometrischen Studien, die die
Produktionselastizitäten in der energieabhängigen Cobb-Douglas Funktion *nicht* den
Faktorkostenanteilen gleichsetzten, für die österreichische Wirtschaft zwischen 1955
und 1972 eine Produktionselastizität der Energie von mehr als 30 % [117]. Ferner
liefert die Anpassung der Cobb-Douglas Funktion Y_{CDE} der Gl. (3.31) durch
Minimierung der Summe quadratischer Fehler (3.44) an das in Abb. 3.2 gezeigte
empirische Wachstum im Wirtschaftssektor „BRD Industrie" die im linken Teil der
Abb. 3.6 gezeigten Produktionselastizitäten, die für die Energie 50 % übersteigen
und für die Arbeit 10 % unterschreiten. Die theoretische Reproduktion der
empirischen Wertschöpfung im rechten Teil der Abbildung ist zwischen 1960 und
1989 befriedigend, doch ab der Wiedervereinigung in 1990 wird sie mangelhaft. (Die
Anpassungen von Y_{CDE} an die Gesamtwirtschaft der USA und der BRD zwischen
1960 und 2013 sind völlig ungenügend. Sie liefern fast glatte theoretische Kurven, die
im Wesentlichen dem Wachstum des Kapitalstocks folgen und die konjunkturellen
Schwankungen unterdrücken.)

Über kürzere Zeiträume, und für einen so stark energieabhängigen Wirtschaftssektor
wie „BRD Industrie", mag Y_{CDE} *ohne* Gleichsetzung von Produktionselastizitäten
und Faktorkostenanteilen für die Reproduktion vergangenen Wirtschaftswachstums
ausreichend sein. Doch für die Abschätzung künftiger Wirtschaftsentwicklungen
taugt die Cobb-Douglas-Funktion nicht, und zwar wegen der in ihr mathematisch
zulässigen, doch thermodynamisch unmöglichen (asymptotisch) vollständigen
gegenseitigen Substituierbarkeit der Faktoren K, L, E. Für die Vergangenheit spielt

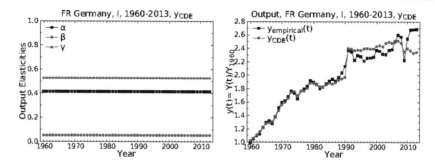

Abb. 3.6 BRD Industrie 1960–2013. Produktionselastizitäten (links) und Wachstum der Wertschöpfung (rechts) gemäß der energieabhängigen Cobb-Douglas Produktionsfunktion der Gl. (3.31) [119]

diese Substituierbarkeit keine wesentliche Rolle, denn die ökonomischen Akteure wissen, und wussten schon immer aus Erfahrung, dass man Energie nicht vollständig durch Kapital, oder auch umgekehrt, ersetzen kann.

Jede der drei formal verschiedenen Versionen (3.17), (3.23), (3.29) der allgemeinen Produktionsfunktion gehört zu einem anderen Satz asymptotischer Randbedingungen. Kennt man solche Bedingungen für α und β, erhält man Lösungen des Gleichungssystems (3.12)–(3.14) und spezielle Produktionsfunktionen vom Typ (3.17). Aus Randbedingungen für α und γ und Lösungen von (3.18)–(3.20) gewinnt man Funktionen vom Typ (3.23). Randbedingungen für β und γ ermöglichen Lösungen von (3.24)–(3.26) und Produktionsfunktionen vom Typ (3.29).

Wir suchen asymptotische Randbedingungen für drei Entwicklungsstadien einer Volkswirtschaft – hoch industrialisiert, früh industrialisiert und total digitalisiert – und wir verfahren nach der Methode von „Ockam's Razor" (auch: KISS = Keep It Simple, Stupid). Mit anderen Worten: Gesucht werden die einfachsten Randbedingungen, die das Gesetz vom abnehmenden Ertragszuwachs in den drei ökonomischen Entwicklungsstadien abbilden. Dazu konstruieren wir die einfachsten Produktionselastizitäten, die jeweils einem der drei Differentialgleichungssysteme genügen. Die damit berechneten Produktionsfunktionen hängen alle *li*near von einem der drei Faktoren und *ex*ponentiell von Quotienten aller drei Faktoren ab. In diese Sinne sind sie alle Mitglieder der Familie der LinEx-Funktionen.

Hoch industrialisierte Länder der Gegenwart

Die heute hoch industrialisierten Länder wurden schon im 18. und 19. Jahrhundert von der Industriellen Revolution erfasst. Zu ihnen gehören die G7-Länder Deutschland, Frankreich, Italien, Japan, Kanada, die USA und das Vereinigte Königreich von Großbritannien und Nordirland. Auf ihr Konto gingen im Jahr 2006 mehr als 64 % der globalen Wertschöpfung. Seit dem frühen 20. Jahrhunderts wird ihre wirtschaftliche Entwicklung geprägt durch die Dynamik von Energieeinsatz und Automation. Das legt die folgenden asymptotischen Randbedingungen nahe.

1. Der Beitrag α des Wachstums des Kapitalstocks zum Wachstum der Wertschöpfung sollte gemäß dem Gesetz vom abnehmenden Ertragszuwachs verschwindend klein werden, wenn die Verhältnisse von Arbeit zu Kapital und Energie zu Kapital verschwindend klein werden.

2. Wenn der Kapitalstock dem Zustand maximaler Automation zustrebt, der durch den Punkt $(K_m(t), L_m(t), E_m(t))$ im Faktorraum charakterisiert ist, trägt eine zusätzliche Einheit der Arbeit L nicht mehr zum Wachstum der Wertschöpfung bei, so dass β verschwinden muss. Dabei ist $K_m(t)$ der maximal automatisierte Kapitalstock, der in Kombination mit $L_m(t) << L(t)$ und $E_m(t) \equiv c(t)E_0 K_m(t)/K_0$ einen zur Zeit t gegeben Output Y_t produzieren könnte, falls in dem endlichen Raum des Produktionssystems keine Beschränkungen des Volumens, der Masse und des Energiebedarfs der Informationsprozessoren zur Zeit t existierten. Der Technologieparameter $c(t)$ misst den Energiebedarf des zur Zeit t vorliegenden, voll ausgelasteten Kapitalstocks, d.h. $1/c(t)$ ist der Energieeffizienzparameter des Produktionssystems zur Zeit t.

Alle Veränderungen werden relativ zum Basisjahr t_0 betrachtet. Damit lauten die beiden asymptotischen Randbedingungen

$$\alpha \to 0, \quad \text{wenn} \quad \frac{L/L_0}{K/K_0} \to 0, \quad \frac{E/E_0}{K/K_0} \to 0, \tag{3.38}$$

$$\beta \to 0, \quad \text{wenn} \quad K \to K_m(t), \quad E \to E_m \equiv cE_0 \frac{K_m(t)}{K_0}. \tag{3.39}$$

Einfachste, faktorabhängige Produktionselastizitäten, die bei der Wahl $J(L/E) = ac\frac{L/L_0}{E/E_0}$ diesen Randbedingungen und den Differentialgleichungen (3.12)–(3.14) genügen, sind zum einen

$$\alpha = a\frac{L/L_0 + E/E_0}{K/K_0}, \quad \beta = a\left(c\frac{L/L_0}{E/E_0} - \frac{L/L_0}{K/K_0}\right),$$
$$\gamma = 1 - a\frac{E/E_0}{K/K_0} - ac\frac{L/L_0}{E/E_0}, \tag{3.40}$$

und zum anderen

$$\alpha = a\frac{L/L_0}{K/K_0} + \frac{1}{c}\frac{E/E_0}{K/K_0}, \quad \beta = a\left(c\frac{L/L_0}{E/E_0} - \frac{L/L_0}{K/K_0}\right),$$
$$\gamma = 1 - \frac{1}{c}\frac{E/E_0}{K/K_0} - ac\frac{L/L_0}{E/E_0}. \tag{3.41}$$

Der Technologieparameter a, der den Energiebedarfsparameter c ergänzt, misst die Kapitaleffizienz. Er hat etwas unterschiedliche Bedeutungen in (3.40) und (3.41): In (3.40) ist er das Gewicht, mit dem das Verhältnis von Arbeit *plus* Energie zu Kapital zur Produktionselastizität des Kapitalstocks beiträgt, während in (3.41) der Parameter a nur das Verhältnis von Arbeit zu Kapital betrifft.

Mit diesen Produktionselastizitäten liefern die Gl. (3.8) und (3.9) die LinEx-Produktionsfunktionen

$$Y_{L1}(K, L, E; t)$$
$$= Y_0(t) \frac{E}{E_0} \exp\left[a\left(2 - \frac{L/L_0 + E/E_0}{K/K_0}\right) + ac\left(\frac{L/L_0}{E/E_0} - 1\right)\right] \quad (3.42)$$

und

$$Y_{L11}(K, L, E; t)$$
$$= Y_0(t) \frac{E}{E_0} \exp\left[a\left(1 - \frac{L/L_0}{K/K_0}\right) + \frac{1}{c}\left(1 - \frac{E/E_0}{K/K_0}\right) + ac\left(\frac{L/L_0}{E/E_0} - 1\right)\right]. \quad (3.43)$$

Nur mit diesen beiden LinEx-Funktionen wurden bisher ökonometrische Analysen durchgeführt. Dazu wurden Zeitabhängigkeiten der Technologieparameter modelliert [2, 87, 118] und die $a(t)$ und $c(t)$ bestimmt durch die Minimierung der Summe der quadratischen Fehler SSE (Sum of Squared Errors):

$$\text{Minimiere} \quad \text{SSE} = \sum_i \left[Y_{empirisch}(t_i) - Y(t_i)\right]^2 \quad (3.44)$$

unter den Nebenbedingungen

$$\alpha \geq 0, \quad \beta \geq 0, \quad \gamma = 1 - \alpha - \beta \geq 0. \quad (3.45)$$

$Y_{empirisch}(t_i)$ ist die empirische Wertschöpfung im Jahr t_i, und $Y(t_i)$ steht als Abkürzung für die Produktionsfunktion mit den Produktionsfaktoren $K(t_i)$, $L(t_i)$, $E(t_i)$. Summiert wird über alle Jahre t_i vom ersten bis zum letzten Beobachtungsjahr.

Die neuesten numerischen Rechnungen für Deutschland und die USA hat Tobias Winkler durchgeführt [119]. Die wichtigsten Details und Ergebnisse wurden in [87] publiziert. Die Abb. 3.2 zeigt davon das mit der einfachsten LinEx-Funktion $Y_{L1}(K, L, E; t)$ berechnete Wachstum der Wertschöpfung in den beiden Ländern zwischen 1960 und 2013. Das mit $Y_{L11}(K, L, E; t)$ berechnete Wachstum ist nahezu identisch. Die Tab. 3.1 gibt die zeitlichen Mittelwerte der Produktionselastizitäten von Kapital, Arbeit, Energie und Kreativität an. Diese unterscheiden sich für die beiden LinEx-Funktionen nur wenig.

Für die zweite LinEx-Funktion $Y_{L11}(K, L, E; t)$ muss ein höherer numerischer Aufwand getrieben werden. Mathematisch hat sie den Vorzug, invariant gegen Transformationen des Basisjahres t_0 zu sein [87], während für $Y_{L1}(K, L, E; t)$ ein merklicher Einfluss des Basisjahres auf die Ergebnisse bisher (nur) nach Durchführung der jeweiligen numerischen Rechnungen verneint werden kann.

Gemäß der Tab. 3.1 sind die gemittelten Produktionselastizitäten der Arbeit, $\bar{\beta}$, in den Gesamtwirtschaften Deutschlands und der USA um etwa den Faktor 3 und im deutschen Industriesektor („Warenproduzierendes Gewerbe") um den Faktor 9 kleiner als der Kostenanteil der Arbeit von rund 70 %. Die gemittelten Produktionselastizitäten der Energie, $\bar{\gamma}$, hingegen übertreffen den Kostenanteil der Energie von rund 5 % um das Fünf- bis Zehnfache. Bemerkenswert ist die dominierende Rolle

Tab. 3.1 Zeitliche Mittelwerte der Produktionselastizitäten von Kapital, $\bar{\alpha}$, Arbeit, $\bar{\beta}$, Energie, $\bar{\gamma}$, Kreativität, $\bar{\delta}$, die mit den LinEx Produktionsfunktionen Y_{L1} und Y_{L11} gewonnen wurden, und zwar für die Produktionssysteme BR Deutschland Gesamtwirtschaft (BRD GW), BR Deutschland Industrie (BRD I) und USA Gesamtwirtschaft (USA GW). Der Beobachtungszeitraum umfasst die Jahre 1960 bis 2013. $\bar{R}^2$ und d_W sind das korrigierte multiple Bestimmtheitsmaß und der Autokorrelationskoeffizient nach Durbin-Watson

Y_{L1}	BRD GW	BRD I	USA GW
$\bar{\alpha}$	$0{,}367 \pm 0{,}006$	$0{,}248 \pm 0{,}008$	$0{,}518 \pm 0.023$
$\bar{\beta}$	$0{,}188 \pm 0{,}004$	$0{,}076 \pm 0{,}008$	$0{,}188 \pm 0{,}041$
$\bar{\gamma}$	$0{,}445 \pm 0{,}007$	$0{,}640 \pm 0{,}011$	$0{,}294 \pm 0{,}047$
$\bar{\delta}$	$0{,}217 \pm 0{,}006$	$0{,}132 \pm 0{,}007$	$0{,}200 \pm 0{,}023$
R^2	$0{,}999$	$0{,}989$	$0{,}998$
d_W	$1{,}650$	$1{,}747$	$0{,}715$
Y_{L11}	BRD GW	BRD I	USA GW
$\bar{\alpha}$	$0{,}399 \pm 0{,}008$	$0{,}221 \pm 0{,}020$	$0{,}533 \pm 0{,}016$
$\bar{\beta}$	$0{,}236 \pm 0{,}012$	$0{,}015 \pm 0{,}009$	$0{,}242 \pm 0{,}035$
$\bar{\gamma}$	$0{,}365 \pm 0{,}014$	$0{,}765 \pm 0{,}022$	$0{,}226 \pm 0{,}039$
$\bar{\delta}$	$0{,}236 \pm 0{,}032$	$0{,}27 \pm 0{,}16$	$0{,}168 \pm 0{,}019$
R^2	$0{,}999$	$0{,}988$	$0{,}999$
d_W	$1{,}508$	$1{,}581$	$0{,}762$

des Kapitals in den USA, wo die mittlere Produktionselastizität des Kapitals, α, mehr als das Zweifache des Kostenanteils dieses Faktors beträgt. Der Mittelwert des aus der Zeitabhängigkeit der Technologieparameter a und c berechneten Beitrags der Kreativität zum Wachstum, $\bar{\delta}$, ist deutlich kleiner als der der Energie.

Insgesamt scheinen Energie und Kreativität den größeren und den kleineren Beitrag zu dem Teil des Wirtschaftswachstum zu leisten, den die Standardökonomie dem wissenschaftlichen und technischen Fortschritt zuschreibt.

Die Zeitabhängigkeiten der Technologieparameter und der Produktionselastizitäten werden in [87] dargestellt.

Nebenbemerkung

Die neoklassischen Krümmungsbedingungen (3.30) für Produktionsfunktionen werden für Y_{L1} und Y_{L11} von α erfüllt und β verletzt; bei γ kommt es auf die Größen der Faktoren und Technologieparameter an. Doch eine teilweise oder mögliche Verletzung des Gesetzes vom abnehmenden Ertragszuwachs für L und E liegt nicht vor, denn *ab einem gewissen Zeitpunkt,* bzw. den dann gegebenen Faktorgrößen, verhindert das Verbot negativer Produktionselastizitäten, d. h. die Beziehungen (3.11), dass L über die Begrenzung des Faktorraums hinauswächst, der aufgrund der Beschränkung $\gamma \geq 0$ für Y_{L1} und Y_{L11} nur zugänglich ist. Ebensowenig kann $Y\beta/L$, die Grenzproduktivität der Arbeit, die für Y_{L1} und Y_{L11} mit wachsendem E abnimmt, negativ werden, weil die Bedingung $\beta \geq 0$ den Bereich des Faktorraums ausschließt, in dem das einträte. Dazu passt, dass nach dem Anwachsen von E bis auf die Größe $E_0 c K_m / K_0$ im Zustand maximaler Automation eine weitere Steigerung des Energieeinsatzes von dem vollausgelasteten Kapitalstock K_m einfach nicht mehr aufgenommen werden kann. (Desgleichen wird die zeitliche Entwicklung in Richtung wachsender Automation dadurch abgebildet, dass für die LinEx-Funktion die $L - E$-Isoquante konkav ist [87,89]; die $L - K$- und $E - K$-Isoquanten bleiben konvex.)

Die einfachsten Produktionsfunktionen, die linear von L bzw. K (wie in Gl. (3.23) bzw. Gl. (3.29)) und exponentiell von den Faktorquotienten abhängen, werden im Anhang A.4 berechnet. Doch weil für die Stadien der Frühindustrialisierung und der totalen Digitalisierung keine empirischen Werte von Y und K, L, E vorliegen, sind für diese Stadien quantitative Berechnungen von Wirtschaftswachstum und Produktionselastizitäten nicht möglich.

Beispiele für höhere LinEx-Funktionen, in denen die Produktionselastizitäten nicht einfach von den ersten Potenzen der Faktorquotienten abhängen, sind in [2, 89] und [115] angegeben. Testrechnungen ergaben gegenüber Y_{L1} und Y_{L11} keine verbesserten Reproduktionen beobachteten Wirtschaftswachstums, die den höheren mathematischen Aufwand gerechtfertigt hätten.

3.3.6 Die Macht der Energie und die Schwäche der Arbeit

Die Tab. 3.1 zeigt, dass in hoch industrialisierten Volkswirtschaften wie den USA und Deutschland die mittlere Produktionselastizität der Arbeit, $\bar{\beta}$, viel kleiner und die der Energie, $\bar{\gamma}$, viel größer ist als der jeweilige Anteil (ca. 70 % und 5 %) dieser Produktionsfaktoren an den Gesamtkosten der Wertschöpfung. Frühere, auf die zweite Hälfte des 20. Jahrhunderts beschränkte Studien finden Gleiches auch für Japan [2, S. 212–213].

Ökonometrische Analysen von Ayres und Warr für die USA und Japan zwischen 1900 und 2005 (mit Ausnahme der Zeit des 2. Weltkriegs) kommen zum gleichen Ergebnis [120]. Dabei verwenden diese Autoren als Energievariable in der LinEx-Funktion $Y_{L1}(K, L, E; t)$ eine *useful work* genannte Größe, die die vom Kapitalstock (und zu Anfang des 20. Jahrhunderts auch von Arbeitstieren) auf die Materie geleitete Exergie darstellt und somit Effizienzverbesserungen der Energieumwandlungsanlagen des Kapitalstocks schon enthält.

Auch Kointegrationsanalysen für Deutschland, Japan und die USA [121] bekräftigen die Macht der Energie und die Schwäche der Arbeit.

Dieser theoretische Befund passt auch zu der beobachteten Wirtschaftsentwicklung in den G7-Ländern (alphabetisch gereiht gemäß ihrer Selbstbezeichnung) BR Deutschland, Canada, France, Italia, Japan, United Kingdom, USA. Die Tab. 3.2 und 3.3 belegen das anhand der ausgewiesenen Veränderungen, mit denen die Sektoren Landwirtschaft, Industrie und Dienstleistungen zur Wertschöpfung beitragen sowie durch die Veränderungen der Zahl der Beschäftigten in diesen Sektoren. Der Sektor Landwirtschaft (L) enthält Ackerbau und Viehzucht, Forstwirtschaft und Fischerei; zur Industrie (I) gehören Güterproduktion in Fabriken und Werkstätten, Baugewerbe,

Bergbau, Elektrizitäts-, Gas- und Wasserwirtschaft; der Sektor Dienstleistungen (D) umfasst Handel, Banken und Versicherungen, Transport, Telekommunikation, Erziehung, Bildung, Verwaltung, medizinische Versorgung, Pflege, Gastronomie, bezahlte Haushaltsarbeiten und andere kleine Dienste.

In den vorindustriellen Gesellschaften beruhte der Wohlstand hauptsächlich auf der agrarischen Primärproduktion, in der auch die meisten Menschen beschäftigt waren. Das änderte sich grundlegend mit der Industrialisierung und der sie begleitenden Landflucht. Dennoch waren, wie schon im Zusammenhang mit Tab. 2.2 erwähnt, in der BRD des Jahres 1950 noch 25 % der Beschäftigten in der Landwirtschaft tätig und erzeugten 11 % des BIP. Die Mechanisierung der Landwirtschaft, die zwischen den beiden Weltkriegen in den USA begann und nach dem 2. Weltkrieg auch Europa erfasste, ersetzt seitdem die menschliche Muskelarbeit in immer stärkerem Maße durch die Arbeit der von billigem Dieselkraftstoff angetriebenen Landmaschinen und der elektrischen Melkmaschinen und -roboter. Die Tab. 3.2 und 3.3 zeigen, dass in den G7-Ländern zwischen 1970 und 2009 der Beitrag der Landwirtschaft zum BIP auf zwei Prozent oder weniger gesunken ist, und die Zahl der Beschäftigten auf vier Prozent aller Beschäftigten, oder weniger, abgenommen hat. Was sich in der Landwirtschaft abgespielt hat, vollzieht sich zeitverzögert auch in der Industrie: Energiegetriebene Maschinen ersetzen immer mehr die menschliche Routinearbeit. Die in der Industrie nicht mehr benötigten Leute finden (bisher noch) Arbeit in dem expandierenden Dienstleistungssektor.

Wegen des hohen Kostenanteils des Faktors Arbeit von rund 70 % sind die Produkte des arbeitsintensiven Dienstleistungssektors teuer, und ihr Anteil am BIP ist am größten. Das bedeutet jedoch nicht, dass die physische Produktion in Landwirtschaft und Industrie abgenommen hätte, im Gegenteil. Trotz abnehmender Zahl der Beschäftigten bleiben die produzierten Mengen an Nahrung und Industriegütern konstant, oder nehmen sogar zu. Die Produktivität wächst, dank Rationalisierungsmaßnahmen sowohl technischer Art – vorangetrieben durch wachsende Automation, billige, produktionsmächtige Energie und Innovationen – als auch organisatorischer

Tab. 3.2 Wertschöpfung (BIP) der G7-Länder in Landwirtschaft (L), güterproduzierender Industrie (I) und Dienstleistungen (D); in Prozent vom gesamten BIP [122]. (Die Summen ergeben nicht 100 wegen Rundungsfehlern.)

Land	L			I			D		
	1970	1992	2009	1970	1992	2009	1970	1992	2009
BRD[a]	3,4	1,2	0,9	51,7	39,6	27,1	44,9	59,2	72,0
Canada	4,2	2,7	2	36,3	31,5	28,4	59,4	65,9	69,6
France	6,9	2,9	2,1	41,5	29,7	19,0	51,6	67,4	78.9
Italia	8,1	3,2	2,1	42,6	32,3	25,0	49,4	64,6	72,9
Japan	5,9	2,1	1,6	45,1	39,4	23,1	49,1	58,5	75,4
UK	2,8	1,7	1,2	42,5	31,7	23,8	54,6	66,6	75
USA	2,7	1,9	1,2	34,1	28,5	21,9	61,8	68,3	76,9

[a]Bis 1990 nur die alte Bundesrepublik Deutschland vor der Wiedervereinigung

Tab. 3.3 Beschäftigungsstruktur der G7-Länder in Prozent aller zivil Beschäftigten in Landwirtschaft (L), güterproduzierender Industrie (I) und Dienstleistungen (D) [122]

Land	L			I			D		
	1970	1992	2009	1970	1992	2009	1970	1992	2009
BRD	8,6	3,1	2,4	49,3	38,3	29,7	42,0	58,5	67,8
Canada	7,6	4,4	2	30,9	22,7	22	61,4	73,0	76
France	13,5	5,2	3,8	39,2	28,9	24,3	47,2	65,9	71,8
Italia	20,2	8,2	4,2	39,5	32,2	30,7	40,3	59,6	65,1
Japan	17,4	6,4	4	35,7	34,6	28	46,9	59,0	68
UK	3,2	2,2	1,4	44,7	25,6	18,2	52,0	71,3	80,4
USA	4,5	2,9	0,6	34,4	24,6	22,6	61,1	72,5	76,8

Art. Als Folge sind die meisten Produkte von Landwirtschaft und Industrie immer billiger geworden, so dass ihr Beitrag zum BIP abgenommen hat.

Das Problem, das schon jetzt während der Phasen schwachen Wirtschaftswachstums auftritt, nämlich, dass mit wachsender Automation produktionsmächtige, billige Energie-Kapital Kombinationen die produktionsschwache, teuere menschliche Routinearbeit aus immer mehr Produktionsprozessen in die Arbeitslosigkeit verdrängt, wird in Kap. 6.1 angesprochen.

3.4 Technologische Beschränkungen

Die Abb. 3.2 und 3.3 zeigen, dass nach den Ölpreisschocks der Energieeinsatz in Deutschland, Japan und den USA schwächer wuchs als zuvor. Einerseits waren in Reaktion auf die Energieverteuerung die energetischen Wirkungsgrade der Produktionsanlagen verbessert worden. Das ist allerdings in einer Industriewirtschaft nur solange möglich, bis die von den ersten zwei Hauptsätzen der Thermodynamik gezogenen Grenzen für technische Effizienzsteigerungen erreicht sind. Mit anderen Worten: Technische Prozesse sind mit Mindestenergieanforderungen verbunden. Energieeinsparungen erfordern in der Regel Investitionen, deren Rentabilität vom Energiepreis abhängt. Beispiele dafür aus dem Bereich der rationellen Energieverwendung sind im Abschn. 2.3.3 angeführt. Andererseits wurden und werden enenergieintensive Betriebe ins Ausland verlagert und die Dienstleistungssektoren erweitert.

Insgesamt hat die gelegentlich auch noch lange nach den ersten beiden Ölpreisschocks beschworene Entkopplung von Energie und Wirtschaftswachstum *global* nicht stattgefunden. Gemäß Abb. 2.1 hat sich der Weltenergieverbrauch zwischen 1970 und 2011 mehr als verdoppelt. Und anschließend ist er von 18,5 MtSKE auf 19,6 MtSKE (=13,7 MtÖE) in 2014 gestiegen.

Der Ölpreis hat seit den Ölpreisschocks eine wirtschaftliche Bedeutung gewonnen, die derjenigen von Tarifabschlüssen mit Gewerkschaften und Zinsänderungen durch Zentralbanken in nichts nachsteht.

Warum ist das so? Warum hatten die in Abb. 3.1 gezeigten Schwankungen des Ölpreises so spürbare wirtschaftliche und politische Folgen Wie vertragen sich die in Tab. 3.1 ausgewiesenen hohen Produktionselastizitäten der Energie mit den geringen Anteilen der Energiekosten an den gesamten Faktorkosten?

Die Auflösung des Diamant-Wasser Paradoxons durch die in Abschn. 3.1 angesprochene „Marginal-Revolution" hilft auch hier weiter:

- Wasser ist unverzichtbar und Diamanten sind irrelevant für die Existenz des Lebens auf der Erde. Dennoch ist reichlich vorhandenes Wasser billig, während Diamanten gemäß ihrer Knappheit teuer sind. Dem ist so, weil der Grenznutzen des Konsums der letzten Einheit Wasser so gering ist, dass man bei Wasserpreissteigerungen auf die letzte Einheit auch verzichten kann, z. B. durch verkürzte Duschzeiten, sparsameren Gebrauch der Toilettenspülung und selteneres Rasengießen, bis die Wasserknappheit in unseren Breiten mit guter Infrastruktur der Wasserversorgung wieder behoben ist. Ähnlich kann bei Energiepreissteigerungen der Nutzenverlust für *Konsumenten* gering sein, wenn sich die Leute beim Kauf energieintensiver Güter und Dienstleistungen, die man nicht unbedingt zum täglichen Leben braucht, zurückhalten und der Rückgang der Nachfrage nach diesen Produkten nicht zu Entlassungen der Beschäftigten in den Sparten führt, die diese Produkte herstellen. Wer braucht schon alle paar Jahre das neueste Smartphone, den leistungsstärksten Geländewagen, die modischste Oberbekleidung, die stilvollste Wohnungseinrichtung? – Sind derartige Produkte allerdings Statussymbole für Menschen gewisser Alters-, Berufs- oder Einkommensgruppen, dann hat deren Kauf für diese Leute einen so hohen Nutzen an Statuszugewinn, dass nur eine drastische Erhöhung des Preises der Energie, die für ihre Produktion und Verwendung benötigt wird, die Nachfrage dämpfen würde.
- Deutlich anders wirkt bei *Produzenten* der Verzicht auf die letzten Energieeinheiten bei Kostensteigerungen: Er macht sich sofort in einem spürbaren Nutzenverlust bemerkbar, weil Maschinen mit weniger Energie eben auch weniger arbeiten und produzieren. Bei andauernder Verminderung der Anlagenauslastung können Unternehmen schnell defizitär werden, folglich Produktionskapazitäten stilllegen und Beschäftigung reduzieren, was wiederum mit Einkommensverlusten und weiteren negativen wirtschaftlichen Auswirkungen verbunden ist.
- Wenn Wasser für das Leben so wichtig ist, dass ein dem Verdursten naher Diamantsucher in der Namib-Wüste seine gesammelten Diamanten für einen gut gefüllten Wassersack hergäbe – warum fördern wir das Leben nicht auch in unseren Breiten durch Konzentration unserer Investitionen auf die immer üppigere Bereitstellung besten Trinkwassers? Für sich allein gestellt, ist diese Frage dumm – Tod durch Ertrinken zeigt immer wieder schmerzlich die biologische Beschränkung für Wasseraufnahme durch den Menschen (und alle Landlebewesen). Doch hilfreich ist sie im Zusammenhang mit der Frage, warum angesichts der hohen Produktionsmächtigkeit der billigen Energie und der geringen Produktionsmächtigkeit der teuren Arbeit nicht soviel Energie in das Produktionssystem eingespeist und so viel Arbeit daraus eliminiert wird, bis für beide Faktoren Produktionselastizitäten und Faktorkostenanteile gleich sind. Die offenkundige Anwort ist: Sowenig

der Mensch durch die Aufnahme von immer mehr Wasser immer leistungsfähiger wird, sowenig kann ein industrielles Produktionssystem zu einem gegebenen Zeitpunkt mehr Energie aufnehmen als die Energieumwandlungsanlagen aufgrund ihrer technischen Auslegung verkraften können. Platt gesagt: Jagt man zu viel Energie in eine Maschine, geht sie kaputt. Technisch-ökonomisch gesagt: Der Kapitalstock kann nur bis zum maximal möglichen Auslastungsgrad $\eta = 1$ Energie aufnehmen. Hinzukommt, dass nicht mehr Arbeit durch Energie-Kapital-Kombinationen ersetzt werden kann, als der zur Zeit t vorliegende Automationsgrad $\rho \leq 1$ und der angestrebte Auslastungsgrad $\eta \leq 1$ es zulassen.

3.4.1 Im blinden Fleck der Lehrbuchökonomie

Die zum Wasserkonsum analoge Beschränkung des Energieverbrauchs formulieren wir nachfolgend mathematisch – einerseits, um zu erklären, warum der neoklassische Ökonom die Gleichheit von Produktionselastizitäten und Faktorkostenanteilen als eine fundamentale Voraussetzung der Wachstumstheorie betrachtet, und andererseits, um zu zeigen, dass dabei im blinden Fleck des Betrachterauges gerade die technologischen Beschränkungen liegen, deretwegen diese Voraussetzung bisher falsch gewesen ist.

Der Auslastungsgrad η und der Automationsgrad ρ des Kapitalstocks hängen gemäß

$$\eta(K, L, E) = \eta_0^* \left(\frac{L}{K}\right)^\lambda \left(\frac{E}{K}\right)^\nu, \quad \rho(K, L, E) = \eta \frac{K}{K_m(t)} \tag{3.46}$$

von den Produktionsfaktoren ab [2,102,124]. Die Parameter η_0^*, λ, und ν können anhand empirischer Daten der Kapazitätsauslastung bestimmt werden. Ein Beispiel folgt in Abschn. 3.4.2. $K_m(t)$ ist der in Abschn. 3.3.5 eingeführte maximal automatisierte Kapitalstock, der zur Zeit t einen gegebenen Output Y_t mit der zu K_m proportionalen Energie E_m und einer sehr kleinen Anzahl von Beschäftigten produzieren könnte. Ferner hat in einem zur Zeit t gegebenen technologischen Zustand der Automationsgrad des Kapitalstocks für $\eta = 1$ eine Obergrenze $\rho_T(t)$. Diese hängt von der Masse und dem Volumen der Energieumwandlungsanlagen und Informationsprozessoren ab, die das Produktionssystem im Produktionsraum unterbringen muss, wenn Y_t produziert werden soll. Die äußerste Grenze der Automation ist mit $K = K_m(t)$ und $\eta = 1$ bei $\rho = 1$ erreicht. Folglich existieren für die Kombinationen von Kapital, Arbeit und Energie die technologischen Beschränkungen

$$\eta(K, L, E) \leq 1, \quad \rho(K, L, E) \leq \rho_T(t) \leq 1. \tag{3.47}$$

Diese Beschränkungen darf man nicht übersehen, wenn der Zustand, von dem man annimmt, dass ihn eine Marktwirtschaft jederzeit einnimmt, als ein Gleichgewichtszustand verstanden wird, der sich aus der Maximierung des Gewinns oder des zeitintegrierten, gesamtgesellschaftlichen Nutzens (Wohlfahrt), ergibt.[14] Die Maximierung des Gewinns wird nachfolgend skizziert. Die Optimierung der Wohlfahrt [2, 102, 124] liefert nahezu gleiche Ergebnisse.

Zur Vereinfachung der Schreibweise identifizieren wir K, L, E mit den Komponenten X_1, X_2, X_3 des Vektors

$$\mathbf{X} = (X_1, X_2, X_3) \equiv (K, L, E). \tag{3.48}$$

In dieser Notation und mithilfe der Schlupfvariablen $\mathbf{X}_\eta$ und $\mathbf{X}_\rho$ werden die Beschränkungen (3.47) in Gleichungsform gebracht:

$$f_\eta(\mathbf{X}, t) = 0, \quad f_\rho(\mathbf{X}, t) = 0. \tag{3.49}$$

Die Schlupfvariablen für Arbeit, Energie und Kapital sind L_η, E_η und K_ρ. Sie definieren den Bereich im Faktorraum, innerhalb dessen die Faktoren zur Zeit t unabhängig voneinander variiert werden können. Setzt man sie in die Gl. (3.46) ein, erhält man die explizite Form der Gl. (3.49) zu

$$f_\eta(\mathbf{X}, t) \equiv \eta_0^* \left(\frac{L + L_\eta}{K} \right)^\lambda \left(\frac{E + E_\eta}{K} \right)^\nu - 1 = 0, \tag{3.50}$$

$$f_\rho(\mathbf{X}, t) \equiv \frac{K + K_\rho}{K_m(t)} - \rho_T(t) = 0 . \tag{3.51}$$

3.4.2 Gewinnoptimierung

Die Produktionsfaktoren (X_1, X_2, X_3) mögen die vom Markt festgelegten Preise pro Faktoreinheit $(p_1, p_2, p_3) \equiv \mathbf{p}$ haben. Dann ist die Summe der Faktorkosten $\mathbf{p(t)} \cdot \mathbf{X(t)} = \sum_{i=1}^{3} p_i(t) X_i(t)$. Als ökonomisches *Gleichgewicht* definiert die Volkswirtschaftslehre den Zustand, in dem der Gewinn

$$G(\mathbf{X}, \mathbf{p}, t) \equiv Y(\mathbf{X}, t) - \mathbf{p} \cdot \mathbf{X} \tag{3.52}$$

maximal ist.[15] Die notwendige Bedingung für das Maximum des Gewinns unter den Nebenbedingungen der technologischen Beschränkungen (3.50) und (3.51) ist:

$$\vec{\nabla} \left[Y(\mathbf{X}; t) - \sum_{i=1}^{3} p_i(t) X_i(t) + \mu_\eta f_\eta(\mathbf{X}, t) + \mu_\rho f_\rho(\mathbf{X}, t) \right] = 0. \tag{3.53}$$

---

[14]Der Mikroökonomik entstammen die Verhaltensannahmen, dass Firmen den Profit maximieren und Individuen den Nutzen. Diese Optimierungsannahmen werden auch auf die Makroökonomik übertragen [103, 125].

[15]Der gewinnmaximierende Gleichgewichtszustand der Ökonomie entspricht dem Gleichgewichtszustand maximaler Entropie eines abgeschlossenen Systems in der Thermodynamik.

Hier ist $\vec{\nabla} \equiv (\partial/\partial X_1, \partial/\partial X_2, \partial/\partial X_3)$ der Gradient im Faktorraum; μ_η and μ_ρ sind Lagrange-Multiplikatoren. (Die *hinreichende* Bedingung für das Gewinnmaximum enthält eine Summe zweiter Ableitungen. Man nimmt an, dass der Extremalwert des Gewinns bei endlichen X_i das Maximum ist.)

Aus der Gl. (3.53) folgen die drei Gleichgewichtsbedingungen

$$\frac{\partial Y}{\partial X_i} - p_i + \mu_\eta \frac{\partial f_\eta(\mathbf{X}, t)}{\partial X_i} + \mu_\rho \frac{\partial f_\rho(\mathbf{X}, t)}{\partial X_i} = 0, \quad i = 1, 2, 3. \tag{3.54}$$

Multipliziert man (3.54) mit X_i/Y und schreibt man die in Gl. (3.4) definierten Produktionselastizitäten α, β, γ als

$$\epsilon_i \equiv \frac{X_i}{Y} \frac{\partial Y}{\partial X_i}, \quad i = 1, 2, 3, \tag{3.55}$$

werden die Gleichgewichtsbedingungen zu

$$\epsilon_i \equiv \frac{X_i}{Y} \frac{\partial Y}{\partial X_i} = \frac{X_i}{Y} \left[p_i - \mu_\eta \frac{\partial f_\eta}{\partial X_i} - \mu_\rho \frac{\partial f_\rho}{\partial X_i} \right], \quad i = 1, 2, 3. \tag{3.56}$$

Man kann sie in die Form

$$\epsilon_i = \frac{X_i [p_i + s_i]}{\sum_{i=1}^{3} X_i [p_i + s_i]}, \quad i = 1, 2, 3, \tag{3.57}$$

bringen, indem man die linke und die rechte Seite der Gl. (3.56) über $i = 1, 2, 3$ summiert und dabei beachtet, dass wegen (3.10) $\sum_{i=1}^{3} \epsilon_i = 1$; in der sich so ergebenden Gleichung muss dann noch Y durch die anderen Terme ausgedrückt werden. Die s_i sind

$$s_i \equiv -\mu_\eta \frac{\partial f_\eta}{\partial X_i} - \mu_\rho \frac{\partial f_\rho}{\partial X_i}. \tag{3.58}$$

Sie bilden die technologischen Beschränkungen monetär ab. Als Resultat unserer *nicht-linearen* Optimierung nennen wir sie *verallgemeinerte* Schattenpreise – „*verallgemeinert*", um Verwechslungen mit dem Begriff „Schattenpreise" zu vermeiden, der sich auf die entsprechenden Ausdrücke bezieht, die man bei linearer Optimierung erhält.

Die Lagrange-Multiplikatoren μ_η and μ_ρ hängen ab von den Faktorpreisen p_i, der Produktionsfunktion Y und den Ableitungen von $f_\eta(\mathbf{X}, t)$ und $f_\rho(\mathbf{X}, t)$; die Details stehen in [2,102]. Y seinerseits kann nur bei Kenntnis der Produktionselastizitäten ϵ_i berechnet werden. Die Gleichgewichtsbedingungen (3.57) könnten nur dann Produktionselastizitäten liefern, wenn das Optimum nicht am Rand, sondern *innerhalb* eines Bereichs des K, L, E-Raums läge, der trotz der technologischen Beschränkungen dem System zugänglich wäre, so dass es diese Beschränkungen lokal gar nicht spürte. Bei den Preisen von Kapital, Arbeit und Energie, wie sie sich auf den Märkten bislang gebildet hatten und bilden, war und ist das nicht der Fall. Die Abb. 3.7

zeigt ein Beispiel dafür, wie die Beschränkung der Kapazitätsauslastung ein ökonomisches System davon abgehalten hat, im Kostengebirge abwärts dorthin zu gleiten, wo der Profit maximal wäre.

In einer Welt ohne technologische Beschränkungen wäre der *ganze* K, L, E-Raum dem ökonomischen System zugänglich. Die Optimierung erfolgte ohne die Lagrange-Multiplikatoren μ_η und μ_ρ, die verallgemeinerten Schattenpreise wären null, und die Gleichgewichtsbedingungen (3.57) wären das Kostenanteiltheorem: Auf der rechten Seite von (3.57) stünden im Zähler nur die Kosten $p_i X_i$ des Faktors X_i, der Nenner wäre die Summe über alle Faktorkosten, und der Quotient, der ja gleich der Produktionselastizität ϵ_i ist, würde den Anteil der Kosten des Faktors X_i an den gesamten Faktorkosten darstellen. Doch eine Wirtschaft ohne technologische Beschränkungen gibt es nicht.

Nebenbemerkung

Ohne technologische Beschränkungen existierte auch die Dualität zwischen Produktionsfaktoren und Faktorpreisen, derzufolge alle benötigten ökonomischen Informationen schon in den Faktorpreisen enthalten sein sollten. Diese Dualität, die in orthodoxen ökonomischen Analysen oft Verwendung findet, folgt aus der Legendre-Transformation, die sich ihrerseits aus der Maximierung der Gewinnfunktion $G(\mathbf{X}, \mathbf{p})$ *ohne* Beachtung technologischer Beschränkungen ergibt. Dann würde nämlich die Gleichung (3.54) mit $\mu_\eta = 0 = \mu_\rho$ gelten, und daraus könnte man (analytisch oder numerisch) die Faktoreinsatzmengen $X_{1M}(\mathbf{p}), X_{2M}(\mathbf{p}), X_{3M}(\mathbf{p})$ im Gewinnmaximum bestimmen. Mit $\mathbf{X}_M(\mathbf{p})$ würde die Gewinnfunktion (3.52) zur Preisfunktion

$$G(\mathbf{X}_M(\mathbf{p}), \mathbf{p}) = Y(\mathbf{X}_M(\mathbf{p})) - \mathbf{p} \cdot \mathbf{X}_M(\mathbf{p}) \equiv g(\mathbf{p}) \qquad (3.59)$$

werden. Alle wesentlichen Informationen zur Produktion wären in der Preisfunktion $g(\mathbf{p})$ enthalten. Diese ist die Legendre-Transformierte der Produktionsfunktion $Y(\mathbf{X})$. (Hier liegt wieder eine formale Analogie zur Physik vor, nämlich zur Hamilton Funktion der klassischen Mechanik, die die Legendre-Transformierte der Lagrange Funktion ist, oder zu Enthalpie und freier Energie der Thermodynamik, die Legendre-Transformierte der inneren Energie sind.) Doch wegen der technologischen Beschränkungen und der verallgemeinerten Schattenpreise sind das Kostenanteiltheorem und die Gl. (3.59) ein Spezialfall, der Produktionssysteme mit den bisher gegebenen Faktorpreisverhältnissen nicht einschließt. Vielmehr sind unter den bisherigen Umständen die Schattenpreise s_i in Gl. (3.57) ungleich null.

3.4.3 Bergab, entlang dem Wall

Zur makroökonomischen Produktionsfunktion (3.1) gehört die Vorstellung, dass zu jeder Zeit t die Summe aller unternehmerischen Entscheidungen verstanden werden kann als die Entscheidung eines „repräsentativen Unternehmers" über die einzusetzenden Mengen von Kapital $K(t)$, Arbeit $L(t)$ und Energie $E(t)$. Handelt dieser

repräsentative Unternehmer rational im ökonomischen Sinn? Mit anderen Worten:
Entwickeln sich real-existierende ökonomische Systeme tatsächlich entlang einer
Trajektorie von Gleichgewichtszuständen, die durch Gewinnmaximierung definiert
sind? Soweit diese Frage nur die Faktoreinsatzverhältnisse betrifft, kann sie auch
lauten: Sucht der repräsentative Unternehmer stets das Kostenminimum auf?

Wir betrachten ein Kostengebirge, das sich über der Ebene erhebt, die von den
Faktorquotienten Arbeit zu Kapital, $\frac{L/L_0}{K/K_0} \equiv u$, und Energie zu Kapital, $\frac{E/E_0}{K/K_0} \equiv v$,
aufgespannt wird. Veränderungen der Faktorpreise entsprechen Schneefall, der auch
Lawinen auslösen kann, und den resultierenden Veränderungen in der verschneiten
Topografie des Abhangs, auf dem der „Schlitten der Wirtschaft" unterwegs ist. Der
repräsentative Unternehmer, der den Schlitten lenkt, muss den von der technologischen Beschränkung $\eta \leq 1$ errichteten Kapazitätswall beachten, der seine Talfahrt
einschränkt. In der Abb. 3.7 wird das Kostengebirge mit seinen Gefällelinien und
dem Kapazitätswall sowie dem Pfad des Wirtschaftssystems „BRD Industrie" auf
die $u - v$-Ebene projiziert. Inflationsbereinigte, aggregierte Faktorpreise standen nur
für dieses System und die Zeit von 1960 bis 1981 aus einem Forschungsprojekt zur
Verfügung [88].

Die Berechnung der Kostengradienten und des Walls maximaler Kapazitätsauslastung, $\eta = 1$, ist über [124] zugänglich. Sie wird hier nicht wiederholt. Wir beschränken uns auf Erläuterungen zur Abb. 3.7 und Schlussfolgerungen daraus.

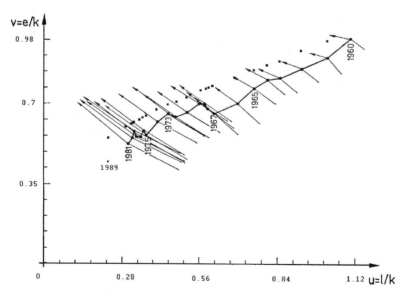

Abb. 3.7 Der Pfad der deutschen Industrie („Warenproduzierendes Gewerbe") im Kostengebirge zwischen 1960 und 1981 (durchgezogene Linie), Richtung und Stärke des Kostengefälles
(Pfeile/Striche) und der Kapazitätswall maximaler Auslastung $\eta = 1$ (volle Quadrate), projiziert
auf die Ebene, die von $u = l/k \equiv \frac{L/L_0}{K/K_0}$ und $v = e/k \equiv \frac{E/E_0}{K/K_0}$ aufgespannt wird [124]

- Die Richtung der Pfeile oberhalb des Pfades, der die Projektion der Bewegung von „BRD Industrie" im Kostengebirge auf die $u - v$-Ebene darstellt, gibt die Richtung des mit der LinEx-Funktion Y_{L1}, Gl. (3.42), berechneten Kostengefälles an. Die Pfeillängen entsprechen den Stärken der Kostengradienten. Skaliert wird auf den Output des Jahres 1970.
- Die Linien ohne Pfeilspitzen unterhalb des Pfades wurden mit der energieabhängigen Cobb-Douglas-Funktion (3.31) berechnet, deren Produktionselastizitäten den über die Zeit von 1960 bis 1981 gemittelten Produktionselastizitäten der LinEx-Funktion Y_{L1} in etwa gleich sind. Das Kostengefälle unterscheidet sich nur wenig von dem mit LinEx berechneten.
- Der Pfad folgt dem Kostengefälle nicht im Allgemeinen, sondern nur zeitweise während der konjunkturellen Aufschwünge von 1967–1970, 1972–1973 sowie zwischen 1975 und 1979. Diese Bewegungen des Systems in Richtung des Kapazitätswalls erfolgen, weil nach Rezessionszeiten mit schlecht ausgelasteten Produktionsanlagen Steigerungen des Energieeinsatzes vorangegangene Verluste schnell auszugleichen vermögen.
- Der isolierte Punkt für das Jahr 1989 zeigt an, dass bis zur deutschen Wiedervereinigung in 1990 der Pfad seine allgemeine Richtung stark abnehmender Verhältnisse von Arbeit zu Kapital, u, und mäßig abnehmender Verhältnisse von Energie zu Kapital, v, beibehält. Die Verdichtung der Jahrespunkte mit abnehmendem u beruht auf der in Abb. 3.2 gezeigten Zunahme des Kapitalstocks und Abnahme der geleisteten Arbeitsstunden.
- Der Pfad verläuft mehr oder weniger parallel zum Kapazitätswall, abgesehen von einer deutlichen Verschiebung in Richtung der Gefällelinien Ende der 1960er-Jahre, als starkes Wachstum der Industrieproduktion bei Vollbeschäftigung kostensenkende Automation forcierte und zu wachsendem Energie/Kapital-Quotienten v führte.
- Im Laufe der Zeit werden die Gradienten des Kostengefälles stärker. Wachsende Automation erhöht den Kostendruck. Gemäß „Moore's Law" hat sich in den letzten vier Dekaden des 20. Jahrhunderts die Dichte der Transistoren auf einem Mikrochip alle 18 Monate verdoppelt. Schneller konnte die Automation nicht voranschreiten. Schnellerer Kostensenkung entlang der Linien des Kostengefälles durch massive Erhöhung des Einsatzes billiger Energie stand und steht der Kapazitätswall im Wege.

Der repräsentative Unternehmer, der den „Wirtschaftsschlitten BRD Industrie" so steuert, wie es Abb. 3.7 zeigt, sieht stets den Kapazitätswall. Sein Gefährt lenkt er parallel zu diesem Wall, ohne ihn zu berühren. So verbleibt ihm Manövrierraum. Denn es ist von Vorteil, nicht am Kapazitätswall entlangzuschrammen, sondern bergseitig Kapital, Arbeit und Energie unabhängig voneinander so wählen zu können, dass der Unternehmer sie der schwankenden Nachfrage nach Gütern und Dienstleistungen bestmöglich anpassen kann. Darum ist die ökonomisch optimale Kapazitätsauslastung von vornherein geringer als 100 %. Arbeitet ein Wirtschaftssystem bei, sagen wir, 90-prozentiger Kapazitätsauslastung, sind die Kosten der Anpassung an steigenden oder sinkenden Kapazitätsbedarf geringer als im Zustand 100-prozentiger Auslastung. Denn Überstunden sind teuer, desgleichen Maschinenstillstand und unterbeschäftigte Mitarbeiter. Zudem bedürfen Maschinen der Wartung. Laufen sie ständig unter Volllast, ist Wartung schwer im Betrieb unterzubringen.

In diesem Sinne wirkt die technologische Beschränkung „Obergrenze der Kapitalstockauslastung" schon vor dem Erreichen des von ihr im Kostengebirge errichteten Walls. Wir bezeichnen sie als *virtuell* bindend. Wie ein leicht schleudernder Rennschlitten in der Eisrinne gleitet das System parallel zum Kapazitätswall bergab .

Auf dem in Abb. 3.7 dargestellten Entwicklungspfad von „BRD Industrie" wird teuere Routinearbeit durch billigere Energie-Kapital-Kombinationen ersetzt. Auf diesem Pfad befriedigt der repräsentative Unternehmer die wachsende Nachfrage nach Gütern und Dienstleistungen, z. B. aus dem Bereich der Informationstechnologie, für deren Mehrwertproduktion er weniger Energie aufwenden muss als beispielsweise für das Ausbaggern tiefer Baugruben und das Erschmelzen von Stahlträgern. Zudem verwendet er immer häufiger importierte Zwischenprodukte, deren Energiegehalt, d. h. die zu ihrer Produktion aufgewendete Energie, nicht in seine Energiebilanzen eingeht. Andererseits muss er rechtliche und soziale Verpflichtungen beachten, die das Entlassen von Beschäftigten verhindern, auch wenn schnelle Kostenminderung das nahelegt. Er mag auch den langfristigen Nutzen gut eingearbeiteter, loyaler Arbeiter und Angestellter zu schätzen wissen. Diese zusätzlichen, „weichen" Beschränkungen ergänzen die technologischen Beschränkungen.

Insgesamt scheint (maßvolle) Kostenminimierung von den ökonomischen Akteuren der deutschen Industrie zu Zeiten des Kalten Krieges praktiziert worden zu sein. Wünschenswert wäre die Überprüfung der Verhaltensannahme „Kostenminimierung" mit Daten auch für die Zeit nach dem Fall der Berliner Mauer, als das Produktionssystem auf dem Gebiet der untergegangenen DDR dem der BRD angepasst wurde. Dabei könnte auch der Vorschlag Jürgen Grahls [126] berücksichtigt werden, bei der Gewinnoptimierung die (nur virtuell bindende) technologische Beschränkung und die weichen Beschränkungen hinsichtlich der Kapitalstockauslastung durch eine Straffunktion im Gewinn zu modellieren, die bei der Annäherung an den Kapazitätswall die Kosten in die Höhe treibt.

Postwachstumsökonomik

4

Niko Paech

4.1 Nachhaltigkeit und Wachstum

Gemessen an der Gesamtbilanz ihrer Wirkungen sind alle bisherigen Nachhaltigkeitsbemühungen gescheitert, ganz gleich ob es sich dabei um technologische, politische, pädagogische oder kommunikative Maßnahmen handelte. Abgesehen von unbedeutenden Ausnahmen lässt sich kein ökologisch relevantes Handlungsfeld finden, in dem die Summe der seit Langem bekannten und neuen Schadensaktivitäten nicht permanent zugenommen hätte. Das historische Unterfangen der Moderne ist abgedriftet, hat Freiheitsversprechungen kultiviert, die einem ungedeckten Scheck gleichen, weil die Rechnung ohne den Zweiten Hauptsatz der Thermodynamik gemacht wurde. Was als zivilisatorischer Fortschritt gefeiert wird, droht in einer Sackgasse zu enden. Faktisch wird der Mehrung von Wohlstandssymbolen – auch weit jenseits einer Befriedigung basaler Grundbedürfnisse – Vorrang gegenüber der Bewahrung der natürlichen Lebensgrundlagen eingeräumt.

Selbst gesellschaftliche Nischen, in denen Ende der 1970er- und Anfang der 1980er-Jahre ökologisch verträgliche Lebensmodelle verortet wurden, sind den Verlockungen eines komfortablen, geografisch entgrenzten Daseins mehr oder weniger erlegen. Ihr ehemals wegweisender Impuls ist längst in einer Flut der materiellen Aufrüstung, Digitalisierung, Einweg-Vermüllung und des explodierenden Bedarfs an Fernreisen versunken. Die Anzahl gebildeter, sich politisch progressiv gerierender Menschen, deren globaler Aktionsradius mit einem individuellen CO_2-Fußabdruck korrespondiert, der alles bisher für möglich gehaltene übertrifft, nimmt sprunghaft zu.

Dringend erforderlich erscheint nicht nur eine Aufarbeitung des aktuellen Wohlstandmodells, insbesondere seiner zerstörerischen Begleiterscheinungen, sondern ein ökonomischer Zukunftsentwurf, der konsequent an einer nachhaltigen Entwicklung ausgerichtet ist. Im vorliegenden Kapitel sollen zunächst einige der Ursprünge und Konsequenzen des nach Ansicht vieler Experten ohne Wirtschaftswachstum nicht zu stabilisierenden Industriesystems beleuchtet werden, und zwar aus Sicht der

© Springer-Verlag GmbH Deutschland, ein Teil von Springer Nature 2018
R. Kümmel et al., *Energie, Entropie, Kreativität*,
https://doi.org/10.1007/978-3-662-57858-2_4

Postwachstumsökonomik. Sie ist zielt auf eine Vermeidung zu der in Abschn. 1.1.3 erwähnten, von dem Nobelpreisträger der Ökonomie Robert M. Solow befürchteten Katastrophe.

Als Lehr- und Forschungsprogramm richtet die Postwachstumsökonomik den Blick auf drei grundlegende Fragestellungen:

1. Welche Begründungszusammenhänge lassen erkennen, dass ein weiteres Wachstum der globalen Wertschöpfung innerhalb der Biosphäre unserer Erde keine Option für das 21. Jahrhundert sein kann?
2. Was sind die Ursachen dafür, dass für moderne, global vernetzte, industrielle Volkswirtschaften ein Wachstumszwang gesehen wird?
3. Wie lassen sich die Konturen einer Ökonomie jenseits weiteren Wachstums (Postwachstumsökonomie) darstellen?

Die Postwachstumsökonomik bildet eine heterodoxe Teildisziplin der wirtschaftswissenschaftlichen Nachhaltigkeitsforschung, die an den Grundsätzen der Thermodynamik orientiert ist, da sie den Fortschrittsoptimismus einer Vermehrbarkeit materieller Handlungsspielräume im endlichen System Erde verneint. Sie verinnerlicht stattdessen eine stoffliche Nullsummenlogik: Jedes Mehr an materiellen Freiheiten wird zwangsläufig mit einem Verlust an nutzbaren Ressourcen und einer Zunahme ökologischer Schäden erkauft (Abb. 4.1).

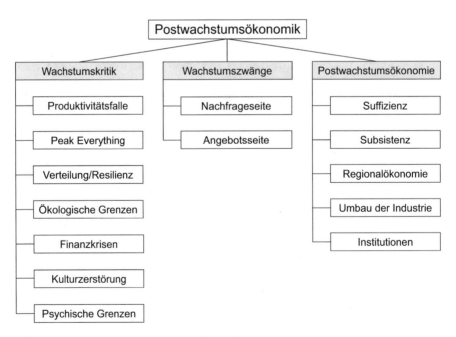

Abb. 4.1 Gegenstand der Postwachstumsökonomik

Mit dieser Prämisse wird eklatant und folgenreich zeitgenössischen Moderni-
tätskonstruktionen widersprochen, die implizit unterstellen, dass ökonomische
Überschüsse durch gesteigerte Effizienz, Wissen und Kreativität quasi aus dem materiellen Nichts erschaffen und verteilt werden können. Die Postwachstumsökonomik
verarbeitet die Einsicht, dass ein sozial gerechter Zustand nur erreicht werden kann,
wenn akzeptiert wird, dass die verfügbare Verteilungsmasse begrenzt ist. Denn was
aus industrieller Spezialisierung resultiert, ist grundsätzlich nicht ohne ökologische
Plünderung zu haben und bedarf daher einer Beschränkung. Der Begriff „Plünderung" wird hier und im Weiteren als Kurzform für eine nicht-nachhaltige Ausbeutung
der natürlichen Ressourcen (Lebewesen, Materialien, Energiequellen und Emissionsaufnahmekapazität der Biosphäre) verwendet.

Aus der nicht nur empirisch evidenten, sondern schon theoretisch leicht dar-
zulegenden Unmöglichkeit, dauerhaftes Wachstum materiellen Wohlstands von
ökologischen Schäden zu entkoppeln (worauf in den folgenden Abschnitten eingegangen wird), leitet sich daher die Frage ab: Was darf eine einzelne Person an
materiellen Freiheiten beanspruchen, ohne ökologisch und somit zugleich sozial
über ihre Verhältnisse zu leben? Wer sich zu viel nimmt, schmälert die Handlungsspielräume anderswo und/oder künftig lebender Menschen. Sozialer Fortschritt, der
darauf beruht, einen Überschuss auszuweisen und gerecht verteilen zu wollen, der
in einer gerechteren Welt gar nicht erst hätte entstehen dürfen, führt in einen Widerspruch. Die daraus folgende Nullsummenlogik übersetzt die Konsequenzen der Thermodynamik bis in die Bereiche der Verteilungs- und Sozialpolitik. Damit wird her-
ausgestellt, dass moderne, nach wie vor auf hemmungsloser Expansion beruhende
Entwicklungs- und Fortschrittskonzeptionen langfristig dysfunktional sind. Denn
was in deren Kontext als Überschuss oder Verteilungsmasse deklariert wird, ist auf
unserer endlichen Erde reiner Substanzverzehr.

Insoweit dies auf zeitgenössische Industrie- und Konsumgesellschaften zutrifft,
ergibt sich die Notwendigkeit, etablierte Ansprüche an materielle Freiheiten, die nicht
gerechtigkeitsfähig – d. h. global und intertemporal nicht übertragbar – sein können,
infrage zu stellen. Die erforderlichen Reduktionsleistungen lassen sich an nichts und
niemanden delegieren; sie können nur auf individueller Ebene umgesetzt werden,
ganz gleich ob von einer politischen Instanz oktroyiert oder aus einem autonomen
kulturellen Wandel resultierend. Ein damit korrespondierender Ökonomieentwurf, er
wird als „Postwachstumsökonomie" [127] bezeichnet, hat zuvorderst die Herausforderung zu meistern, hinreichende Genügsamkeit sozialverträglich zu organisieren.
Folglich müssen Versorgungsmuster und darauf gründende Lebensstile entwickelt
werden, die es erlauben, ein würdiges Dasein innerhalb einer Ökonomie zu fris-
ten, deren Wertschöpfung verglichen mit aktuellen Konsumgesellschaften deutlich
geringer ist und nicht mehr wächst.

4.2 Die Überwindung der Nullsummenlogik als moderner Mythos

Wirtschaftliches Wachstum und die fortwährende Steigerung technischer Möglichkeiten sind nicht zufällig prägend für moderne Entwicklungsvorstellungen geworden. Die Vermehrung menschlicher Entfaltungsspielräume und materiellen Reichtums wurde stets als ein Mittel gesehen, um Verteilungskonflikte lindern und Frieden stiften zu können. Der berühmte Ausspruch Erhards [128], wonach es besser sei, den volkswirtschaftlichen „Kuchen" wachsen zu lassen, statt sich um die Verteilung eines gegebenen Überschusses zu streiten, ist zum Sinnbild einer politischen Kultur geworden, der zufolge gesellschaftlicher Zusammenhalt mit Wirtschaftswachstum zu erkaufen ist. Wenn die Verteilungsmasse wächst, lassen sich Anspruchsgruppen bedienen, ohne den absoluten Status quo anderer Gruppen schmälern zu müssen. Für demokratisch zu legitimierende Entscheidungsträger ist es deshalb mit geringeren politischen Opportunitätskosten verbunden, Verteilungskonflikte in Wachstumsziele umzudeuten, statt sie durch eine Umverteilung des Bestehenden zu lösen.

Ursprünge für dieses Paradigma finden sich in einem Wandel der abendländischen Philosophie, die noch über die kopernikanische Wende hinaus von einem Weltbild beherrscht war, das als *limited goods conception* bezeichnet wird. Mit Verweis auf die griechische Vorstellung von einem Kosmos als endlichem Ganzen spricht Jaeger [129] von einer „Rechtsgemeinschaft der Dinge". Dabei werden Analogien zu dem spieltheoretischen Begriff des Nullsummenspiels deutlich, die Haesler [130] folgendermaßen charakterisiert:

- alle Wesen, Dinge und Ressourcen sind endlich;
- nichts kann in diesem Kosmos entstehen, ohne dass etwas anderes (dadurch) untergeht;
- nichts kann aus sich selbst heraus entstehen, keine creatio ex nihilo;
- nichts kann ersatzlos untergehen;
- der Wandel der Dinge ist ständige Transformation und Kompensation;
- die Summe der Gewinne und Verluste ist gleich Null; des einen Gewinn ist des anderen Verlust; es gibt keine Transaktionen, bei welchen der ‚Vorteil auf beiden Seiten' sein kann;
- jedem Wesen, Ding und jeder Ressource eignet ein bestimmtes Maß (metron), das seinen Platz (topos) im Kosmos bestimmt;
- wird diese Ordnung verletzt, dann wird diese ‚Ungerechtigkeit' durch die ‚Verordnung der Zeit' geheilt; es ist dies der Göttin Dikés ‚Uhr', die zurückschlägt, wann es ihr beliebt.

Die Überwindung dieses Nullsummenspiels lässt sich nicht nur als Leitmotiv der volkswirtschaftlichen Dogmenhistorie nachzeichnen, sondern bildet den Inbegriff wissenschaftlich-rationaler Fortschrittskonzeptionen der Moderne, die bereits Francis Bacon mit einer umfassenden Naturbeherrschung assoziierte. Die daraus abgeleitete Vorstellung von instrumenteller Vernunft hat bis heute nichts an Relevanz verloren: Irdische Ressourcen seien in Mittel umzufunktionieren, aus denen sich eine unbegrenzte Steigerungsspirale menschlichen Wohlergehens speisen soll. Daran knüpft der von Simmel [131] geprägte Terminus des „substanziellen Fortschritts" an: Wenn es gelänge, den Vorrat des Bestehenden zu erhöhen, könnte die „Menschheitstragödie der Konkurrenz" gelindert werden, nämlich in Form einer „Ablenkung des Kampfes gegen den Menschen in den Kampf gegen die Natur" [130, S.65]. „In dem Maße, in dem man weitere Substanzen und Kräfte aus dem noch unokkupierten Vorrat der Natur in die menschliche Nutznießung hineinzieht, werden die bereits okkupierten von der Konkurrenz um sie entlastet" [131, S.305]. Entlastung heißt jedoch nicht Überwindung, da die erwähnten „Substanzen und Kräfte der Natur", wie Simmel durchaus einräumt, endlich sind. Deshalb sieht er den eigentlichen Schlüssel zum „Aufbau einer Welt, die ohne Streit und gegenseitige Verdrängung aneigenbar ist, zu Werten, deren Erwerb und Genuss seitens des einen den anderen nicht ausschließt, sondern tausendmal dem anderen den Weg zu dem gleichen öffnet" [131, S.306], in einer weitergehenden Vision, nämlich der des „funktionellen Fortschritts". Gemeint sind damit die durch Einführung der modernen Geldwirtschaft ermöglichten Tauschvorgänge. Die fortschreitende Monetarisierung aller Lebensbereiche kann dabei als Akt der Befreiung des einzelnen Individuums – der Bauer produziert fortan nicht mehr (ausschließlich) für den Fronherrn, sondern für den Markt – und als Distanzierung des Individuums von den bisher bindenden sozialen Kontexten gesehen werden.

Die durch den geldvermittelten Tausch zunehmende „Sachwerdung der Wechselwirkung" hat deren Ausweitung und fortschreitende Verflechtung zur Folge. Das Tauschmedium Geld sorgt dafür, dass alle Dinge in „die fruchtbarere Hand" gelangen, um „ein Maximum des in ihnen latenten Wertes zu entbinden". Damit wird ein tief greifender Strukturwandel eingeläutet. Er führt zur Herausbildung neuer Motivationsstrukturen, effizienter Formen der Arbeitsteilung und zu einer Wachstumsdynamik, die aus dem Negativ- ein Positivsummenspiel machen soll. „Angenommen, die Welt wäre wirklich ‚weggegeben' und alles Tun bestünde wirklich in einem bloßen Hin- und Herschieben innerhalb eines objektiv unveränderlichen Wertquantums, so bewirkte dennoch die Form des Tausches gleichsam ein interzellulares Wachstum der Werte" [131, S.307]. Diese Logik erinnert an eine Mischung aus Perpetuum mobile und ewigem Füllhorn, weckt überdies Assoziationen zum Spezialfall öffentlicher Güter. „So könnte man annehmen, dass Simmels Güterwelt ein immenser Theatersaal ist, in welchem der Genuss des einen denjenigen des anderen nicht nur nicht ausschließt, sondern bedingt" [130, S.72].

Diesem epochalen Unterfangen wird schon deshalb zugetraut, zur Zivilisierung der Menschheit beizutragen, weil daran im Zuge einer umfassenden und zusehends ausdifferenzierten Arbeitsteilung alle teilhaben könnten. Friedlich vereint in geschäftiger Plünderung hackt eine Krähe der anderen kein Auge aus. Die damit einhergehenden Verflechtungen und arbeitsteiligen Prozesse betten alles Soziale in ökonomische Beziehungen ein. Dies lässt nach moderner Lesart friedenstiftende Bindungen entstehen. Denn wer komplexe Handelsbeziehungen zum beiderseitigen Nutzen unterhält, führt (meistens) keine Kriege, so die Hoffnung.

Genau dieser Logik folgt auch der europäische Integrationsprozess. Die Durchdringung und Verwertung eines vergrößerten Wirtschaftsraumes, so heißt es in jeder politischen Sonntagsrede, diene dem Frieden und sozialen Zusammenhalt. Hierzu bedürfe es einer uniformen Währung, also der Aufgabe einzelstaatlicher Souveränität. Dies lasse die Menschen näher zusammenrücken und könne eine Angleichung der Lebensverhältnisse beflügeln. Dieser Zweck scheint viele politische und ökonomische Mittel zu heiligen, von denen sich manche als ökologisch ruinös erweisen. So offenbart das Antlitz des viel beschworenen progressiven Europas nicht nur eine gemeinsame Identität und politische Harmonisierung, sondern wuchernde Industrieanlagen, agrarökonomische Monokulturen, ressourcenschwere Infrastrukturen, vorbehaltlose Digitalisierung, wachsende Bauaktivitäten und fossile Mobilität.

Daraus ergeben sich zwei Schlussfolgerungen: 1) Um menschliche Zivilisationen mithilfe permanent zu steigernden Verteilungsmassen in einen Zustand des Friedens zu versetzen, ist offenbar ein umso gnadenloserer Krieg gegen die Ökosphäre erforderlich. 2) Moderne Wachstumsexzesse, die sich im Dienste menschlichen Wohlergehens wähnen, basieren darauf, die „Nullsummenlogik der Thermodynamik" zu missachten, gemäß derer bei jeder Produktion eines Gutes auch negative Outputs anfallen, beispielsweise Emissionen.

4.3 „Grünes" Wachstum: Fortgesetzte Plünderung mit anderen Mitteln?

Wenngleich das gegenwärtige „Steigerungsspiel" [132,133] längst mit physischen Grenzen konfrontiert ist, wird es beständig aufs Neue belebt. Dabei werden lediglich seine materiellen Erscheinungsformen ausdifferenziert. Expansionspfade älteren Typs werden durch solche neuerer Prägung ergänzt, stabilisiert oder verstärkt. Trotz einer dramatischen Verknappung ökologischer Quellen- und Senkenfunktionen wird das Wachstumsregime als solches nicht infrage gestellt, sondern nur in andere Richtungen gelenkt.

Um Ressourcenengpässen zu begegnen, wird getreu der substanziellen Fortschrittslogik versucht, mittels technischer Basisinnovationen a) neue Lagerstätten für die bislang genutzten Ressourcen zu erschließen (z. B. intensivere Fördermaßnahmen für Ölvorräte in tiefen Meeresregionen oder unter abschmelzendem Polareis), b) Substitute für sich verknappende Ressourcen zu finden (z. B. Abbau von Öl- oder Teersanden; Fracking) oder c) vormals „nutzlose" Naturgüter in verwertbare Ressourcen umzudefinieren (z. B. Umwandlung von Landschaftsschutzgebieten in Windparks, Nutzung landwirtschaftlicher Flächen als Anbaugebiete für Energiepflanzen).

Auch die Reaktionen auf das noch eklatantere Problem der überlasteten Senkenfunktionen, insbesondere infolge des Verbrauchs fossiler Energieträger, scheint Simmel vorweggenommen zu haben. Analog zu seinem funktionalen Fortschrittsbegriff wird seit Mitte der 1970er-Jahre ein entmaterialisiertes, also „interzellulares Wachstum" propagiert. Im Sinne einer ökologischen Modernisierung soll damit erreicht werden, Zuwächse des Bruttoinlandsproduktes (BIP) mittels technischen Fortschritts von ökologischen Schäden zu entkoppeln. Ermöglicht werden soll dies durch drei Maßnahmenkategorien. Es handelt sich erstens um Effizienzmaßnahmen, die darauf zielen, den Ressourceninput pro Wertschöpfungseinheit zu minimieren [134,135], zweitens um geschlossene Ressourcenkreisläufe, die einen industriellen Metabolismus ermöglichen sollen, der ökologisch unschädlich ist [136,137], und drittens um den Einsatz erneuerbarer Energieträger, um dekarbonisierte Produktions- und Verkehrssysteme, mithin eine „solare Weltwirtschaft" [138] erschaffen zu können.

Die Entlastung der Ökosphäre wird somit an eine technologische Entwicklung delegiert, um mobilitäts- und konsumbasierte Formen der individuellen Entfaltung weitgehend unangetastet lassen zu können. Damit baumelt das Schicksal der Menschheit an einem vagen Zukunftsversprechen. Es wird einem technischen Fortschritt überantwortet, der noch nicht stattgefunden hat bzw. wirksam geworden ist und dessen zukünftiges Eintreten unbeweisbar ist, also lediglich erhofft werden kann. Obendrein kann von innovationsgetriebenem Fortschritt nicht im Voraus bekannt sein, welche unbeabsichtigten Nebenfolgen seine Umsetzung offenbart und ob diese womöglich alles konterkarieren, was er selbst unter theoretisch optimalen Bedingungen an Problemlösungen beizutragen verspricht [139].

Verglichen damit lässt sich für das spätmittelalterliche Paradigma der Naturbeherrschung à la Bacon und Descartes immerhin der mildernde Umstand anführen, dass ökologische Risiken – insbesondere die Konsequenzen der Thermodynamik – nicht bekannt sein konnten. Der Fortschrittsoptimismus beschränkte sich darauf, einen unerschöpflich erscheinenden Naturvorrat okkupieren und in Güter transformieren zu können, was bisher in wachsendem Maße gelang und nunmehr wegen des Entropiegesetzes zu den in Kap. 1 beschriebenen Problemen führt. Demgegenüber begnügt sich die Fortschrittszuversicht des grünen Wachstums nicht damit, nur die materialisierten Symbole für Freiheit und Wohlergehen weiterhin zu vermehren, sondern proklamiert obendrein, dies auf ökologisch unschädliche Weise bewerkstelligen zu können, was einer doppelten Glaubensanstrengung gleichkommt. Hinter dem, was sich als ökologisch aufgeklärt geriert, verbirgt sich somit nur ein noch abstruserer technologischer Machbarkeitswahn. Dies zeigt sich exemplarisch am Klimawandel, also ausgerechnet dem drängendsten aller Nachhaltigkeitsdefizite.

Trotz eines Trommelfeuers an Klimaschutzinnovationen nahmen und nehmen die ökologischen Schäden im Energiebereich – sowohl Treibhausemissionen als auch Natur- und Landschaftszerstörungen – stetig zu. Der Beweis, dass es in der Praxis überhaupt jemals gelungen ist, mittels technischer Lösungen ein ökologisches Problem bei ganzheitlicher Betrachtung aller räumlich und zeitlich entfernten, aber umweltrelevanten (Neben-) Wirkungen zu lösen, steht weiterhin aus.

4.4 Wie fortschrittlich kann technischer Fortschritt sein?

Stellen wir uns folgende Versuchsanordnung vor: Ein Tüftler, der schon mehrere Patente hält, sucht eine neue Herausforderung. Er nimmt in jede Hand zwei Erbsen. Er führt beide Hände zusammen, um sie zu einem Hohlkörper zu formen, schüttelt die darin befindlichen Objekte, schließt die Augen, öffnet die Hände und lässt den Inhalt herunterfallen. Nun öffnet er die Augen, sucht den Boden ab und hofft, fünf

Erbsen zu finden. Bei häufiger Wiederholung des Experimentes und hinreichend angestrengtem Schütteln, so glaubt er, würden sich die Gesetze von Adam Riese irgendwann empirisch überwinden lassen. Nicht minder grotesk ist das Festhalten am Entkopplungsparadigma, gleicht es doch einem stoischen Anrennen gegen die Gesetze der Thermodynamik. Einmal mehr manifestiert sich damit der epochale – tatsächlich als modern und fortschrittlich verklärte – Irrglaube, dass sich zusätzliche materielle Handlungsspielräume allein aus angewandtem Wissen oder menschlicher Kreativität unter Umgehung der Naturgesetze erschaffen ließen.

Neirynck [140] hat vor diesem Hintergrund versucht, eine „Evolution der Technik" zu skizzieren. Manche seiner Ausführungen werfen die Frage auf, ob technischer Fortschritt in einem auf die Biosphäre der Erde beschränkten industriellen Wirtschaftssystem langfristig überhaupt möglich sein kann, zumindest wenn darunter verstanden wird, einen aktuellen in einen „besseren" Zustand zu überführen, nämlich dergestalt, dass letzterer mehr menschliche Handlungsfreiheiten, Reichtum, Bequemlichkeit oder Problemlösungen offenbart als die vorherige Situation.

Für Neirynck bedeutet technischer Fortschritt, dass physische Sachverhalte in eine veränderte oder neue Ordnung transformiert werden. Dies geschieht mithilfe menschlichen Wissens. Die neue physische Ordnung dient dazu, zusätzliche materielle Möglichkeiten zu erschaffen, ganz gleich ob durch einen Faustkeil, der aus einer Basaltsäule geschlagen wird, die Produktion von Autos, die Erschließung einer Ackerfläche oder den Bau eines Kohlekraftwerks oder einer Solaranlage. Aber keine dieser punktuell und temporär erschaffenen physischen Ordnungen, aus denen zusätzliche Handlungsmöglichkeiten erwachsen, entsteht allein aus Wissen oder Kreativität: Denn ohne den Einsatz des Produktionsfaktors Energie kann nichts entstehen, und unvermeidlich verbunden mit seiner Umwandlung in wertschöpfende physikalische Arbeit ist Entropieproduktion in Form von Teilchen- und Wärmeemissionen.

Werden deren Auswirkungen nicht durch die Wärmeabstrahlung in den Weltraum und die Energie des Sonnenlichts ausreichend neutralisiert, führen sie zu ökologischen Schäden. Insoweit diese oft nur als räumlich, zeitlich, systemisch oder stofflich verlagerte Phänomene wahrnehmbar sind, lässt sich leicht suggerieren, dass es sich dabei nur um sporadische, nicht zwingend auftretende Nebenfolgen handelt, die sich prinzipiell vermeiden oder beseitigen lassen. Insoweit unterstellt wird, dass der hierzu nötige Aufwand den Nutzen der ursächlichen ökonomischen Aktivität nicht überkompensiert, verbleibt ein Überschuss, der es zu rechtfertigen scheint, weiterhin von einem Fortschritt auszugehen.

Ökonomische Fortschrittsvorstellungen stellen zumeist darauf ab, aus einem gegebenen Mitteleinsatz vermehrte Wertschöpfung oder zusätzlichen menschlichen Nutzen generieren zu können. Eine derartige Verbesserung der Mittel-Zweck-Relation, die als gesteigerte Produktivität oder Effizienz aufgefasst wird, kann ebenso darin bestehen, den Mitteleinsatz zur Erlangung eines bestimmten Ergebnisses zu verringern. Auch ohne veränderte Technologie sind Effizienzsteigerungen prinzipiell möglich, etwa indem gegebene Güter- oder Ressourcenquantitäten umverteilt und dort hingelenkt werden, wo sie am dringendsten benötigt werden, also den höchsten Nutzen stiften. Eine derartige Erhöhung der Allokationseffizienz, die mit dem Namen Pareto assoziiert wird, kann als Präzisierung des funktionellen Fortschritts von Simmel gesehen werden. Wenngleich die durch bloße Umverteilung erwirkten Effizienzsteigerungen (im Gegensatz zum technischen Fortschritt) tatsächlich immaterieller Natur sein mögen, gelangen sie umso schneller an eine materielle Grenze.

Dies ist der Fall, wenn es durch keine Re-Allokation der Güter mehr gelingt, die Situation eines Individuums zu verbessern, ohne dadurch ein anderes Individuum schlechter zu stellen. Wenn diese Nullsummenkonstellation eingetreten ist, sind weitere Fortschritte nur möglich, wenn die Verfügungsmasse an Gütern gesteigert wird. Genau dies haben vier industrielle Revolutionen bewirkt. Die bemerkenswerten Produktionszuwächse werden gemeinhin als (technische) Effizienzerhöhung gedeutet. Sie resultieren aus einer Kombination von innovativem Technikeinsatz, Spezialisierungsmaßnahmen, intelligenteren Organisationsprinzipien und Lernprozessen. Angesichts der immensen ökologischen Degradation und Ressourcenerschöpfung, die sich parallel dazu vollzog, lässt sich fragen, ob der vermeintliche Fortschritt tatsächlich auf „echter" Effizienz oder schlicht effektiverer Plünderung beruht(e).

Effizienz würde voraussetzen, dass die Zuwächse auf eine „klügere" Kombination oder eine – technisch bedingt – ergiebigere Verwendung der bislang genutzten Ressourcenausstattung zurückzuführen sind. Wäre dem so, müsste es möglich sein, innerhalb eines physisch geschlossenen Produktionssystems ohne Zufuhr externer Ressourcen und ausgelagerte Schäden stetig steigende materielle Überschüsse zu erzielen. Haben solche Überschüsse jemals existiert und falls ja, in welchem Umfang – wenn alle räumlich, stofflich, zeitlich oder systemisch verlagerten Nebenwirkungen berücksichtigt würden, die vom Produktionsergebnis als Aufwand zu subtrahieren wären? Schumacher identifizierte in seinem 1973 erschienenen Klassiker *Small is Beautiful* [141] als Kardinalfehler zeitgenössischen ökonomischen Denkens – ganz gleich ob neoliberal oder marxistisch –, dass Substanzverzehr mit Überschüssen verwechselt wird. Aber einen mutmaßlichen Überschuss „gerecht" verteilen zu wollen, der in einer gerechten Welt gar nicht existieren dürfte, weil er auf irreversibler Plünderung beruht und somit zukünftige Lebensperspektiven zerstört, führt sich selbst ad absurdum [142].

4.5 Externe Effekte und Effizienz

Orthodoxe Ökonomen adressieren zwar durchaus die Frage nach dem „wahren" Überschuss, bedienen sich dabei jedoch der fragwürdigen Konzeption sog. „externer Effekte", die unter anderem von Pigou [143] und Kapp [144] etabliert wurde. Demnach werden die durch nicht intendierte Nebenwirkungen verursachten Schäden als eine Form des Marktversagens aufgefasst, weil die beeinträchtigten Umweltgüter keinen Preis aufweisen. Folglich kann der Marktmechanismus nicht dafür sorgen, dass knappe Ressourcen effizient, gegebenenfalls hinreichend sparsam verwendet werden: Unternehmen werden nicht mit den vollständigen Kosten ihrer Handlungen konfrontiert, die somit nicht in der betrieblichen Gewinnmaximierung berücksichtigt werden.

Um diesen Systemfehler zu korrigieren, empfiehlt die Umweltökonomik eine „Internalisierung" der negativen externen Effekte, indem den Verursachern die tatsächlichen (ökologischen) Kosten ihrer Aktivitäten auferlegt werden, etwa durch Umweltsteuern oder Verschmutzungslizenzen („Cap and Trade"). So werden die Emittenten motiviert, Umweltschäden und Ressourcenverschwendung zu vermeiden, weil andernfalls Kosten zu Buche schlagen, die den Profit mindern. Diese nicht nur logisch erscheinende, sondern auch weithin akzeptierte Vorgehensweise wird dem eigentlichen Problem aus mindestens den folgenden Gründen nicht gerecht.

1. Der Externalisierungsdiskurs suggeriert, die Umweltschäden des modernen Industriesystems seien prinzipiell vermeidbar, wenn nur „bessere" Substitute, Technologien, Institutionen und Organisationsstrukturen angewandt würden. Was aber, wenn ausgerechnet für die ökologisch ruinösesten Praktiken (insbesondere Flugreisen) absehbar keine Alternativen existieren, die nachhaltiger sind und zugleich aus Verbrauchersicht als funktional gleichwertig akzeptiert werden? Dann würden nur generelle Verbote oder prohibitiv hohe Preise helfen, die aber verteilungspolitisch als verwerflich, zumindest mit demokratischen Mitteln als nicht durchsetzbar gelten.
2. Die Theorie externer Effekte impliziert nicht, ökologische Degradationen vollständig zu vermeiden, sondern nur auf ein „optimales" Schadensniveau zu senken. Da ökologisch schädliche Aktivitäten einen ökonomischen Nutzen erzeugen – andernfalls würden sie nicht stattfinden – und Umweltschutz überdies kostenträchtig ist, resultiert ein Abwägungsproblem. Demnach wäre die Reduktion ökologischer Schäden nur so lange rational, wie die Umweltschutzkosten (inklusive Wohlstandsverluste) geringer sind als der Nutzen des Umweltschutzes. Aber so lässt sich theoretisch-wissenschaftlich rechtfertigen, was die Politik alltäglich praktiziert: Ökologisch noch so desaströse Handlungen werden damit begründet, dass die daraus erwachsenden Vorteile und Chancen eben höher als die Umweltschäden zu bewerten seien. Im Zweifelsfall wird argumentiert, dass die Konkurrenzfähigkeit der Volkswirtschaft auf dem Spiel stünde oder Arbeitslosigkeit drohe. Der ökonomische Nutzen oder die sozialpolitische Notwendigkeit jeglichen Eingriffs in die Natur kann durch pure Spekulation beliebig hoch veranschlagt werden. Folglich existiert keine Grenze für die in Kauf zu nehmende ökologische Zerstörung: Der Zweck heiligt die Mittel.
3. Das Modell des wachsenden Wohlstandes um negative Externalitäten bereinigen zu wollen, läuft darauf hinaus, lediglich die ökologischen Details eines ansonsten nicht hinterfragten Industriesystems zu optimieren. Unschwer erkennbar wird damit ein Steuerungsoptimismus, der eine schonungslose, jedoch überfällige Reflexion moderner Industrie- und Konsumgesellschaften verhindert: Wie hoch wäre der nach Abzug oder Korrektur aller Umweltschäden verbleibende, also plünderungsfreie Überschuss der industriellen Produktionsweise?

4.6 Ökonomische Effizienz als Irrtum?

Tatsächlich war ein „reiner", also plünderungsfreier Effizienzeffekt über lange Menschheitsepochen hinweg prägend, jedoch nicht nach, sondern nur vor Anbruch des Industriezeitalters, also in vormodernen Agrar- und Handwerkerökonomien. Ein Beispiel: Durch den Übergang von der autarken Schuhherstellung durch einzelne Individuen zum spezialisierten Schusterbetrieb konnte innerhalb eines Dorfes die Produktion (nicht nur der Schuhe) signifikant gesteigert werden. Durch Lernprozesse und intraorganisationale Spezialisierung konnte der Verschnitt in der Leder- und Schuhsohlenverarbeitung verringert werden. Die benötigten Werkzeuge oder Maschinen mussten zudem nur einmal angeschafft werden.

Dies führte zu geringeren Durchschnittskosten, denn vorher brauchte jeder Haushalt für seinen kleinen Schuhbedarf eigenes Schusterwerkzeug. Verbesserte Organisationsstrukturen sowie geschicktere und konzentriertere Verrichtungen konnten die Arbeitsproduktivität steigern. So wurde es möglich, mit einem unveränderten Inputbündel innerhalb eines gegebenen räumlichen Systems ein verglichen mit reiner Selbstversorgung höheres Produktionsergebnis zu erzielen oder für dasselbe Versorgungsniveau weniger knappe Ressourcen zu benötigen; die Einsparungen konnten wiederum für andere Güter verwendet werden. Insgesamt stieg der materielle Wohlstand.

Aber die Potenziale dieser idealtypischen Effizienzsteigerung erwiesen sich aufgrund ihres prä-fossilen Charakters als äußerst begrenzt, insbesondere durch

- die limitierte räumliche Reichweite interorganisationaler Spezialisierung,
- die schnell erreichte Obergrenze der physischen Arbeitsleistung der Beschäftigten sowie
- die kaum zu steigernde Geschwindigkeit, mit der Ressourcen und Leistungseinheiten innerhalb des Wertschöpfungsprozesses bewegt werden können.

Aus dieser dreifachen Beschränkung resultierte eine jahrhundertelang statische Ökonomie mit entsprechend bescheidenem Niveau an Gesamtproduktion, Optionenvielfalt und technischer Entwicklung. Erst die räumliche, physische und zeitliche – also dreifache – Entgrenzung mithilfe von Mechanisierung, Automatisierung, Elektrifizierung und schließlich Digitalisierung, was die vermehrte Verfügbarkeit fossiler Energieträger voraussetzte, verhalf dazu, aus der Begrenzung auszubrechen und jene Steigerungsdynamik auszulösen, die mit Effizienz verwechselt wird. Denn die Wirkung des entgrenzenden Verstärkerarsenals beruhte weniger darauf, durch reine Kreativität quasi aus dem stofflichen Nichts heraus die Produktivität der bisher genutzten Ressourcen zu steigern, als vielmehr darauf, den Weg in die effektivere Erschließung und Addition externer Ressourcen zu bahnen. Anstelle einer verbesserten Ziel-Mittel-Relation, wie es der Definition ökonomischer Effizienz entspräche, wurden schlicht zusätzliche oder neue Ressourcen erschlossen.

Wie kann etwa die immense Zunahme der landwirtschaftlichen Erträge (=Output) pro Hektar (=Input) ernsthaft als Effizienzsteigerung bezeichnet werden, wenn der damit einhergegangene zusätzliche Energie-, Chemie-, Dünger-, Maschinen- und

Logistikeinsatz berücksichtigt wird? Überdies sind manche der zusätzlichen Inputs, die den Flächenertrag so prägnant erhöht haben, absurderweise selbst das Resultat anderer Flächeninanspruchnahmen in Asien oder Lateinamerika (beispielsweise Tierfutter auf Basis von Sojaprodukten).

Angenommen, im obigen Schusterbeispiel wären alle prä-fossilen Spezialisierungspotenziale innerhalb des Dorfes ausgeschöpft. Wie ließen sich dann weitere Wohlstandssteigerungen erzielen? Zunächst könnte der Schuster dazu übergehen, auch eine benachbarte Stadt zu beliefern, um den Absatz derart steigern zu können, dass über Größenvorteile ein noch geringeres Durchschnittskostenniveau erreicht wird. Im Gegenzug könnte in der Nachbarstadt die Brotproduktion ausgedehnt werden, so dass die Brotnachfrage beider Städte von nur einem Produzenten bedient wird, der durch eine entsprechend höhere Ausbringung die Kosten senken kann. So kommt es zwecks Kostensenkung zu einem höheren Spezialisierungsgrad, weil nun der Absatz beider Produkte über den bisherigen Aktionsradius hinaus erweitert wird (Downstream-Entgrenzung).

Eine weitere Kostensenkung könnte erzielt werden, wenn sich der Schuhproduzent weiter spezialisiert, indem er die Schuhsohlen nicht mehr selbst produziert, sondern von einem Betrieb bezieht, der an einem anderen Standort – beispielsweise in China oder Indien – kostengünstiger fertigen kann. Ebenso könnte die Bäckerei kostengünstige „Teiglinge" aus weiter Ferne importieren (Upstream-Entgrenzung). Dies verbilligt die Schuhe und Brote abermals und erhöht folglich die Kaufkraft.

Aber welchen physischen Aufwand verlangt diese zunehmende Entgrenzung? Die Bäckerei und die Schusterwerkstatt wachsen auf Fabrikgröße, benötigen neue und größere Produktionsanlagen, Gebäude, Lagereinrichtungen, Transport- sowie Kommunikationssysteme und dehnen den Aktionsradius ihrer Lieferantennetzwerke und Absatzkanäle permanent aus. Die öffentliche Infrastruktur muss an den zusätzlichen Transport-, Logistik- und Flächenbedarf angepasst werden. Zudem sind Energie-, Bildungs- und Informationssysteme entsprechend auszubauen. Hier beginnt die Industrialisierung. Durch sie werden die oben genannten Begrenzungen einer vormals statischen Ökonomie durchbrochen, deren von nun an expansive Entwicklung auf die gesamte Gesellschaft übergreift und sich in stofflicher Okkupation äußert. Das Dilemma besteht darin, dass die Ausschöpfung „reiner", also prä-fossiler Effizienzpotenziale bis zum Erreichen des „Entgrenzungspunktes" nur einen bescheidenen und kaum wachsenden Wohlstand erlaubt, der aber als ökologisch nahezu plünderungsfrei gelten könnte. Alle darüber hinaus wachsenden Produktionsniveaus basieren auf einem technisch verstärkten und räumlich entgrenzten Verschleiß ökologischer Quellen und Senken.

Externe Effekte sind also keine Nebenfolge der bemerkenswerten Wohlstandsmehrung seit Beginn der Industrialisierung, sondern deren Voraussetzung. Sie sind ähnlich einem nicht zu substituierenden Produktionsfaktor unabdingbar für das Güterwachstum. Mit anderen Worten: Wenn es nicht mehr möglich wäre, ökologische Schäden zu externalisieren, verlöre das Industriesystem seine Basis. Bei konsequenter Vermeidung externer Effekte verbliebe als ökonomischer Überschuss kaum mehr als das Niveau am oben beschriebenen Entgrenzungspunkt.

4.7 Rebound-Effekte

Dennoch wird an der Hoffnung auf einen plünderungsfreien Überschuss festgehalten, der nicht nur das vorindustrielle Niveau deutlich übertreffen, sondern stetig quantitativ und qualitativ gesteigert werden soll. Das ist verständlich: Denn so unhaltbar ökonomische Effizienz- und Fortschrittsprojektionen aus thermodynamischer Sicht auch sind – dies einzugestehen würde bedeuten, das Glaubensfundament der Moderne zu erschüttern. Die seit mehr als einem Jahrhundert handlungsleitende Vision, der zufolge Frieden, Gerechtigkeit und bequemer Konsumwohlstand durch nie endendes wirtschaftliches Wachstum herzustellen seien, ließe sich nur schwer legitimieren. Dabei reicht es nicht einmal aus, das BIP konstant zu halten, um ein bestimmtes materielles Versorgungsniveau zu stabilisieren. Binswanger [145] hat zeigen können, dass unter industriellen Produktionsbedingungen bereits ein Aussetzen der Wachstumsdynamik (also keine Reduktion, sondern lediglich Nullwachstum) dazu führt, eine Abwärtsspirale der Wertschöpfung auszulösen.

Um dieses Dilemma zu lösen, wird versucht, die moderne Wohlstandsvision durch „grünes" Wachstum zu retten. Aber das Unterfangen, wirtschaftliches Wachstum mittels technischer Innovationen von Umweltschäden zu entkoppeln, ist – insbesondere bezogen auf Klimaschutz – bislang gescheitert. In der Nachhaltigkeitsforschung setzt sich zunehmend die Auffassung durch, dass dies kein Zufall, sondern systematischen Ursprungs, nämlich auf sog. „Rebound-Effekte" zurückzuführen ist. Dabei lassen sich zwei besonders wichtige Rebound-Kategorien identifizieren, deren erste darauf gründet, dass die Beseitigung eines Umweltproblems damit erkauft wird, anderswo, später oder auf andere Weise ein zusätzliches oder neues Umweltproblem zu verursachen. Wenn beispielsweise Energiesparbirnen eingesetzt werden, um durch Effizienz den Elektrizitätsbedarf zu senken, steht dem entgegen, dass die Produktion und Entsorgung dieser Leuchtmittel schon wegen ihres Quecksilbergehalts eine neue Schadensquelle hervorrufen. Die zweite Kategorie, nämlich finanzielle Rebound-Effekte, beruht beispielsweise darauf, dass die Einsparungen an Stromkosten (um bei obigem Beispiel zu bleiben) zusätzliche Kaufkraft entstehen lässt, die wiederum für andere Güter verwendet werden kann, so dass im Saldo die Energieverbräuche nicht sinken oder sogar steigen können.

Beide Rebound-Typen, auf die in den Abschn. 4.7.1 und 4.7.2 eingegangen werden soll, implizieren indes nicht, dass umweltentlastender technischer Fortschritt per se wirkungslos sein muss. Dies trifft insbesondere dann zu, wenn die entsprechenden Innovationen unter den Vorbehalt gestellt werden, dass der Industrieoutput weiter wachsen soll. Ein Überblick über dieses Thema findet sich bei Paech [146, 147] und Santarius [148].

Steigerungen des BIP setzen zusätzliche Produktion voraus, die als Leistung von mindestens einem Anbieter zu einem Empfänger übertragen werden muss und einen Geldfluss induziert, der zusätzliche Kaufkraft entstehen lässt. Der Wertschöpfungszuwachs hat somit eine materielle Entstehungsseite und eine finanzielle Verwendungsseite des damit induzierten Einkommenszuwachses. Beide Wirkungen wären ökologisch zu neutralisieren, um die Wirtschaft ökologisch unschädlich wachsen zu lassen. Mit anderen Worten: Selbst wenn sich die Entstehung einer geldwerten

und damit BIP-relevanten Leistungsübertragung technisch jemals entmaterialisieren
ließe – was mit Ausnahme singulärer und kaum hochskalierbarer Laborversuche
bislang nicht absehbar ist –, bliebe das Entkopplungsproblem so lange ungelöst,
wie sich mit dem zusätzlichen Einkommen beliebige Güter finanzieren lassen, die
nicht vollständig entmaterialisiert sind. Beide Entkopplungsprobleme sollen kurz am
Beispiel der Energiewende beleuchtet werden.

4.7.1   Entstehungsseite des BIP: Materielle Rebound-Effekte

Wie müssten Güter beschaffen sein, die als geldwerte Leistungen von mindestens
einem Anbieter zu einem Nachfrager übertragen werden, deren Herstellung, physischer Transfer, Nutzung und Entsorgung jedoch aller Flächen-, Materie- und Energieverbräuche enthoben sind? Bisher ersonnene Green Growth-Lösungen erfüllen
diese Voraussetzung offenkundig nicht, ganz gleich ob es sich dabei um Passivhäuser, Elektromobile, Windturbinen, Fotovoltaikanlagen, Blockheizkraftwerke, Smart
Grids, solarthermische Heizungen, Carsharing, Energiesparbirnen, digitale Services
usw. handelt. Nichts von alledem kommt ohne physischen Aufwand, insbesondere
neue Produktionskapazitäten, Distributionssysteme, Mobilität und hierzu erforderliche Infrastrukturen aus, was somit zu einer weiteren materiellen Addition führen
muss, solange sich daraus wirtschaftliches Wachstum speisen soll.

Aber könnten die „grünen" Lösungen die weniger nachhaltige Produktion nicht
einfach ersetzen, anstatt addiert zu werden, sodass im Saldo eine ökologische Entlastung eintritt? Nein, denn erstens wäre es nicht hinreichend, nur Outputströme zu
ersetzen, solange der hierzu zwangsläufig nötige Strukturwandel mit einer Addition
an materiellen Bestandsgrößen und Flächenverbräuchen (wie bei Passivhäusern oder
Anlagen zur Nutzung erneuerbarer Energien) einherginge. Folglich wären die bisherigen Kapazitäten und Infrastrukturen zu beseitigen. Aber wie könnte die Materie
ganzer Industrien, Gebäudekomplexe oder etlicher Millionen an fossil angetriebenen Pkw (um sie durch E-Mobile zu ersetzen) und Heizungsanlagen (um sie durch
Elektro- oder solarthermische Anlagen zu ersetzen) ohne Entropieproduktion verschwinden?

Zweitens könnte das BIP gerade dann nicht systematisch wachsen, wenn jedem
grünen Wertschöpfungsgewinn ein Verlust infolge des Rückbaus alter Wertschöp-
fungsstrukturen entgegenstünde. So entpuppen sich die momentan als Flaggschiff
einer prosperierenden „Green Economy" bestaunten Wertschöpfungsbeiträge der
erneuerbaren Energien bei genauerer Betrachtung als Strohfeuereffekt. Nachdem
nämlich die vorübergehende Phase des Kapazitätsaufbaus abgeschlossen ist, reduziert sich der Wertschöpfungsbeitrag auf einen Energiefluss, der nur vergleichsweise bescheidene Effekte auf das BIP und den Arbeitsmarkt haben dürfte und
sich nur dadurch steigern ließe, dass der Bau neuer Anlagen unbegrenzt fortgesetzt
würde. Aber dann drohten unweigerlich zusätzliche Umweltschäden: Die materiellen Bestandsgrößen expandierten und die schon jetzt kaum mehr akzeptierten Landschaftszerstörungen nähmen entsprechend zu.

Damit wird ein unlösbares Dilemma deutlich: Insoweit auch „grüne Technologien" niemals – schon gar nicht bei ganzheitlicher Betrachtung aller Systemvor-
aussetzungen – immateriell, also zum ökologischen Nulltarif zu haben sein können,
besteht ihr theoretisch maximaler Entlastungseffekt ohnehin nur darin, Umweltschäden in andere Erscheinungsformen zu transformieren oder in andere ökologische
Medien zu verlagern, statt sie zu vermeiden. Dies erfolgt auf vierfache Weise.

1. Die physische Verlagerung lässt sich am Beispiel der Energiesparbirne demons-
   trieren, die zwar im Vergleich zum Standardleuchtmittel energieeffizienter ist,
   sich jedoch in der Produktion und Entsorgung als problematischer erweist.
2. Räumliche Verlagerungseffekte bestehen darin, umweltintensive Prozessstufen
   der Herstellung in entfernt liegende Länder (oft China oder Indien) zu verschie-
   ben, so dass die ökologischen Schäden in den Umweltbilanzen Europas nicht
   mehr erfasst werden.
3. Manche umwelttechnologischen Neuerungen wie etwa Wärmedämmverbundsys-
   teme oder Fotovoltaikanlagen verwandeln sich nach ca. 20 Jahren in ein Entsor-
   gungsproblem, so dass hier eine zeitliche Verlagerung vorliegt.
4. Wiederum andere Maßnahmen wie etwa Windkraftanlagen erzeugen zwar vergleichsweise weniger Emissionen (vollkommen emissionsfrei können sie schon
   infolge der Anlagenproduktion nicht sein), verbrauchen oder beeinträchtigen
   dafür Landschaften und Flächen. Hier liegt eine systemische Verlagerung vor,
   d. h. Umweltschäden werden von einem physischen Aggregatzustand in einen
   anderen überführt, aber eben nicht vermieden. Überdies stößt eine derartige Verlagerung irgendwann an quantitative Systemgrenzen, etwa wenn alle geeigneten
   Flächen besetzt sind.

Mutmaßlich umweltentlastende Innovationen können sogar mehrere der oben
genannten Verlagerungseffekte verursachen. Deshalb sind die Versuche gegenstandslos, ökologische Entlastungserfolge der Energiewende empirisch zu belegen, zumal
sich die Verlagerungseffekte nicht in CO_2-Äquivalente umrechnen lassen. Selbst
wenn es irgendwann zu erwähnenswerten CO_2-Einsparungen käme – wie viel Hektar
an beeinträchtigten oder zerstörten Landschaften wäre eine von dramatischer Flä-
chenverknappung betroffene Gesellschaft bereit, als Preis dafür zu zahlen? Und selbst
wenn dieser Preis akzeptiert würde, ließe sich wohl kaum von einem Nachhaltig-
keitsfortschritt sprechen, insoweit lediglich eine bestimmte Schadenskategorie gegen
eine anderen ausgetauscht würde. Dieser Befund deckt eine Ambivalenz jenes technischen Fortschritts auf, durch den wirtschaftliches Wachstum von Umweltschäden
entkoppelt werden soll: Er basiert – zumindest wenn alle indirekten und verästelten
Folgen einbezogen werden – auf einem Tausch und eben nicht auf einer Vermehrung
von Optionen: Ein Mehr im Hier und Jetzt wird mit einem Weniger anderswo und
später erkauft.

4.7.2 Verwendungsseite des BIP: Finanzielle Rebound-Effekte

Selbst wenn es punktuell gelänge, Wertschöpfungszuwächse zu entmaterialisieren, müssten die mit dem Wachstum unvermeidlich korrespondierenden Einkommenszuwächse ebenfalls ökologisch neutralisiert werden, um Entlastungseffekte zu erzielen. Aber es erweist sich als schlicht undenkbar, den Warenkorb jener Konsumenten, die das in den vermeintlich grünen Branchen zusätzlich erwirtschaftete Einkommen beziehen, von Gütern freizuhalten, in deren globalisierte Produktion fossile Energie und andere Rohstoffe einfließen. Würden Personen, die in den grünen Branchen beschäftigt sind, keine Eigenheime bauen, nicht mit dem Flugzeug reisen, kein Auto fahren und keine üblichen Konsumaktivitäten in Anspruch nehmen – und zwar mit steigender Tendenz, wenn das verfügbare Einkommen wächst?

Ein zweiter finanzieller Rebound-Effekt droht, wenn grüne Investitionen den Gesamtoutput erhöhen, weil nicht zeitgleich und im selben Umfang die alten Produktionskapazitäten zurückgebaut werden (die gesamte Wohnfläche nimmt durch Passivhäuser zu, die gesamte Strommenge steigt durch Fotovoltaikanlagen), was tendenzielle Preissenkungen verursacht und folglich die Nachfrage erhöht. Speziell den Stromsektor betreffend sei auf Tab. 2.5 verwiesen. Hier zeigt sich das Wachstum der Bruttostromerzeugung durch Gaskraftwerke, Biomassenutzung, Wind- und Fotovoltaikanlagen. Dass der Strompreis in Deutschland für die Haushalte nicht sank, ist den Besonderheiten der Energiewende geschuldet, auf die im Abschn. 5.1.1 eingegangen wird. Dies ändert aber nichts an der grundsätzlichen Kapazitätsproblematik des Green Growth-Paradigmas. Ein dritter schon von Jevons [149] beschriebener finanzieller Rebound-Effekt tritt ein, wenn Effizienzerhöhungen die Betriebskosten bestimmter Objekte (Häuser, Autos, Beleuchtung etc.) reduzieren.

Theoretisch ließen sich diese finanziellen Rebound-Effekte vermeiden, wenn sämtliche Einkommenszuwächse abgeschöpft würden, aber wozu dann überhaupt Wachstum: Was könnte absurder sein, als zunächst Wachstum zu generieren, um dann die damit intendierten Einkommenssteigerungen zu neutralisieren? Die Behauptung, durch grüne Technologien könne Wirtschaftswachstum mit einer absoluten Senkung von Umweltbelastungen einhergehen, ist also nicht nur falsch, sondern kehrt sich ins genaue Gegenteil um: Aus der Perspektive finanzieller Rebound-Effekte haben grüne Technologien allein unter der Voraussetzung eines nicht wachsenden BIPs überhaupt eine Chance, die Ökosphäre zu entlasten. Und dies ist nicht einmal eine hinreichende Bedingung, weil die materiellen Effekte, insbesondere die unzähligen Verlagerungsmöglichkeiten auf der Entstehungsseite, ebenfalls einzukalkulieren sind.

4.8 Postwachstumsökonomie

Insoweit ein plünderungsfreies Wirtschaftswachstum der Quadratur des Kreises gleichkäme, verbleibt allein Selbstbegrenzung als Ausweg. Dies entspricht weniger einem ethischen Imperativ als mathematischer Logik. Mehr noch: Die industrielle Wertschöpfung und fossile Mobilität müsste in den Konsumgesellschaften derart reduziert werden, dass die Ressourcenverbräuche pro Kopf auf ein ökologisch übertragbares Niveau sinken. Die Dimensionen der hierzu mindestens erforderlichen Reduktionsleistung werden am weithin akzeptierten Zwei-Grad-Klimaziel deutlich: Bei globaler Gleichverteilung der damit kompatiblen Gesamtmenge an CO_2-Emissionen auf ca. 7,3 Mrd. Menschen ergäbe sich ein individuelles Budget von maximal circa 2,5 t pro Jahr.[1] Tatsächlich liegt dieser Wert in Deutschland laut Umweltbundesamt [151] bei rund zwölf Tonnen.

4.8.1 Fünf Wegmarken einer Transformation

Wie also sähe der Gegenentwurf zur ökologischen Modernisierung aus? Anstatt ein unrettbares Industriemodell zu optimieren wären seine Reichweite und sein Volumen zu dosieren. Den Rückbau der Industrieversorgung sozialverträglich und ökonomisch resilient zu gestalten, liegt im Kern der Postwachstumsökonomie. Hierzu bedarf es diverser Entwicklungsschritte, die sowohl auf der Nachfrage- als auch Angebotsseite ansetzen.

1. Suffizienz: Reduktionspotenziale auf der Nachfrageseite zu erschließen ist nicht mit Verzicht gleichzusetzen. Das Suffizienzprinzip konfrontiert konsumtive Selbstverwirklichungsexzesse mit einer schlichten Gegenfrage: Von welchen Energiesklaven und Komfortkrücken ließen sich überbordende Lebensweisen und die Gesellschaft als Ganzes zum eigenen Nutzen befreien? Welcher Wohlstandsschrott, der längst das Leben verstopft, obendrein Zeit, Geld, Raum sowie ökologische Ressourcen beansprucht, ließe sich schrittweise ausmustern? Dafür liefert eine „zeitökonomische Theorie der Suffizienz" [152] Beweggründe jenseits moralischer Appelle. In einer Welt der Informations- und Optionenüberflutung, die niemand mehr verarbeiten kann, wird Entschleunigung zum psychischen Selbstschutz. Das zunehmend „erschöpfte Selbst", wie in Ehrenbergs gleichnamigem Klassiker [153] dargestellt, verkörpert die Schattenseite einer gnadenlosen Jagd nach Glück, die immer häufiger in Überlastung umschlägt. Eine Befreiung vom Überfluss würde heißen, sich auf eine Auswahl an Konsumaktivitäten und -objekten zu beschränken, die eingedenk begrenzter Aufmerksamkeitsressourcen noch bewältigt werden kann. Selbstbegrenzung und vor allem Sesshaftigkeit – globale Mobilität hat Konsumaktivitäten als klimaschädlichste Form der Selbstverwirklichung längst verdrängt – bilden eine Voraussetzung für zugleich verantwortbare und genussvolle Lebenskunst.

---

[1]Der im Auftrag der Bundesregierung tätige Wissenschaftliche Beirat Globale Umweltveränderungen (WGBU) hat im Jahr 2009 das bis 2050 verfügbare, mit einer Einhaltung des Zwei-Grad-Klimaziels maximal noch kompatible globale Budget an CO_2-Emissionen abgeschätzt und auf die zu diesem Zeitpunkt lebenden ca. 7 Mrd. Erdbewohner verteilt. Dabei ergab sich der grobe Richtwert von 2,7 t pro Kopf und Jahr bis 2050. Danach wäre dieser Wert nochmals zu abzusenken. [150] Da die Weltbevölkerung inzwischen um mindestens ca. 0,3 Mrd. gestiegen ist, erscheint ein entsprechend korrigierter Richtwert von 2,5 t plausibel.

2. Subsistenz: Konsumenten könnten sich Kompetenzen aneignen, durch die sich manche Bedürfnisse jenseits einer Inanspruchnahme kommerzieller Märkte selbsttätig befriedigen lassen. Würde die Industrieproduktion hinreichend reduziert, ließe sich das infolgedessen verringerte Quantum an noch erforderlicher Lohnarbeitszeit dergestalt umverteilen, dass Vollbeschäftigung auf Basis von 20 h Wochenarbeitszeit möglich würde. Damit ließen sich Zeitressourcen zur Eigenversorgung freistellen. Gemeinschaftsgärten, Tauschringe, Netzwerke der Nachbarschaftshilfe, Verschenkmärkte, Einrichtungen zur Gemeinschaftsnutzung von Geräten und Werkzeugen würden nicht nur zu einer graduellen De-Globalisierung, sondern zu einem geringeren Bedarf an Technik, Kapital, Transportwegen und überdies zu mehr Autonomie verhelfen. Wenn Produkte länger genutzt, eigenständig instandgehalten, repariert, gepflegt und im Bedarfsfall möglichst gebraucht erworben werden, sinkt die Abhängigkeit von industrieller Versorgung. Ähnliches bewirkt die gemeinschaftliche Nutzung von Gebrauchsgegenständen. Eine verlängerte Nutzungsdauer und gesteigerte Anzahl von Nutzern desselben Gegenstandes senkt den Bedarf an materieller Produktion und an Einkommen, um den Lebensunterhalt zu finanzieren.

3. Regionalökonomie: Viele Konsumbedarfe, die weder durch Suffizienz noch durch Subsistenz reduziert werden können, lassen sich auf regionalen Märkten mit stark verkürzten Wertschöpfungsketten befriedigen. Komplementäre, parallel zum Euro einzuführende Regionalwährungen könnten Kaufkraft an die Region binden und damit von globalisierten Transaktionen abkoppeln. So würden die Effizienzvorteile einer geldbasierten Arbeitsteilung zwar weiterhin genutzt, aber innerhalb eines kleinräumigen, ökologieverträglicheren und krisenresistenteren Rahmens. Insbesondere in der Nahrungsmittelproduktion, Gemeinschaftsnutzung und Nutzungsdauerverlängerung könnten regionalökonomisch agierende Unternehmen dort tätig werden, wo die Potenziale der Subsistenz enden.

4. Umbau der restlichen Industrie: Der verbleibende Bedarf an überregionaler industrieller Wertschöpfung würde sich auf die Optimierung bereits vorhandener Objekte konzentrieren, nämlich durch Aufarbeitung, Renovation, Konversion, Sanierung und Nutzungsintensivierung, um Versorgungsleistungen so produktionslos wie möglich zu erbringen. Hierzu tragen auch Märkte für gebrauchte und reparierte Güter sowie kommerzielle Sharing- und Verleihsysteme bei. Die Neuproduktion materieller Güter beschränkte sich darauf, einen konstanten Bestand an materiellen Gütern zu erhalten, also nur zu ersetzen, was durch sinnvolle Nutzungsdauerverlängerung nicht mehr erhalten werden kann. Zudem würde sich die Herstellung von Produkten und technischen Geräten an einem reparablen und sowohl physisch als auch ästhetisch langlebigen Design orientieren.

5. Institutionelle Maßnahmen: Zu den förderlichen Rahmenbedingungen zählen Boden-, Geld- und Finanzmarktreformen, wobei die vom globalisierungskritischen Netzwerk Attac geforderte Finanztransaktions- sowie eine Vermögensteuer hervorzuheben sind. Jede Person hätte das Anrecht auf ein jährliches CO_2-Emissionskontingent von 2,5 t, das interpersonal und zeitlich übertragbar sein könnte. Veränderte Unternehmensformen wie Genossenschaften, Non-Profit-Organisationen oder Konzepte des solidarischen Wirtschaftens

könnten Gewinnerwartungen dämpfen. Subventionen – vor allem in den Berei-chen Landwirtschaft, Verkehr, Industrie, Bauen und Energie – müssten gestrichen werden, um sowohl die hierdurch beförderten ökologischen Schäden als auch die öffentliche Verschuldung zu reduzieren. Maßnahmen, die Arbeitszeitverkürzun-gen erleichtern, sind unabdingbar. Dringend nötig wären zudem ein Bodenver-siegelungsmoratorium und Rückbauprogramme für Industrieareale, Autobahnen, Parkplätze und Flughäfen, um diese zu entsiegeln und zu renaturieren. Ansonsten könnten auf stillgelegten Autobahnen und Flughäfen Anlagen zur Nutzung erneu-erbarer Energien errichtet werden, um die katastrophalen Landschaftsverbräuche dieser Technologien zu reduzieren. Weiterhin sind Vorkehrungen gegen geplante Obsoleszenz unerlässlich. Eine drastische Reform des Bildungssystems müsste zum Ziel haben, handwerkliche Kompetenzen zu vermitteln, um durch Eigenpro-duktion und vor allem Instandhaltungs- sowie Reparaturmaßnahmen den Bedarf an Neuproduktion senken zu können und somit geldunabhängiger zu werden.

4.8.2 Wachstumszwänge reduzieren

Die in Abschn. 4.8.1 grob markierten Maßnahmenkategorien leiten sich nicht nur aus der Notwendigkeit her, den Output an materiellen Gütern und fossiler Mobilität zu senken, sondern sollen zugleich strukturelle Voraussetzungen dafür erfüllen, ein bestimmtes Produktionsniveau zu stabilisieren, also Wachstumszwänge zu tilgen.

Prägend für das industrielle Fremdversorgungssystem ist der Aufbau funktional hoch ausdifferenzierter, also räumlich entgrenzter und komplexer Wertschöpfungs-ketten. Wenn Leistungserstellung, die vormals an einen Produktionsstandort gebun-den war, in möglichst viele isolierte Fertigungsstufen zerlegt wird, erlaubt dies deren flexible und ortsungebundene Verlagerung. Jeder isolierte Teilprozess kann jeweils dorthin verschoben werden, wo durch Spezialisierung und Größenvorteile die Kosten minimal sind. Folglich setzt Wohlstandsmehrung eine wachsende Anzahl zwischen-geschalteter Spezialisierungsstufen voraus. Durch diese Ausdifferenzierung gelingt es, das jeweilige Design der Einzelverrichtungen und Module zu standardisieren. So können Vorgänge automatisiert, also menschliche Arbeit durch Energie und Materie umwandelnde Technik ersetzt oder verstärkt werden, was landläufig als Erhöhung der Arbeitsproduktivität aufgefasst wird.

Jedes daran beteiligte Unternehmen muss vor Aufnahme der Produktion die benö-tigten Inputs vorfinanzieren, also investieren, wozu Fremd- und/oder Eigenkapital benötigt wird. Aber dieses ist nicht zum Nulltarif zu beschaffen. Deshalb müssen Unternehmen als Kapitalverwender einen Überschuss erwirtschaften, um die Fremd-kapitalzinsen und/oder Eigenkapitalrendite finanzieren zu können. Je kapitalträch-tiger die Produktion infolge zunehmender Spezialisierung, Technisierung sowie der Anzahl, Größe und räumlichen Distanz involvierter Arbeitsstationen ist, desto höher ist ceteris paribus der notwendige Überschuss, um den Ansprüchen der Kapital-eigner zu genügen. Daraus ergibt sich eine Untergrenze für das insgesamt nötige Produktionswachstum zur Stabilisierung des Wertschöpfungsprozesses.

Binswanger [145] hat diesen strukturellen Wachstumszwang in Verbindung mit dem Einkommens- und Kapazitätseffekt einer Investition analysiert. Zu beachten ist dabei, dass der Einkommenseffekt vor dem Kapazitätseffekt einsetzt, weil zunächst das Kapital investiert wird und erst nachher ein Verkauf der Produktionsmenge möglich ist. Investitionen, die heute getätigt werden, erhöhen sofort das Einkommen der Haushalte. Aber die aus der Investition resultierende Produktionsmenge kann erst später, also in der Folgeperiode abgesetzt werden. Die Haushalte kaufen daher heute die Produktion von gestern. Auf diese Weise geht die Steigerung der Nachfrage der Steigerung des Angebots voraus. Wenn einerseits die Ausgaben den Einnahmen vorauseilen, aber andererseits sich beides in Form von Geldzahlungen äußert, deren Differenz dem Gewinn entspricht – wie kann dieser innerhalb einer Periode dann je positiv sein? Dies ist nur möglich, wenn die „Zahlungslücke" auf der Nachfrageseite durch zusätzliche Nettoinvestitionen ausgeglichen wird, die das entsprechende Einkommen schaffen. Aber damit wird zugleich ein Kapazitätseffekt induziert, der die Produktionsmenge steigert, die wiederum darauffolgend abgesetzt werden muss, und zwar unter der Bedingung, dass nicht nur die Kosten, sondern auch die Ansprüche der Kapitaleigner gedeckt werden.

Insoweit diese Logik für jedes spezialisierte Unternehmen gilt, das Kapital benötigt, um zu produzieren, lassen sich Ansatzpunkte für eine Milderung struktureller Wachstumszwänge ableiten: Weniger Spezialisierungsstufen zwischen Produktion und Verbrauch reduzieren zwar die betriebswirtschaftlichen Kostenvorteile der Arbeitsteilung, können aber gleichsam den Wachstumszwang verringern, insoweit damit die Kapitalintensität der Produktion und folglich die Summe der mindestens zu erzielenden Überschüsse zwecks Befriedigung der Kapitalansprüche sinkt. Kurze Wertschöpfungsketten, etwa im Sinne einer Lokal- oder Regionalwirtschaft, schaffen überdies Nähe und damit Vertrauen, welches per se eine weniger zins- und renditeträchtige Kapitalbeschaffung ermöglichen kann. Denn sowohl Eigen- als auch Fremdkapitalgeber tragen ein Investitionsrisiko, das mit zunehmender Komplexität steigt, bedingt durch technische und räumliche Intransparenz sowie die Anonymität der Produktionsstätten, die das zur Verfügung gestellte Kapital verwenden. Mit diesem Risiko wächst die von den Kapitalgebern verlangte finanzielle Kompensation, bestehend aus Zinsen bzw. Eigenkapitalrenditen.

Eine weitere Begleiterscheinung kapitalintensiver Wertschöpfungsprozesse besteht darin, dass der hierdurch ausgeschöpfte technische Fortschritt stetig die Arbeitsproduktivität steigert. Deshalb lässt sich jeder einmal erreichte Beschäftigungsstand nach einem Innovationsschub nur beibehalten, wenn die Produktionsmenge hinreichend wächst. Insgesamt erstrecken sich Ansatzpunkte zur Minderung struktureller Wachstumszwänge auf

- die Kombination verschiedener Wertschöpfungssysteme zwecks direkter Beeinflussung der Kapital- bzw. Arbeitsintensität,
- Selbstversorgungspraktiken, um den Bedarf an Industrieproduktion zu verringern,
- Technologien, die per se mit einer höheren Arbeitsintensität korrespondieren,
- Reduktion und Umverteilung der Erwerbsarbeitszeit,

- suffiziente Konsummuster sowie
- kurze Wertschöpfungsketten, um erwartete Kapitalrenditen bzw. -verzinsungen zu senken.

Insbesondere auf die ersten drei dieser Faktoren soll im Folgenden eingegangen werden.

4.8.3 Industrieversorgung und Subsistenz

Zunächst können drei idealtypische Versorgungssysteme unterschieden werden: 1) globale industrielle Arbeitsteilung, 2) Regionalökonomie und 3) moderne Subsistenz. Die Transformation zu einer Postwachstumsökonomie entspräche einem Strukturwandel, der neben einer Ausschöpfung aller Reduktionspotenziale (Suffizienz) die verbliebene Produktion graduell und punktuell vom ersten zum zweiten und dritten Aggregat verlagern würde. Die drei Systeme sind durch unterschiedliche Kapitalintensitäten gekennzeichnet. Überdies ergänzen sie sich und können synergetisch zu einer veränderten Wertschöpfungsstruktur verknüpft werden – insbesondere der erste und dritte Bereich (Abb. 4.2).

Endnutzer, denen innerhalb konventioneller Wertschöpfungsprozesse nur die Rolle eines (passiven) Verbrauchers zukommt, können als „Prosumenten" [154] zur Substitution industrieller Produktion beitragen. Als Prosumenten werden Individuen bezeichnet, die zusätzlich zu einer Erwerbsarbeit eigene produktive Beiträge zur Befriedigung ihrer Bedarfe leisten. Dabei gilt es, eine neu zu justierende Balance

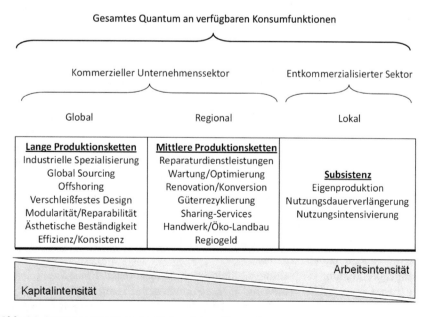

Abb. 4.2 Versorgungssysteme der Postwachstumsökonomie

zwischen Selbst- und Industrieversorgung zu entwickeln, die unterschiedlichste Formen annehmen kann. Zwischen den Extremen reiner Subsistenz und globaler Verflechtung existiert ein stetiges Kontinuum diverser Fremdversorgungsgrade. Eine Reduktion der Versorgung durch Industrieproduktion bedeutet, von außen bezogene Leistungen durch eigene Produktion punktuell oder graduell zu ersetzen.

Selbstversorgungspraktiken entfalten ihre Wirkung im unmittelbaren sozialen Umfeld, also auf kommunaler oder regionaler Ebene. Sie basieren auf einer (Re-) Aktivierung der Kompetenz, manuell und kraft eigener Tätigkeiten Bedürfnisse jenseits kommerzieller Märkte zu befriedigen, vor allem mittels handwerklicher Fähigkeiten, die zwar weniger energie-, aber dafür zeitintensiv sind. Die hierzu benötige Zeit ergäbe sich aus einem Rückbau des industriellen Systems, verbunden mit einer Umverteilung der dann noch benötigten Erwerbsarbeit. Durch eine verringerte durchschnittliche Wochenarbeitszeit könnten Selbst- und Fremdversorgung dergestalt kombiniert werden, dass sich die Güterversorgung auf ein zwar geringeres monetäres Einkommen stützen würde, jedoch ergänzt um marktfreie Produktion (Subsistenz). Neben ehrenamtlichen, gemeinwesenorientierten, pädagogischen und künstlerischen Betätigungen umfasst moderne Subsistenz drei Outputkategorien, durch die sich industrielle Produktion graduell substituieren lässt:

1. Nutzungsintensivierung durch Gemeinschaftsnutzung: Wer sich einen Gebrauchsgegenstand vom Nachbarn leiht, ihm als Gegenleistung ein Brot backt oder das neueste Linux-Update installiert, trägt dazu bei, materielle Produktion durch soziale Beziehungen zu ersetzen. Objekte wie Autos, Waschmaschinen, Gemeinschaftsräume, Gärten, Werkzeuge, Digitalkameras etc. sind auf unterschiedliche Weise einer Nutzungsintensivierung zugänglich. Sie können gemeinsam angeschafft werden oder sich im privaten Eigentum einer Person befinden, die das Objekt im Gegenzug für andere Subsistenzleistungen zur Verfügung stellt. Als adäquate Institution eignen sich in manchen Fällen sogenannte *Commons* (Gemeingüter), die von Ostrom [155] ausführlich erforscht wurden. Dies betrifft Ressourcen, Güter oder Infrastrukturen, die ähnlich wie eine Allmende von einer definierten Personengruppe, basierend auf bestimmten Regeln, gemeinschaftlich genutzt werden.
2. Nutzungsdauerverlängerung: Ein besonderer Stellenwert käme der Pflege, Instandhaltung und Reparatur von Gebrauchsgütern jeglicher Art zu. Wer durch handwerkliche Fähigkeiten oder manuelles Improvisationsgeschick die Nutzungsdauer von Konsumobjekten erhöht – zuweilen reicht schon die achtsame Behandlung, um den frühen Verschleiß zu vermeiden – ersetzt Produktion durch eigene produktive Leistungen, ohne notwendigerweise auf bisherige Konsumfunktionen zu verzichten. Wenn es in hinreichend vielen Gebrauchsgüterkategorien gelänge, die Nutzungsdauer der Objekte durch Erhaltungsmaßnahmen und Reparatur durchschnittlich zu verdoppeln, könnte die Produktion neuer Objekte entsprechend halbiert werden.
3. Eigenproduktion: Im Nahrungsmittelbereich erweisen sich Hausgärten, Dachgärten, Gemeinschaftsgärten und andere Formen der urbanen Landwirtschaft als dynamischer Trend, der zur De-Industrialisierung dieses Bereichs beitragen kann.

Darüber hinaus sind künstlerische und handwerkliche Leistungen möglich, die von der kreativen Wiederverwertung ausrangierter Gegenstände über Holz- oder Metallobjekte in Einzelfertigung bis zur semiprofessionellen „Marke Eigenbau" [156] reichen.

Insoweit eine Postwachstumsstrategie nicht nur einen Rückgang der Industrieproduktion, sondern damit unweigerlich verbunden auch eine Einkommensreduktion bedingt, sind Subsistenzaktivitäten vonnöten, um resiliente, das heißt krisenrobuste Versorgungssysteme zu gewährleisten. Dies betrifft insbesondere basale Grundbedürfnisse, allem voran die Ernährung. Somit stellt sich die Frage nach der Leistungsfähigkeit einer Lokal- und Regionalversorgung im Lebensmittelbereich. Es besteht noch Forschungsbedarf hinsichtlich der Frage, wie hoch der potenzielle Anteil der Eigenproduktion an der Ernährungsversorgung sein könnte. Eine an der Hafen-City Universität 2016 erarbeitete Studie [157] hat am Beispiel der Stadt Hamburg das Potenzial erkundet, eine Metropole vollständig lokal/regional mit Nahrung zu versorgen. Wenngleich das Resultat (siehe Tab. 4.1) nicht direkt die Kapazität von Gemeinschaftsgärten und anderen Formen urbaner Landwirtschaft adressiert, ergibt sich erstens, dass eine Versorgung Hamburgs innerhalb eines Radius vom 100 km sogar auf Basis biologischen Anbaus zu 100 % möglich ist, und zweitens, dass der Ressourcenbedarf (insbesondere Flächen) kritisch vom Ernährungsstil abhängt. Mit anderen Worten: Je suffizienter die Ernährungskultur ist, desto günstiger sind die Möglichkeiten einer Nahversorgung.

Die beschriebenen Subsistenzformen – insbesondere Nutzungsdauerverlängerung und Gemeinschaftsnutzung – können bewirken, dass eine Halbierung der Industrieproduktion und folglich der monetär entlohnten Erwerbsarbeit nicht per se den materiellen Wohlstand halbiert: Wenn Konsumobjekte länger und gemeinschaftlich genutzt werden, reicht ein Bruchteil der momentanen industriellen Produktion, um dasselbe Quantum an Konsumfunktionen, die diesen Gütern innewohnen, zu extrahieren. Subsistenz besteht also darin, einen markant reduzierten Industrieoutput durch Hinzufügung eigener Inputs aufzuwerten oder zu „veredeln". Diese Subsistenzinputs lassen sich den folgenden drei Kategorien zuordnen:

1. handwerkliche Kompetenzen und Improvisationsgeschick, um Potenziale der Eigenproduktion und Nutzungsdauerverlängerung auszuschöpfen.
2. eigene Zeit, die aufgewandt werden muss, um handwerkliche, substanzielle, manuelle oder künstlerische Tätigkeiten verrichten zu können.
3. soziale Beziehungen, ohne die subsistente Gemeinschaftsnutzungen undenkbar sind.

Urbane Subsistenz ist das Resultat einer Kombination mehrerer Input- und Outputkategorien. Angenommen, Prosument A lässt sich ein defektes Notebook von Prosument B, der über entsprechendes Geschick verfügt, reparieren und überlässt ihm dafür Bio-Möhren aus dem Gemeinschaftsgarten, an dem er beteiligt ist. Dann gründet diese Transaktion erstens auf sozialen Beziehungen, die Person A sowohl mit B als auch mit der Gartengemeinschaft eingeht, zweitens auf handwerklichen

Tab. 4.1 Regionalversorgung am Beispiel Hamburg

	Stil 1	Stil 2	Stil 3
Merkmale des Ernährungsstils	Status quo, konv.	Kattendorfer Hof, bio	Status quo, bio
Fleisch/Kopf	87 kg	36 kg	87 kg
Fläche/Kopf	2388 m^2	2346 m^2	3102 m^2
Region 1 (Hamburg)	3 %	3 %	3 %
Region 2 (50 km)	48 %	49 %	37 %
Region 3 (100 km)	97 %	99 %	75 %
	Stil 4	Stil 5	Stil 6
Merkmale des Ernährungsstils	DGE bio	−30 % Fleisch bio	DGE bio, veget.
Fleisch/Kopf	24 kg	61 kg	0 kg
Fläche/Kopf	2054 m^2	2802 m^2	1936 m^2
Region 1 (Hamburg)	4 %	3 %	4 %
Region 2 (50 km)	56 %	41 %	60 %
Region 3 (100 km)	100 %	92 %	100 %

Erläuterungen: Fleisch/Kopf = jährlicher Durchschnittsverbrauch, DGE = Deutsche Gesellschaft für Ernährung

Kompetenzen (A: Gemüseanbau; B: defekte Festplatte erneuern und neues Betriebssystem installieren) und drittens auf eigener Zeit, ohne die beide manuelle Tätigkeiten nicht erbracht werden können. Die Outputs erstrecken sich auf Eigenproduktion (Gemüse), Nutzungsdauerverlängerung (Reparatur des Notebooks) und Gemeinschaftsnutzung (Gartengemeinschaft).

Selbstredend sind auch Subsistenzhandlungen naheliegend, die keiner Ausschöpfung der vollständigen Palette denkbarer Subsistenzinputs und -outputs bedürfen. Wer seinen eigenen Garten bewirtschaftet, die Nutzungsdauer seiner Textilien durch eigene Reparaturleistungen steigert oder seine Kinder selbst betreut, statt eine Ganztagsbetreuung zu konsumieren, nutzt keine sozialen Beziehungen, wohl aber Zeit und handwerkliches Können. Die Outputs erstrecken sich in diesem Beispiel auf Nutzungsdauerverlängerung und Eigenproduktion.

Insoweit Subsistenzkombinationen im obigen Sinne Industrieoutput ersetzen, senken sie zugleich den Bedarf an monetärem Einkommen. Eine notwendige Bedingung für das Erreichen geringerer Fremdversorgungsniveaus besteht somit in einer Synchronisation von Industrierückbau und kompensierendem Subsistenzaufbau. So ließe sich eine Reduktion des monetären Einkommens und der industriellen Produktion sozial auffangen, wenngleich nicht auf dem vorherigen materiellen Durchschnittsniveau. Deshalb ist dieser Übergang nicht ohne Suffizienzleistungen denkbar, auf die hier nicht näher eingegangen werden soll.

4.8.4 Angebotskonfiguration

Im Unterschied zum traditionellen Subsistenzbegriff sind die oben dargestellten Selbstversorgungspraktiken eng mit industrieller Produktion verzahnt. Insbesondere entkommerzialisierte Nutzungsdauerverlängerung und Nutzungsintensivierung können als nicht-industrielle, folglich kapitallose Verlängerung von Versorgungsketten aufgefasst werden. Dies erfolgt durch Hinzufügung marktfreier und eigenständig erbrachter Inputs. Im Unterschied zur traditionellen Ökonomik lässt sich die Güterversorgung (im Folgenden als v bezeichnet) als Verfügbarkeit von Service- und Nutzungseinheiten darstellen, die nicht nur von der industriellen Produktion abhängt, sondern auch vom Aktivitätsniveau der Subsistenz i. Dieses speist sich erstens aus der Intensität und Dauer, mit der ein gegebener Industriegüterbestand genutzt wird, und zweitens aus ergänzenden Leistungen an Selbstproduktion (etwa durch Gemeinschaftsgärten).

Dieser Subsistenzfaktor bzw. -output i lässt sich als Funktion der oben genannten Inputs auffassen, nämlich selbst aufzubringender Zeit t, handwerklicher Kompetenz h sowie sozialer Beziehungen zwecks Leistungstausch oder Arbeitsteilung s, also

$$i = w_{h,s}(t). \tag{4.1}$$

Diese Größe beschreibt die Ergiebigkeit oder Intensität, mit der die Industrieproduktion Y genutzt wird. Letztere wird wie in Gl. (3.1) geschrieben als

$$Y = F(K, L, E; t), \tag{4.2}$$

wobei $K = K(t)$ das eingesetzte Kapital, $L = L(t)$ den Arbeits- und $E = E(t)$ den Energieinput bezeichnet. Der materielle Wohlstand wird damit industrieunabhängiger, zumal er auf zwei Quellen beruht:

$$v = Y + i = F(K, L, E; t) + w_{h,s}(t). \tag{4.3}$$

Folglich verändert sich der Produktionsprozess: Die Industrieproduktion wird mit der sie ergänzenden Subsistenzproduktion verkoppelt. Produktion, Nutzung und Subsistenz – Letztere verstanden als Aktivitäten, die den Bestand an Objekten erhalten und aufwerten – ergänzen sich zu einem mehrkomponentigen Wertschöpfungsprozess. Prosumenten tragen eigenständig zur Bewahrung ihres Güterbestandes bei, reduzieren damit die Frequenz notwendiger Ersatzbeschaffungen und somit insgesamt den Bedarf an Industrieproduktion. Diese könnte auch als Wertschöpfungsvorstufe für daran anknüpfende Subsistenzaktivitäten aufgefasst werden.

Die Integration kreativer Subsistenzleistungen lässt ein kaskadenartiges Wertschöpfungsgefüge entstehen. Dieses erstreckt sich auf eine behutsame Nutzung, Pflege, Wartung, Instandhaltung, modulare Erneuerung sowie eigenständige Reparaturleistung. Danach erfolgen die Weiterverwendung demontierter Bestandteile sowie gegebenenfalls eine Anpassung an andere Verwendungszwecke. Letztere umfasst „Upcycling"-Praktiken, das Zusammenfügen von Einzelteilen mehrerer nicht mehr

funktionsfähiger Objekte zu einem brauchbaren Objekt. Die Verwahrung, Veräuße-
rung oder Abgabe demontierter Einzelteile an Sammelstellen und Reparaturwerkstät-
ten schließt daran an. Darüber hinaus besteht die Möglichkeit der Weitergabe noch
vollständig funktionsfähiger Güter an sog. „Verschenkmärkte" oder „Umsonstkauf-
häuser".

Diese Nutzungskaskade weist weitere Schnittstellen zu kommerzialisierten
Nutzungs- bzw. Produktionssystemen auf. Sowohl funktionsfähige Produkte als auch
demontierte Einzelteile oder Module lassen sich über den Secondhandeinzelhan-
del, Flohmärkte oder internetgestützte Intermediäre (eBay, Amazon Marketplace
etc.) veräußern. Instandhaltungs- und Reparaturmaßnahmen, durch die Prosumenten überfordert wären, können von professionellen Handwerksbetrieben übernom-
men werden. Diese wären Bestandteil der Regionalökonomie. Deren Rolle besteht
zusätzlich darin, produktive Leistungen des Industriesektors auf Basis tendenziell
weniger kapital- und energieintensiver Herstellungsmethoden und kürzerer Reichweiten der Wertschöpfungsketten zu substituieren.

Während der Industriesektor durch eine relativ hohe Energie- und Kapitalintensität gekennzeichnet ist, speist sich die Wertschöpfung des Subsistenzsektors
fast ausschließlich aus marktfreien Gütern. Mit Blick auf die gesamte Prozesskette
wird damit die durchschnittliche Energie- und Kapitalintensität pro Nutzeneinheit
gesenkt. Stattdessen steigt die Arbeitsintensität, womit gleichsam die Produktivität des Faktors Arbeit abnimmt – allerdings nur bezogen auf den gesamten Prozess, bestehend aus der Industrieproduktion und die daran anknüpfende (arbeitsin-
tensive) Subsistenzproduktion. Die höhere Arbeitsintensität muss deshalb nicht die
Industrieproduktion betreffen, welche weiterhin – jedoch mit verringerter Output-
quantität – durch spezialisierte und relativ kapitalintensive Herstellungsverfahren
gekennzeichnet sein kann. Sie folgt vielmehr aus einer handwerklichen Verlängerung und Intensivierung der Produktnutzung, so dass sich das im Industriesegment
eingesetzte Kapital auf ein ergiebigeres Quantum an Nutzungspotenzialen verteilt.
Vorausgesetzt, Nachfrager können also auf zweierlei Weise dazu beitragen, die abso-
lute Höhe des benötigten Kapitalstocks zu verringern, nämlich indem sie suffizient
genug sind, um sich an verfügbaren Nutzungsoptionen, statt am Gütereigentum zu
orientieren, und indem sie über Subsistenzbefähigungen verfügen, die sie einbringen
(Abb. 4.3).

Hinzu kommt eine substitutionale Beziehung zwischen beiden Sektoren. Sie stützt
sich darauf, dass eigenständige Produktion, etwa durch Gemeinschaftsgärten, handwerkliche oder künstlerische Herstellung zur unmittelbaren Substitution von Indus-
trieprodukten führt. Das Verhältnis zwischen Subsistenz und Regionalökonomie
kann ebenfalls sowohl komplementär, wie bereits oben skizziert, als auch substitutio-
nal geprägt sein. Dasselbe gilt für die Transformationsbeziehung zwischen industrieller und regionaler Wertschöpfung. Ein komplementäres Verhältnis entsteht dort, wo
regionale, handwerklich orientierte Betriebe über Reparatur- und Instandhaltungs-
services einen reduzierten Industrieoutput aufwerten. Zudem können Industriegüter
durch regionale Produktion graduell (zumindest stärker als momentan) substituiert
werden (Nahrung, Textilien, bestimmte Ver- und Gebrauchsgüter etc.).

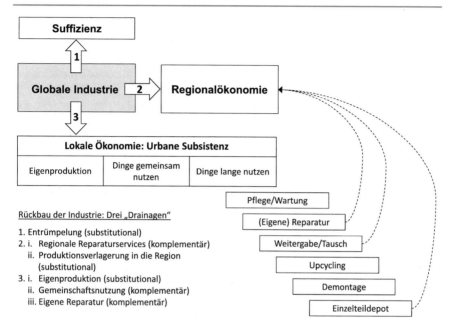

Abb. 4.3 Ansatzpunkte zur Reduktion des Industrieoutputs

4.8.5 Angepasste Werkzeuge zur Senkung der Kapitalintensität

Sowohl substitutionale als auch komplementäre Übergänge vom Industriesektor zur Subsistenz und Regionalökonomie lassen sich zusätzlich durch veränderte technologische Bedingungen weiter verstärken. Kohr [158] unterscheidet zwischen primitiven, mittleren und fortgeschrittenen Technologien, die jeweils mit einer entsprechenden Größe des relevanten sozialen Systems bzw. der Gesellschaft korrespondieren. Die von ihm favorisierten mittleren Technologien sind nicht nur weniger komplex, sondern vermeiden eine grenzen- und bedingungslose Maximierung der Arbeitsproduktivität. Ähnliches gilt für die von Illich [159] beschriebenen „konvivialen" Technologien. Demnach käme es nicht zu einer vollständigen Substitution körperlicher Arbeit durch externe Energiezufuhr und Kapitalinput. Angestrebt wird vielmehr eine Balance aus handwerklichen Verrichtungen und deren Verstärkung mittels maßvoller Energiezufuhr. Ebenso wie Kohr hebt auch Schumacher [141] den dezentralen Aspekt mittlerer Technologien hervor.

Eine möglichst geringe Kapitalintensität derartiger „Verstärker der menschlichen Kraft", wie Illich sich ausdrückt, kann bewirken, dass deren Verfügbarkeit nicht von hohen Investitionssummen abhängt. Somit wohnt mittleren bzw. konvivialen Technologien ein demokratischer und sozial nivellierender Grundcharakter inne. Ihre Verfügbarkeit setzt weder Reichtum noch Macht voraus. Schumacher verbindet damit den Wandel von der Massenproduktion hin zur „Produktion der Massen". Der damit implizierte Emanzipationsgedanke wurde kürzlich von Friebe und Ramge [156] mit dem Slogan „Marke Eigenbau: Der Aufstand der Massen gegen die Massenproduktion" aufgegriffen. Während Friebe und Ramge sich gegen die „Rückkehr zu einem vorindustriellen Handwerkeridyll" verwahren, erweist sich ein kurzer Rückblick auf diese Entwicklungsstufe durchaus als instruktiv.

Mumford [160] kennzeichnet Technologien, die vor der Industrialisierung genutzt wurden, folgendermaßen:

> Wenngleich sie langsam arbeiteten, besaßen Gewerbe und Landwirtschaft vor der Mechanisierung, gerade weil sie hauptsächlich auf manueller Arbeit beruhten, eine Freiheit und Flexibilität wie kein System, das auf eine Garnitur kostspieliger spezialisierter Maschinen angewiesen ist. Werkzeuge sind stets persönliches Eigentum gewesen, den Bedürfnissen des jeweiligen Arbeiters entsprechend ausgewählt und oft umgestaltet, wenn nicht eigens gemacht. Zum Unterschied von komplexen Maschinen sind sie billig, ersetzbar und leicht transportierbar, aber ohne Menschenkraft wertlos.

Ein weiteres Merkmal angepasster Technologien besteht in ihrer kürzeren räumlichen Reichweite, d. h. geringeren Distanzen zwischen Verbrauch und Produktion. Daraus ergibt sich nicht nur eine hohe Kompatibilität mit Ansätzen der Subsistenz und Regionalökonomie, sondern die Möglichkeit ihrer eigenständigen Gestaltung und Reparatur. Solchermaßen beschaffene Technologien sind flexibel, beherrschbar und autonom verwendbar. Auf dieser Grundlage sind daseinsmächtigere Versorgungs- und Existenzformen möglich. Sie schützen nicht nur vor Ausgrenzung und Manipulation, sondern gewährleisten Stabilität. Insoweit an die Stelle vereinheitlichender und zentraler Strukturen eine flexible „Polytechnik" [160, S. 487 ff.] tritt, ergibt sich eine Vielfalt an Werkzeugen. Diese trägt erstens zur Krisenfestigkeit (Resilienz) bei und hält zweitens eine reichere Variation an Entwicklungspfaden und möglichen Reaktionen auf Störgrößen offen.

Die verschiedenen Spielarten angepasster Technologien ermächtigen zu jenem Prosumententum, ohne das eine Postwachstumsökonomie kaum möglich erscheint. Zudem tragen sie – ergänzend zu dem in Abschn. 4.8.4 skizzierten Subsistenzeffekt – zu einer Senkung der Kapitalintensität bei, was nicht nur geringere Verwertungszwänge impliziert, sondern dazu verhilft, einen bestimmten Beschäftigungsstand ohne oder zumindest mit geringeren Wachstumsraten stabilisieren zu können. Ein weiteres Kriterium, die Abhängigkeit von (Experten-) Wissen betreffend, betont Illich [159, S. 91]: „Wie viel jemand selbsttätig lernen kann, hängt ganz maßgeblich von der Beschaffenheit seiner Werkzeuge ab: Je weniger konvivial sie sind, desto mehr Ausbildung erfordern sie." Angepasste Technologien würden demnach nicht nur von einer Monopolisierung unerlässlichen Wissens, sondern von den Zwängen und Ausgrenzungstendenzen der Wissensgesellschaft befreien. Ihr demokratischer Charakter, die finanziell voraussetzungslose Verfügbarkeit sowie ihre Individualisierbarkeit tragen dazu bei, den notwendigen Rückbau der Industrie sozial abzufedern.

4.8.6 Stoffliche Nullsummenspiele

Die in Abschn. 4.7 angesprochenen Rebound-Effekte resultieren nicht zuletzt aus einer unhinterfragten Innovationsorientierung des Nachhaltigkeitsdiskurses. Im Green Growth-Kontext wird zumeist ignoriert, dass die Innovation als ein spezifischer Modus der Veränderung weder neutral noch alternativlos ist. Innovationsprozesse haben per se expansiven Charater, weil sie dem Fundus vorhandener Möglichkeiten zusätzliche Optionen – auch wenn es sich isoliert betrachtet um vergleichsweise nachhaltigere Lösungen handelt – hinzuaddieren. Auch optimierte Güter- und Technikvarianten, die ökologisch effizient, kreislauffähig oder erneuerbar sein mögen, kommen nie gänzlich ohne Energie, Flächen und Mineralien aus. Werden sie dem aktuellen Güterbestand hinzugefügt, resultiert unweigerlich (materielles) Wachstum – eben weil zu viel Neues in die Welt gelangt und zu wenig Altes verschwindet.

Die Blickverengung darauf, Nachhaltigkeitsdefizite prinzipiell durch die Erschaffung neuer oder „besserer"Alternativen lösen zu wollen, beschwört neben Rebound-Effekten erhebliche Risikoprobleme herauf [139, S. 230 ff.]. Zudem existieren für viele ruinöse Praktiken schlicht keine funktional adäquaten Substitute. Eine Transformationsstrategie, die unter den Vorbehalt gestellt wird, für jedes nicht-nachhaltige Mobilitäts-, Konsum- oder Produktionsmuster einen gleichwertigen Ersatz zu schaffen, statt die Schadensursachen gegebenenfalls ersatzlos zu tilgen, läuft auf das bekannte Scheitern der ökologischen Modernisierung hinaus. Aus wachstumskritischer Sicht ist Nachhaltigkeit weniger ein Unterfangen des zusätzlichen Bewirkens als des gezielten Unterlassens. Folglich bedarf das chronisch expansive Innovationsprinzip einer Ergänzung um kontraktive Gestaltungsformen, die als „Exnovation" [139, S. 259 ff., 303 ff.] bezeichnet werden, um den Zugang und Abgang von Elementen des Möglichkeitenraums als gleichberechtigte Optionen zu behandeln.

Während Innovationsprozesse an der Frage „Wie kommt das Neue in die Welt?" orientiert sind, ist das Exnovationsprinzip komplementär dazu an der Herausforderung „Wie kommt das Alte, ehemals Innovative, inzwischen aber zum Problem gediehene, wieder schadlos aus der Welt?" ausgerichtet. Beispiele für Exnovationsprozesse sind die Beendigung der Herstellung von asbesthaltigen Eternitprodukten oder FCKW-basierten Kühlgeräten.

Jenseits von Ausdehnung und Kontraktion verinnerlicht die Renovation als drittes Gestaltungsprinzip Veränderungen innerhalb eines gegebenen Optionsraums. Anstatt den Güterbestand zu vergrößern oder zu verkleinern, werden die vorhandenen Objekte durch Aufarbeitung, Instandhaltung, Reparatur, funktionale Erweiterung aufgewertet und durch Konsumgüterrezyklierung [139, S. 455], insbesondere effiziente Formen des Second-Hand-Handels mit zusätzlichen Nutzungspotenzialen versehen. Ergänzend zur Subsistenz tragen professionelle Renovationsstrategien dazu bei, aus vorhandenen Gütern und Infrastrukturen vermehrten Nutzen zu extrahieren, indem diese funktional und ästhetisch an gegenwärtige Bedürfnisse angepasst werden (Abb. 4.4).

Aus dem Zusammenspiel dieser drei Prinzipien (auf die Imitation soll hier nicht eingegangen werden) lassen sich unternehmerische Strategien formen, durch die

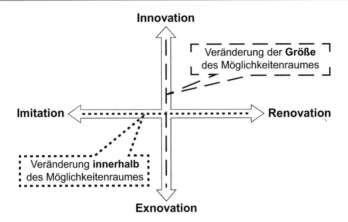

Abb. 4.4 Unterschiedliche Veränderungsmodi

das Industriessystem nicht nur auf ein ökologisch übertragbares Maß zurückgebaut, sondern produktionsseitig so umgestaltet werden kann, dass materielle Fluss- und Bestandsgrößen auf einem konstanten Niveau verbleiben. Der Fokus läge auf einer Bestandspflege in jenen Bereichen, mit denen Prosumenten (vgl. Abschn. 4.8.3) überfordert wären. Die Neuproduktion ließe sich minimieren, wenn sie auf den Ersatz jener Objekte beschränkt würde, die trotz Nutzungsdaueroptimierung nicht zu erhalten sind. Daly [161] bezeichnet einen solchen Zustand als *steady state economy*.

Verbunden damit ist das Konzept sogenannter „stofflicher Nullsummenspiele" [139, S. 455]. Diese verkörpern die physisch-materielle Dimension einer wachstumsneutralen Güterversorgung. Dabei werden zusätzliche Stoffströme oder die Addition von materiellen Bestandsgrößen nur als letztes, möglichst zu vermeidendes bzw. zu minimierendes Mittel betrachtet. Wo dies notwendig ist, sollten sich additive und reduktive Maßnahmen derart ausgleichen, dass jegliche Produktion nur dazu dient, einen konstanten Bestand an materiellen Artefakten zu erhalten, aber eben nicht auszudehnen. Dies umfasst zwei Perspektiven:

- Um das Ausmaß an Materie- und Energieflüssen weitgehend konstant zu halten, werden dem Fundus bereits produzierter Objekte und okkupierter Areale neue Verwendungsmöglichkeiten abgerungen. Hierzu zählen nicht nur Nutzungssysteme zur produktionslosen Befriedigung von Bedarfen, sondern auch Dienstleistungen, die zur Aufwertung, Umnutzung, Rekombination, Konversion oder Nutzungsoptimierung der vorhandenen Konsum- und Produktionshardware dienen. Wachstumsneutrale Veränderungen konzentrieren sich auf eine behutsame Umgestaltung des ohnehin in Anspruch genommenen ökologischen Raumes, statt neue materielle Artefakte in die Welt zu setzen. Demnach wäre beispielsweise die energetische Sanierung eines alten Hauses dem Neubau eines auch noch so raffinierten Passivhauses vorzuziehen.

- Sollte es doch zur Addition materieller Objekte und einer zusätzlichen Inanspruchnahme ökologischer Kapazitäten kommen, muss dies mit einer kompensierenden Subtraktion andernorts einhergehen. So müsste etwa jede weitere Flächenversiegelung mit einer kompensatorischen Entsiegelung einhergehen. Ähnliches gilt für den Ersatz eines Objektes, das nicht mehr verwendbar ist. Der reine Austausch am Ende einer nicht mehr (sinnvoll) zu verlängernden Lebensdauer erhöht nicht den Bestand, sondern erhält ihn lediglich. Im Übrigen kann der Ersatz in einer effizienteren oder konsistenteren Lösung bestehen.

Wenn der Ansatz des materiellen Nullsummenspiels mit den drei Veränderungsmodi und unterschiedlichen Gestaltungsebenen (Produkt, Prozess, Dienstleistung, Nutzungssystem, Organisation, Institution) kombiniert wird, ergibt sich ein vierstufiger Suchkorridor:

1. Direkte Verbindung zwischen Innovation und Exnovation. Beispiel: Produktinnovationen gewähren ein hohes Maß an Wachstumsneutralität, wenn sie keine neuen Konsumbedarfe generieren, sondern die bisherigen effizienter oder konsistenter erfüllen, sodass weder eine Motivation zum vorzeitigen Ausrangieren noch zur Parallelanschaffung geweckt wird. Es kommt lediglich zum Ersatz von Produkten, deren Nutzungsdauer mittels aller dazu verfügbaren und sinnvollen Potenziale nicht mehr zu verlängern ist.
2. Direkte Verbindung zwischen Innovation und Renovation. Beispiel: Dämmstoffe aus nachwachsenden Rohstoffen (Produktinnovation) können zur Wärmedämmung alter Gebäude (Produktrenovation) eingesetzt werden.
3. Indirekte Verbindung zwischen Innovation und Renovation. Beispiel: Bestimmte Dienstleistungsinnovationen wie etwa die Instandhaltung, Aufarbeitung oder Reparatur können zur Erhöhung der Nutzungsdauer oder -intensität des vorhandenen Produktbestandes (Produktrenovation) beitragen. Institutionelle Innovationen wie etwa die Einrichtung wirkungsvoller Intermediäre für den Gebrauchtgüterhandel können ebenso die Renovation von Konsumobjekten ermöglichen.
4. Indirekte Verbindung zwischen Innovation und Exnovation. Beispiel: Ansätze des Carsharings als System- und Dienstleistungsinnovation können bewirken, dass bisherige Besitzer eines Autos nach dessen Ausrangieren kein neues Fahrzeug anschaffen (Produktexnovation), sondern stattdessen Mobilitätsdienstleistungen nachfragen.

Diese gekoppelten Strategien werden in Abb. 4.5 illustriert. Mit direkter Verbindung zweier Veränderungsprinzipien ist gemeint, dass diese auf derselben Gestaltungsebene ansetzen, etwa wenn sich eine *Produkt*innovation und eine *Produkt*exnovation materiell aufheben. Hingegen besteht eine indirekte Verbindung zweier Veränderungsmodi darin, dass sie auf unterschiedlichen Gestaltungsebenen ansetzen. Eine indirekte Kopplung zwischen Innovation und Exnovation könnte z. B. bedeuten, dass eine *Dienstleistung*sinnovation materielle Objekte ersetzt, also mit einer

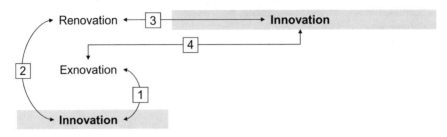

Abb. 4.5 Gekoppelte Innovationsstrategien

*Produkt*exnovation verbunden ist. Mittels obiger Innovationsstrategien lassen sich unternehmerische Suchprozesse strukturieren.

Eine Vermeidung wirtschaftlichen Wachstums legt eine priorisierende Rangfolge der vier Suchfelder nahe. Demnach wäre für einen bestimmten Bedarf zunächst nach Lösungen zu suchen, die nicht auf materiellen Objekten, sondern auf Dienstleistungen beruhen (Option 4). Wenn eigentumsersetzende Services in dem betreffenden Bedarfsfeld nicht anschlussfähig an marktliche oder kulturelle Bedingungen sind, könnten Lösungen dieser Art das Gestaltungspotenzial des Unternehmens überfordern. Dann wäre im nächsten Handlungfeld nach Möglichkeiten, die das Produkteigentum einschließen, zu suchen (Option 3). Dabei würde es sich um Dienstleistungen handeln, die den materiellen Bestand erhalten, die also den daraus zu schöpfenden Nutzenstrom verlängern oder intensivieren. Falls auch dieses Suchfeld keine geeigneten Alternativen preisgibt, kommen Produktinnovationen in Betracht, und zwar zunächst als geringfügige Ergänzung eines vorhandenen Objektes zwecks Aufwertung oder Effizienzverbesserung (Option 2). Erst als letzte Strategie kommt eine konventionelle Produktinnovation zur Anwendung, jedoch gekoppelt an eine Exnovation, die nach Ausschöpfung aller Möglichkeiten einer Nutzungsdauerverlängerung eintritt (Option 1).

4.8.7 Wachstumsneutrale Geschäftsfelder

Aus den vorangegangenen Ausführungen lässt sich schlussfolgern, wie Unternehmen zu einer Postwachstumsökonomie beitragen können:

- Verkürzung von Wertschöpfungsketten und Stärkung kreativer Subsistenz.
- Maßnahmen, die eine Reduktion und Umverteilung von Arbeitszeit erleichtern, speisen den Subsistenzinput „eigene Zeit".
- Lokale und regionale Beschaffung, um *supply chains* zu entflechten.
- Unterstützung von und Teilnahme an Regionalwährungssystemen.

- Direkt- und Regionalvermarktung.
- Entwicklung modularer, reparabler, an Wiederverwertbarkeit sowie physischer und ästhetischer Langlebigkeit orientierter Produktdesigns, um urbane Subsistenzleistungen zu erleichtern, Abkehr von „geplanter Obsoleszenz".
- Prosumentenmanagement: Unternehmen könnten über die Herstellung von Produkten und Dienstleistungen hinaus Kurse oder Schulungen anbieten, um Nutzer zu befähigen, Produkte selbsttätig instandzuhalten, zu warten und zu reparieren.

Unternehmen, die ihre Geschäftsfelder und Wertschöpfungsprozesse an stofflichen Nullsummenspielen orientieren, wären u. a. erkennbar als

- Instandhalter, die durch Maßnahmen des Erhalts, der Wartung, der vorbeugenden Verschleißminderung und Beratung die Lebensdauer und Funktionsfähigkeit eines möglichst nicht expandierenden Hardwarebestandes sichern,
- Reparaturdienstleister, die defekte Güter davor bewahren, vorzeitig ausrangiert zu werden,
- Renovierer, die aus vorhandenen Gütern weiteren Nutzen extrahieren, indem sie diese funktional und ästhetisch an gegenwärtige Bedürfnisse anpassen,
- Umgestalter, die vorhandene Infrastrukturen und Hardware rekombinieren, konvertieren oder dergestalt umwidmen, dass ihnen neue Nutzungsmöglichkeiten entspringen,
- Provider von Dienstleistungen, die in geeigneten Situationen bislang eigentumsgebundene Konsumformen durch Services substituieren,
- Intermediäre, die durch eine Senkung der Transaktionskosten des Gebrauchtgüterhandels dafür sorgen, dass Konsum- und Investitionsgüter möglichst lange im Kreislauf einer effizienten Verwendung belassen werden, und schließlich,
- Designer, die das zukünftig geringere Quantum an neu produzierten materiellen Objekten auf Dauerhaftigkeit und Multifunktionalität ausrichten sowie
- Kompetenzvermittler, die durch Schulungen, praktische Kurse und die Bereitstellung von Werkstätten dazu beitragen, dass aus Konsumenten Prosumenten werden.

Daran anknüpfend ließe sich die Dogmenhistorie des Unternehmertums aus einem anderen Blickwinkel rekonstruieren und postwachstumskompatibel fortschreiben: Als Menschen begannen, urbanisiert zu leben, wurde es notwendig, eine nicht mehr allein durch Subsistenz zu gewährleistende Versorgung sicherzustellen, nämlich durch Organisationsformen, welche die Vorteile der Arbeitsteilung nutzen. Dies läutete die erste Phase des Unternehmertums ein. Die Generierung materieller Überschüsse, begleitet von und basierend auf spezialisierter Arbeit, Ressourcenbündelung, Markttausch, Geld, Konsumkulturen, technischen sowie institutionellen Innovationen, kulminierte in einer Sequenz industrieller Revolutionen.

Eine zweite Entwicklungsstufe des Unternehmertums ließe sich mit einem Akzent auf Dienstleistungen, Erlebnissen und Symbolen assoziieren, freilich ohne die parallel weiter existierende materielle Sphäre zurückzudrängen, sondern im Gegenteil

sogar zu beflügeln. Als nächste, längst noch nicht ausgereifte Phase wäre eine Ökonomie der Bestandspflege und -aufwertung denkbar. Unternehmen würden demnach
kaum noch Neues produzieren, sondern den Fundus an längst vorhandenen Güterbeständen erhalten, reparieren und veredeln, um ihm auf kreative Weise neue Nutzungspotenziale abzuringen.

Schließlich könnte sich als vierter Entwicklungsschritt eine Rückkehr zur Subsistenz anbahnen, wenngleich mit modernem Antlitz. Nachdem Unternehmen stets die
Ausbreitung von Konsumkulturen vorangetrieben haben, könnten sie dazu übergehen, nicht nur die physische Güterherstellung durch Dienstleistungen und Instandhaltung zu substituieren, sondern darüber hinaus Selbstversorgungspraktiken zu unterstützen. Unternehmen, die Konsumenten ertüchtigen, Prosumenten zu werden, verhelfen diesen nicht nur dazu, einen ökologisch übertragbaren Versorgungsstil zu
praktizieren, sondern mehr ökonomische Autonomie zu erlangen.

Angenommen, im Kauf eines Computers wäre die Inanspruchnahme eines Prosumentenlehrgangs inbegriffen, so dass Käufern nötige Grundkenntnisse und Fertigkeiten vermittelt werden, um eigenständig Module zu erneuern oder mögliche
Sollbruchstellen zu reparieren, die trotz eines langlebigen Designs verbleiben. Dann
könnte die durchschnittliche Nutzungsdauer eigenständig und manuell verdoppelt
oder verdreifacht und so der Neuanschaffungsbedarf halbiert bzw. gedrittelt werden.
Derartige Neukompositionen unternehmerischer Leistungen – weniger Produktion,
mehr Prosumentenertüchtigung – senken die Abhängigkeit von monetärem Einkommen und ließen sich auf Textilien, Haushaltsgeräte, Möbel, Werkzeuge, Fahrzeuge,
Nahrungsmittel etc. übertragen.

Dies mag wie eine „paradoxe Betriebswirtschaft" erscheinen, zumal sich Unternehmen durch ein solches Prosumentenmanagement graduell entbehrlich machen
könnten, weil sie Nachfrager in die – wohlgemerkt teilweise – Unabhängigkeit von
Konsumhandlungen entlassen. Aber spätestens wenn die nächsten Ressourcen- oder
Finanzkrisen das moderne Märchen vom immerwährenden Wohlstandswachstum
als historischen Irrtum entlarven, werden jene Unternehmen konkurrenzfähig sein,
die ihren Nachfragern dazu verhelfen, mit geringeren Konsumausgaben würdevoll
überleben zu können.

4.9 Fazit

Der Nachhaltigkeitsdiskurs hat zu lange die Erkenntnisse der Thermodynamik ignoriert. Das bekannte, oft von neoliberalen Protagonisten missbrauchte Bonmot „there
is no free lunch" findet in der materiellen Dimension eben doch seine Bestätigung. Die Arbeiten von Georgescu-Roegen [232] und Kümmel [2] untermauern
diese Erkenntnis. Thermodynamik weist über die Physik hinaus; sie unterstützt eine
Philosophie des materiellen Nullsummenspiels und erschüttert damit den modernistischen Fortschrittsglauben. Daraus leiten sich nicht nur ökonomische Regeln ab,
die auf Beschränkung und Mäßigung beruhen, sondern die Erkenntnis, dass nachhaltige Entwicklung keine Kunst des zusätzlichen Bewirkens im Sinne eines grünen

Wachstums, sondern nur ein Unterfangen des kreativen Unterlassens und der Bewahrung sein kann.

Indem dieser – selbstredend unbequeme und politisch wenig opportune – Sachverhalt verdrängt wurde, ließen sich Wohlstandsvorbehalte und grüne Genuss-ohne-Reue-Versprechungen auftürmen, die zwar das geneigte Publikum milde stimmen, aber einem materiell ungedeckten Scheck entsprechen. Die in der tradierten Ökonomik noch immer dominante Vorstellung, wonach (vermeintliche) Erfolge der Industriegesellschaft, die auch von den Entwicklungs- und Schwellenländern angestrebt werden, auf Produktivitäts- und Effizienzsteigerungen beruhen würden, deren Nebenwirkungen innerhalb der Biosphäre unseres Planeten tolerierbar seien, muss als Verblendungszusammenhang zurückgewiesen werden. Folglich ist es an der Zeit, die von der Thermodynamik gestellte Herausforderung endlich zu akzeptieren und in einen adäquaten Ökonomieentwurf zu übersetzen. Genau dies wird mit dem hier auszugsweise vorgestellten Konzept der Postwachstumsökonomie intendiert. Eine nachhaltige Entwicklung, die diesen Namen verdient, kann nur darin bestehen, Anspruchsreduktionen und Selbstbeschränkung zu befördern.

Länder im Umbruch

5

Reiner Kümmel

In den Industriegesellschaften beschleunigen Energie und Kreativität den technischen Fortschritt und bewirken Umbrüche. Das betrifft auch die Länder, die sich aus den agrarischen Produktionsweisen und Gesellschaftsstrukturen schwerer lösen konnten als die heutzutage hoch industrialisierten Länder.

Während die Kap. 1–4 und 6 physikalische Grundlagen und ökonomische Theorien des Wirtschaftens in Vergangenheit, Gegenwart und Zukunft beschreiben, sind die Auswirkungen von Wertentscheidungen Gegenstand dieses 5. Kapitels.

Wertentscheidungen können sowohl positive als auch negative Konsequenzen haben. Gemäß dem in Abb. 3.4 skizzierten Modell des Wirtschaftswachstums sind sie eine Komponente des Faktors Kreativität. Die für die empirische Überprüfung des Modells wichtigen konjunkturellen Einbrüche und Erholungen nach den beiden Ölpreisschocks sowie der Lehman-Brothers-Pleite waren Folgen von Wertentscheidungen: für Krieg und Frieden sowie für hemmungslose Spekulation und wirtschaftspolitische Reaktionen.

Wie die beiden anderen Komponenten der Kreativität, Ideen und Erfindungen, im Zuge der Industrialisierung dem Kapitalstock neue Maschinen hinzugefügt und seine Effizienz verbessert haben, wurde in den Kap. 1–3 geschildert. Der Anhang A.4.2 beschreibt mathematisch den Endzustand von Industrie 4.0. In ihm würde dank Mikro- und Nanostrukturierung des 1947 von *Bardeen, Brattain* und *Shockley* erfundenen Transistors die Produktion von Waren und Dienstleistungen gemäß dem in Abschn. 3.3.1 formulierten Evolutionsprinzip der Produktionsfaktoren total automatisiert erfolgen. Zudem erleben wir, wie die durch den Transistor ermöglichten Fortschritte in der Informationsverarbeitung den Auf- und Ausbau des Internets sowie die Miniaturisierung der Telekommunikation durch Smartphones vorangetrieben haben, und wie diese die Informationsflüsse um den Erdball und die Migrationsströme anschwellen lassen. Letzteres, und wie Wertentscheidungen Qualität und Quantität der Faktoren Kapital, Arbeit und Energie beeinflussen können, z. B. durch Veränderungen der Struktur der Energieversorgung und des Bildungsniveaus in der Wohnbevölkerung eines Landes, wird im Weiteren angesprochen; ebenso politische Entscheidungen und ihre wirtschaftlichen Konsequenzen. Dabei berichte ich in

© Springer-Verlag GmbH Deutschland, ein Teil von Springer Nature 2018
R. Kümmel et al., *Energie, Entropie, Kreativität*,
https://doi.org/10.1007/978-3-662-57858-2_5

diesem teils subjektiv geprägten Kapitel persönliche Erfahrungen nach bestem Wissen und Gewissen. Gleiches gilt für Informationen aus den öffentlich-rechtlichen Medien und der Presse.

Zuerst schauen wir auf Deutschland, dessen Aufstieg aus Ruinen zum wirtschaftlich mächtigsten Mitglied der Europäischen Union ich miterlebt habe. Es hat jetzt zu kämpfen mit dem Konflikt zwischen Ökonomie und Ökologie und der wachsenden Kluft zwischen Arm und Reich im nationalen wie auch internationalen Rahmen. Dann blicken wir nach Kolumbien, dem ich verbunden bin durch bewegende Begegnungen mit seinen Menschen, dem Wohlklang ihrer Sprache und der Schönheit seiner Natur. Seine Industrialisierung ist im Feudalismus stecken geblieben, und die seit Kolonialzeiten riesige Kluft zwischen Arm und Reich hat dieses Land in den längsten aller Bürgerkriege Lateinamerikas getrieben.

Ich hoffe, dass bei der Betrachtung dieser beiden höchst unterschiedlichen Länder aus einem Blickwinkel, der auch die leidvollen Begebenheiten in ihrer Geschichte nicht außer Acht lässt, die Notwendigkeit von Industrialisierung unter wohlbedachten Reformen ihres immer komplexeren Fortschreitens jenseits aller Theorie empirisch erkennbar wird.[1]

Für die Betrachtung Kolumbiens gibt es neben dem schon genannten emotionalen auch einen wissenschaftlichen Grund. Nie hätte ich mich mit Thermodynamik und Ökonomie beschäftigt, wenn meine kolumbianischen Kollegen im Departamento de Física der Universidad del Valle in Cali mir nicht geholfen hätten, die Thermodynamik zum ersten Male richtig zu verstehen. Denn sie hatten mir die Aufgabe zugewiesen, dieses mir bis dahin als langweilig und physikalisch schwer durchschaubar erscheinende Gebiet als Erstes im aufzubauenden Masterprogramm in Physik zu unterrichten und mir als Grundlage F. Reifs ausgezeichnetes Buch *Fundamentals of statistical and thermal physics* [162] empfohlen.

Nachdem ich Entropie verstanden und der Club of Rome *Die Grenzen des Wachstums* [95] publiziert hatte, war mir klar, dass eine Industrialisierung aller Entwicklungsländer auf dem bisher von den Industrieländern beschrittenen Weg die natürlichen Lebensgrundlagen der Erde in unerträglicher Weise beeinträchtigen wird. Und das Masterprogramm in Physik war selbstverständlich als ein Beitrag zur Schaffung der Grundlagen für die Industrialisierung Kolumbiens gedacht. Seitdem beunruhigen mich die Beschränkungen, die der globalen Wirtschaftsentwicklung von den Gesetzen der Thermodynamik auferlegt werden.

Diese Beunruhigung hat mich in die Beschäftigung mit der Ökonomie und ihren gesellschaftlichen Problemen geführt. Zu diesen gehören schon immer die Ursachen von Arm und Reich und die davon ausgehenden sozialen Spannungen bis hin zu bewaffneten Konflikten. Hinzugetreten sind seit den 1970er-Jahren die Konflikte

---

[1] Vielleicht könnte in kolumbianischen Reformen Niko Paechs „paradoxe Betriebswirtschaft" des Abschn. 4.8.7 der Jugend und den demobilisierten Guerrillakämpfern Kolumbiens eine Existenzgrundlage neuer Art schaffen. Und wollte man ökonometrische Analysen des Wirtschaftswachstums auch für Entwicklungsländer wie Kolumbien durchführen, könnte die in Gl. (A.47) angegebene Produktionsfunktion nützlich sein. Die Erhebung zuverlässiger empirischer Daten dürfte allerdings schwieriger sein als in hoch industrialisierten Ländern.

zwischen Wirtschaftswachstum und Umweltschutz. Konflikte sind komplex. Ohne Beachtung der mit ihnen verbundenen gesellschaftlichen und politischen Fakten kann man sie nicht verstehen, und ihre Würdigung erfordert Formulierungen, die auch die emotionalen Aspekte von Konflikten deutlich machen. Das unterscheidet dieses Kapitel in Form und Inhalt von den anderen Teilen des Buches.

5.1 Deutschland

Und es mag am deutschen Wesen einmal noch die Welt genesen.
Emanuel Geibel, 1815–1884

LUST AUF DEUTSCHLAND
Warum uns die Welt um unsere Wirtschaft, unsere Kultur und unsere politische Stabilität beneidet. Und um den Fußball sowieso.
Titelschlagzeile von „Bild, 22. Juni 2017"

In Europa setze ich auf Deutschland. Sie sind dort die wichtigste philosophische Nation …Ja, es gab eine tragische Periode im Leben Deutschlands. Aber seither ist schon die dritte Generation herangewachsen, die nichts mit dem Nationalsozialismus zu tun hat. Wie sollten sie nicht stolz sein auf ihr Land?
Andrej Kontschalowski, russischer Regisseur („Paradies"), im Interview mit dem SPIEGEL 30, 2017, S. 130

Der Dreißigjährige Krieg von 1618 bis 1648 verwüstete Deutschland und hinterließ ein politisch instabiles Gebilde in der Mitte Europas.

Hundert Jahre lang waren mit dem Zerfall der religiösen Einheit des „Heiligen Römischen Reiches Deutscher Nation" als Folge der im Jahr 1517 einsetzenden Reformation die Spannungen zwischen den deutschen Fürsten in einer verhängnisvollen Verkettung konfessioneller und machtpolitischer Interessen gewachsen. Gelegentliche Entladungen in lokalen militärischen Konflikten bauten sie nicht ab, im Gegenteil. Die an sich kleine Revolte des Prager Fenstersturzes löste dann die große Katastrophe aus, in der die Söldnerheere der verfeindeten deutschen Fürsten und der mit ihnen verbündeten Spanier, Franzosen, Dänen und Schweden Zentraleuropa verheerten. In dem kulturellen und wirtschaftlichen Zusammenbruch des Dreißigjährigen Krieges verlor Deutschland etwa 40 % seiner Bevölkerung und des Volksvermögens. Es zerfiel in mehr als 300 Staaten, regiert von absoluten Monarchen und Bischöfen, die oft verschwenderisch und bisweilen lächerlich den französischen „Sonnenkönig" Ludwig XIV. zu imitieren versuchten. Der deutsche Übergang von der feudalen Agrarwirtschaft zur industriellen, bürgerlich-kapitalistischen Marktwirtschaft fiel weit hinter dem englischen zurück. Feudale Strukturen überlebten in Deutschland bis ins frühe 20. Jahrhundert. Als die Deutschen mit ihrer gebrochenen nationalen Identität schließlich ihre ökonomischen und wissenschaftlichen Unternehmungen organisatorisch in der deutschen Zollunion von

1830 und im 1871 gegründeten, preußisch dominierten Kaiserreich durchaus erfolgreich zusammenfassten und in der industriellen Expansion zwar verspätet, doch kraftvoll zu ihren Nachbarn aufschlossen, zeigten sie das typische Verhalten unsicherer Nachzügler, das Winston Churchill (1874–1965) zu der Bemerkung veranlasste: „The Germans are either at your feet or at your throat."

Angekommen im 21. Jahrhundert als passable Demokratie und fast normales Land innerhalb der Europäischen Union versucht sich Deutschland nunmehr als Vorreiter in Sachen Klimaschutz und Mitmenschlichkeit. Die Absicht, nach den Naziverbrechen Gutes in der Welt zu wirken, spielt dabei durchaus eine Rolle. Doch das schafft technische und soziale Probleme, die auch die Europäische Union beeinflussen. Angesprochen werden sie nicht aus irgendwelchen parteipolitischen Gründen, sondern wegen der Gefahr, dass sich Deutschland im derzeitigen, durch Thermodynamik und Ökonomie geprägten Umbruch wieder übernimmt.

5.1.1 Energiewende

Der Beschluss zum Ausstieg aus der Atomenergie hier in Deutschland war richtig. …Wir haben jetzt die Chance, der Welt zu zeigen, dass ein hoch industrialisiertes Land in der Lage ist, seine Wirtschaft auf eine Energieform umzustellen, die sich mit der Bewahrung der Natur vereinbaren lässt.
Landesbischof Heinrich Bedford-Strohm, 2012 [163]

Die Energiewende ist nichts anderes als eine Operation am offenen Herzen der Volkswirtschaft.
Bundesumweltminister Peter Altmaier, 2012 [164]

Wahrnehmung und Einschätzung der Kernenergierisiken haben sich in Deutschland seit den frühen 1970er-Jahren sehr gewandelt.[2] Damals hatte die Politik unter großer Zustimmung der Bevölkerung die zögerlichen, teils im Besitz der öffentlichen Hand befindlichen Energieversorgungsunternehmen gedrängt, Kernreaktoren zur Erzeugung elektrischer Energie einzusetzen. Wiederum mit großer Zustimmung der Bevölkerung beschloss die deutsche Bundesregierung nach dem 11. März 2011, unter dem Eindruck der Fukushima-Katastrophe und unter Rückgängigmachung der 2010 von ihr eingeführten Laufzeitverlängerungen der Kernkraftwerke, acht Atommeiler sofort und die verbleibenden neun deutschen Kernspaltungsreaktoren bis zum Jahre 2022 für immer abzuschalten. Was sich Deutschland damit vorgenommen hat, beschrieb 2012 die Bundeskanzlerin mit den Worten:

Eine wirtschaftliche, umweltschonende und zuverlässige Energieversorgung, das ist eine Aufgabe, die zu den größten Herausforderungen des 21. Jahrhunderts zählt. Für die Bundesregierung steht außer Frage: Wir wollen unser Land bei wettbewerbsfähigen Energiepreisen

---

[2]Die Passagen bis einschließlich *Risiko eines GAU in deutschen Kernkraftwerken,* stützen sich auf [165].

und hohem Wohlstandsniveau zu einer der effizientesten Volkswirtschaften der Welt entwickeln und das Zeitalter der erneuerbaren Energien schneller als ursprünglich geplant erreichen [166].

Diese Herausforderung zu meistern wird dadurch erschwert, dass in den wohlhabenden Industrieländern, und ganz besonders in Deutschland, die Risiken und Nebenwirkungen einer Energiequelle umso intensiver wahrgenommen und als nicht akzeptabel eingestuft werden, je stärker diese Quelle zur Deckung des Energiebedarfs beiträgt. Die Kernenergie ist dafür ein Beispiel, dem im Zuge der deutschen Energiewende die Windenergie zu folgen scheint: Zahlreiche Kernenergiegegner protestieren nunmehr heftig gegen die „das Landschaftsbild verschandelnden" Windräder und die Stromleitungen, die Windstrom aus dem windreichen Norden in den windärmeren Süden Deutschlands transportieren sollen, wo die meisten der verbliebenen Kernkraftwerke ihrer Abschaltung harren. Für Schlagzeilen sorgte am 2. Januar 2018 die dpa-Meldung, dass der Netzbetreiber Tennet in 2017 wegen fehlender Leitungen für Windstrom fast eine Milliarde Euro für Noteingriffe zur Stabilisierung des Stromnetzes zahlen musste. Diese Kosten werden über den Strompreis auf die Verbraucher umgelegt. Offenbar spielen für die Protestierer weder die steigenden Stromkosten eine Rolle, noch die Tatsache, dass Windkraftanlagen mit den geringsten Lebenszyklus-CO_2-Emissionen aller erneuerbaren Energien belastet sind, wie Tab. 1.2 zeigt, und dass sie gemäß Tab. 2.6 mit 12,1 % am meisten zur Elektrizitätsgewinnung aus erneuerbaren Energien in 2016 beigetragen haben.

Fukushima

Eines der schwersten Erdbeben in der Geschichte Japans und der dadurch verursachte Tsunami mit Wellenhöhen zwischen 13 und 15 Metern zerstörten am 11. März 2011 vier Reaktorblöcke des Kernkraftwerks (KKW) Fukushima 1. In den Blöcken 1, 2 und 3 kam es wegen des Ausfalls der Kühlsysteme zum Schmelzen der metallischen Brennelemente im Reaktorkern (Kernschmelze). Reaktor 4 war wegen Wartungsarbeiten abgeschaltet. Seine sehr viel Nachwärme entwickelnden Brennelemente lagerten im Abklingbecken im Inneren des Reaktorgebäudes. Auch dessen Kühlung fiel aus. Das Wasser im Abklingbecken erhitzte sich. Am 15. März 2011 explodierte Block 4, wohl aufgrund von Wasserstofffreisetzung und Zündung des mit Sauerstoff gebildeten Knallgases. Insgesamt verursachte die Zerstörung der Blöcke 1 bis 4 etwa 10 bis 20 % der radioaktiven Emissionen des Tschernobyl-Unfalls.

Die Kraftwerksblöcke von Fukushima 1 wurden zwischen 1970 und 1978 auf dem japanischen Küstenteil des pazifischen Feuerrings nach Konstruktionsplänen für Siedewasserreaktoren errichtet, die die Firma General Electric primär für die KKW entwickelt hatte, die in den 1960er-Jahren in den USA in Betrieb gegangen waren. Störfälle in drei japanischen Kernkraftwerken durch Erdbeben zeigten schon in den Jahren 2005 und 2007, dass bei der Auslegung der Reaktoren, insbesondere derer aus den 1970er-Jahren, die in Japan möglichen Erdbebenstärken nicht einkalkuliert worden waren. Doch man nahm das in Kauf. Gleiches gilt für die Tsunami-Risiken. Japanische klassische Gemälde sowie Filme aus dem 20. Jahrhundert zeigen Tsunami-Wellen, die sich höher als 20 m aufsteilen. Für den meerseitigen Teil des Fukushima-1-Geländes existierte jedoch nur eine 5,70 m hohe Schutzmauer, und vorgeschrieben waren lediglich 3,12 m. Die 10 m über dem Meeresspiegel gelegenen Reaktorblöcke 1 bis 4 wurden bis zu 5 m tief überschwemmt. Die Notstromgeneratoren im Untergeschoss der Turbinengebäude lagen nur wenige Meter über dem Meeresspiegel und waren unzureichend vor Überflutung geschützt. So zerstörte das Erdbeben die Verbindung der Reaktorblöcke zum Stromnetz, und der Tsunami legte die Notstromgeneratoren lahm. Trotz Schnellabschaltung der Blöcke 1 bis 3 konnte die Nachwärme der Brennelemente mangels Kühlung nicht mehr abgeführt werden, und es kam zur Katastrophe [167, 168].

Restrisiko
Nach der Unfallserie in Fukushima 1 nannte die deutsche Bundesregierung das unterschätze Restrisiko der Kernenergie als Begründung für die Rücknahme der zuvor beschlossenen KKW-Laufzeitverlängerungen und den Beschluss zum vollständigen Ausstieg aus der Kernspaltungsenergie. Vor der Bundestagswahl 2009 hatten Union und FDP keinen Zweifel an ihrer Absicht gelassen, den rot-grünen Atomkonsens aus dem Jahr 2002, der eine Befristung der Regellaufzeiten der KKW auf 32 Jahre seit Inbetriebnahme vorgesehen hatte, durch die Laufzeitverlängerungen[3] zu ersetzen. Die Wähler hatten sie dann auch mit einer komfortablen Mehrheit im Bundestag ausgestattet. Eine vergleichbar große Mehrheit der deutschen Bevölkerung dürfte dann aber auch den abrupten Schwenk in der Kernenergiepolitik nach dem März 2011 mitvollzogen haben. Was immer diese Mehrheit dazu bewogen haben mag – von Fukushima 1 auf bisher unbekannte und weit unterschätzte Restrisiken deutscher KKW zu schließen, ist irrational. Beschreibt doch das Restrisiko Gefahren eines Systems trotz vorhandener Sicherheitssysteme. Es besteht aus einem abschätzbaren und einem unbekannten Anteil. Abschätzbar ist z. B. der gleichzeitige, zufällige Ausfall von Sicherungssystemen. Unbekannt ist hingegen die Wahrscheinlichkeit von Terroranschlägen. Doch für die Fukushima-Katastrophe war nicht die Realisierung eines Restrisikos verantwortlich, sondern eine falsche, nicht ausreichende Auslegung der Anlage gegen Erdbeben und Tsunamis, mit anderen Worten: die bewusste Inkaufnahme eines bekannten Risikos. In Deutschland hingegen wurde das im Rheintal nahe Koblenz errichtete und am 1. März 1986 in Betrieb genommene KKW Mühlheim-Kärlich wegen baurechtlicher Verfahrensfehler im Zusammenhang mit geologischen Risiken am 9. September 1988 vom Netz genommen; im Sommer 2004 begann der Rückbau.

Risiken wasser- und graphitmoderierter Kernreaktoren
Das unmittelbare Risiko der Kernenergie liegt in der Möglichkeit eines Unfalls, bei dem sämtliche Kühlsysteme versagen und große Mengen radioaktiven Materials ausgeworfen werden. Für die Risikoanalyse spielt der Moderator eine zentrale Rolle. Die in einer Atomkernspaltung freiwerdenden schnellen Neutronen können nämlich

---

[3]Die Laufzeitverlängerungen betrugen acht Jahre für die sieben vor 1980 gebauten Anlagen und 14 Jahre für die übrigen zehn Atommeiler.

keine weiteren Atomkerne spalten. Sie müssen erst durch den Moderator auf thermische Geschwindigkeiten verlangsamt werden, um die Kettenreaktion aufrechterhalten zu können. Die Siede- und Druckwasserreaktoren westlicher Bauart verwenden Wasser als Moderator. Die in der Sowjetunion entwickelten RBMK-Reaktoren verwenden Graphit.

Harrisburg

In wassermoderierten Kernreaktoren dient das Wasser auch als Kühlmittel, aus dem der Dampf produziert wird, der die elektrizitätserzeugenden Dampfturbinen antreibt. Der Kühlwasserkreislauf wird von Pumpen aufrechterhalten und sorgt für die richtige Betriebstemperatur der Brennelemente im Reaktorkern. Falls durch einen Unfall der Kühlwasserkreislauf zum Erliegen kommt, heizen sich die Brennelemente auf, und Dampfblasen bilden sich in dem alsbald kochenden Wasser. Da die Wasserdichte in den Dampfblasen gering ist, wird die Neutronenmoderation empfindlich geschwächt. Man spricht von einem negativen Temperatur- oder Blasenkoeffizienten. Anders gesagt: Es werden nicht mehr genügend schnelle Neutronen durch Kollisionen mit Wassermolekülen auf thermische Geschwindigkeiten abgebremst, und die Kettenreaktion kommt zum Erliegen. Durch das Einfahren neutronenfressender Regelstäbe wird der Reaktor noch schneller abgeschaltet. Dennoch kann im schlimmsten Fall die Nachwärme, die die Brennelemente durch Betazerfall noch stunden- oder tagelang nach dem Erlöschen der Atomkernspaltung entwickeln, bei mangelnder Kühlung zum Schmelzen der metallischen Brennelemente im Reaktorkern führen. Ein derartiger Unfall ereignete sich am 28. März 1979 im KKW „Three Miles Island" südöstlich von Harrisburg im US-Bundesstaat Pennsylvania. Nach einem Ausfall der Kühlwasserpumpen funktionierte zwar die Schnellabschaltung des Druckwasserreaktors. Aber durch technische Mängel und Bedienungsfehler kam es zu einer teilweisen Schmelze des Reaktorkerns und Freisetzung von Radioaktivität. Die Anlage wurde schwer beschädigt. Dieser Unfall ließ die Opposition gegen die friedliche Nutzung der Kernenergie in den westlichen Industrienationen stark anwachsen.

Tschernobyl

In RBMK-Reaktoren sind die stabförmigen Brennelemente in moderierendem Graphit eingebettet. Gekühlt werden sie mit Wasser. Im Gegensatz zu wassermoderierten Reaktoren ist hier der Temperaturkoeffizient (Blasenkoeffizient) positiv. Grund dafür ist die Tatsache, dass das Kühlwasser auch immer einen gewissen Teil der Neutronen absorbiert und dass dies beim Entwurf des Reaktors für den Normalbetrieb berücksichtigt werden muss. Versagt nun aus irgendeinem Grunde das Reaktorkühlsystem, so erhitzen sich Graphit und Wasser. Im kochenden Wasser bilden sich Dampfblasen. In diesem Falle wird wegen der geringen Wasserdichte in den Dampfblasen die Neutronenabsorption erheblich verringert, während die Moderation durch Graphit andauert. Das erhöht die Produktion thermischer Neutronen dramatisch. Wenn nicht Regelstäbe neutronenmindernd eingefahren werden, beschleunigen immer mehr thermische Neutronen die Kettenreaktion, und der Reaktor explodiert. Ein derartiger Unfall ereignete sich am 26. April 1986 im Reaktor 4 des KKW Tschernobyl in der Nähe von

Kiew, als in einem schlecht organisierten Sicherheitsexperiment von einer unzureichend ausgebildeten Bedienungsmannschaft etliche Sicherheitsvorschriften bewusst
missachtet und viele Bedienungsfehler begangen wurden. Das führte in Verbindung
mit dem positiven Temperaturkoeffizienten zu einer

> Leistungsexkursion der Kernspaltung-Kettenreaktion um etwa einen Faktor 500, dies inner-
> halb von weniger als einer Minute für die Dauer von etwa einer Minute. Die dadurch ver-
> ursachte Explosion beendete die Leistungsexkursion, zerstörte den Reaktor-Druckbehälter,
> zerstörte das Reaktorgebäude (welches nicht als druckgeschütztes, geschlossenes Gebäude
> gebaut war), setzte den Graphit-Moderator in Brand, führte zu einer Freisetzung aller flüch-
> tigen radioaktiven Stoffe und etwa 4 Prozent des gesamten Inventars an Radioaktivität im
> Reaktor [169, S. 257].

Risiko eines GAUs in deutschen Kernkraftwerken
Ein größter anzunehmender Unfall (GAU) setzt einen großen Teil des radioaktiven
Inventars eines KKW frei. Einen Unfallverlauf wie in Tschernobyl kann es in den
deutschen wassermoderierten Reaktoren wegen ihres negativen Temperaturkoeffizienten nicht geben. Ein Unfallverlauf wie in Fukushima 1 ist so wahrscheinlich wie
die Zerstörung der Notstromgeneratoren deutscher KKW durch einen Tsunami. Dennoch kann wegen der Nachwärmeproduktion nach dem Erlöschen der Kettenreaktion
ein GAU auch in den bestehenden deutschen Kernkraftwerken nicht 100-prozentig
ausgeschlossen werden. Das Restrisiko wird auf 1 GAU pro eine Million Reaktor-
Betriebsjahre geschätzt; in Deutschland hätte es also beim Betrieb der 20 Reaktoren,
die Mitte der 1990er-Jahre Strom produzierten, rein rechnerisch einmal innerhalb
von 50.000 Jahren zu einem GAU kommen können [169, S. 227]. Das erste Problem
einer ethischen Bewertung der Kernenergie ist demnach: Ist eine Energietechnolo-
gie verantwortbar, bei der mit sehr geringer Wahrscheinlichkeit ein Unfall mit sehr
großen Folgeschäden auftreten kann? Die radioaktiven Emissionen, die Gesund-
heitsschäden, die Todesfälle und die Landverseuchung als Folge des Tschernobyl-
Unfalls sind ein Beispiel für solche Folgeschäden [169, S. 255], die auch bei dem
sehr geringen Restrisiko der im Jahr 2011 noch betriebenen deutschen KKW nicht
mit Sicherheit ausgeschlossen werden können.[4] Dem stehen die bekannten Schäden
und Risiken für Gesundheit und Umwelt der uns seit 200 Jahren vertrauten Nutzung
fossiler Energieträger gegenüber. Noch unbekannt ist das ganze Ausmaß des Anpas-
sungsdrucks auf eine wachsende Erdbevölkerung, den Klimaänderungen erzeugen,
die alle Klimaschwankungen während der Zivilisationsgeschichte der Menschheit
übertreffen.

---

[4]In den im Forschungszentrum Jülich entwickelten Hochtemperaturreaktoren, von denen einer, der
Thorium-Hochtemperatur-Reaktor THTR-300, im Jahr 1983 in Hamm-Uentrop ans Netz ging und
am 1. September 1989 für immer, hauptsächlich aus wirtschaftlichen Gründen, abgeschaltet wurde,
ist eine Kernschmelze aus physikalischen Gründen nicht möglich; mehr dazu in [2, S. 79–81].

CO$_2$-Emissionen und Kosten der deutschen Elekrizitätserzeugung seit Proklamierung der Energiewende

Nach dem Harrisburg-Unfall erfolgte die erste Proklamierung einer deutschen „Energiewende" im Jahr 1980, und zwar durch eine Studie des Öko-Instituts Freiburg. Der Öko-Klassiker *Energiewende – Wachstum und Wohlstand ohne Erdöl und Uran* [170] schlug ein alternatives Wirtschaftswachstum im Sinne des im Titel genannten Programms vor. Er sprach von den Bürgern, die Deutschland nicht zu einem „Harrisburgland" werden lassen wollen, und prägte die Bezeichnung „Dinosauriertechnologie" für die zivile Nutzung der Kernenergie. Diese Bezeichnung wird von der Anti-Atomkraft-Bewegung gerne als Ausdruck ihrer Verachtung verwendet.[5]

Die öffentliche Debatte drehte sich um den Einsatz erneuerbarer Energien, die Steigerung der Energieeffizienz und die Umwandlung der deutschen Wirtschaft in eine „Blaupausenökonomie". Beruhen sollte deren Wohlstand auf der Produktion von Patenten und Ideen. Diese würden exportiert in Form von Lizenzen, Schnittmustern für die Textilindustrie, Planungsleistungen für Bauten und Verkehrsinfrastruktur, Organisationsschemata, Konstruktionsplänen für Industrieanlagen und anderem. Die in Deutschland benötigten energieintensiven Produkte würden wir importieren und mit den Erlösen unserer hochpreisigen Geistesschöpfungen bezahlen. Dass damals die globale Produktion der Güter und Dienstleistungen zumindest ebenso stark wie heute auf der Verbrennung fossiler Energieträger beruhte, s. Abb. 2.1, und deutsche Nachfrage nach energieintensiven Importgütern zu CO$_2$-Emissionen beiträgt, war kein Thema. Zwar hatte der schwedische Physikochemiker Svante-Arrhenius schon 1895 auf den anthropogenen Treibhauseffekt hingewiesen, doch darin sah man erst ab der Mitte der 1980er-Jahre ein Problem [12].

Die fälschlicherweise mit „Restrisiko" begründete Energiewende von 2011 wurde – nach heftigen Protesten gegen die Laufzeitverlängerung der KKW, kurz vor einer wichtigen Landtagswahl, und weitergehend als die 1980 publizistisch geforderte „Energiewende" – gesetzlich eingeführt. Auch wenn es dabei primär um den abrupten Ausstieg aus der Kernenergie ging, wird inzwischen von den politisch Verantwortlichen und großen Teilen der Öffentlichkeit „Energiewende" verstanden als eine neue Klimaschutzpolitik. Damit will Deutschland der Welt zeigen, wie man eine Energieversorgungsstruktur, die auf zentralen Energieumwandlungsanlagen und den solare und kosmische Energien speichernden fossilen und nuklearen Energieträgern beruht, ohne systemanalytische Vorbereitung innerhalb kurzer Zeit umbaut zu einer dezentralen Energieversorgungsstruktur, die von den mit Wind und Wetter statistisch fluktuierenden erneuerbaren Energien abhängt.

---

[5]Dabei bedenkt man offenbar nicht, dass die Dinosaurier die bislang erfolgreichsten Landwirbeltiere waren und 170 Mio. Jahre lang die Erde beherrschten, bevor sie vor rund 65 Mio. Jahren plötzlich verschwanden. Ursache ihres Massensterbens war Solarenergie- und Biomassenmangel wegen eines Meteoreinschlags und/oder heftiger vulkanischer Eruptionen. Die großen Staubmassen, die dabei in die Atmosphäre geschleudert wurden, minderten die Sonneneinstrahlung, und die üppige Vegetation, die Nahrungsgrundlage der Dinosaurier, verkümmerte. Wie unsere ca. zwei Millionen Jahre alte Gattung Homo und insbesondere ein ausschließlich auf Solarenergie angewiesener Homo sapiens eine derartige Katastrophe überstehen würde, wissen wir nicht.

Diese entstehen aus den solaren Energieflüssen zur Erde, die, wie im Zusammenhang mit Abb. 2.1 schon gesagt, rund 10.000-mal größer sind als der Weltenergiebedarf des Jahres 2012. Die mit ihrer Erzeugung in der Sonne verbundene Entropieproduktion verliert sich in den Weiten des Weltalls und belastet nicht die Biosphäre unseres Planeten. Das sind die langfristig nicht zu übertreffenden Vorteile der erneuerbaren Energien aus Sonne und Wind.

Das Problem ist der Übergang zu ihrer großindustriellen Nutzung. Denn dieser Übergang kostet Geld. Auch in einer relativ wohlhabenden Volkswirtschaft wie der deutschen, mit einer Staatsverschuldung von 2000 Mrd. EUR Ende 2016, was 68,3 % des BIP entspricht (Frankreich 96 %, UK 89,3 %, Italien 132,6 %), sollte man alles daransetzen, den Übergang kostenminimierend zu gestalten. Die Instrumente der Energie-, Emissions- und Kostenoptimierung sind in den großen Energieforschungsinstituten unseres Landes und der Europäischen Union vorhanden. Und wie in Abschn. 2.3.3 besprochen, können selbst auf kleine Regionen beschränkte Optimierungsmodelle nützliche Orientierungshilfen geben.

Doch die deutsche Energiewende hat nicht diesen Weg, sondern den eines Hauruckverfahrens beschritten. Außerdem hat sie nicht die wohlbekannte NIMBY(Not In My BackYard)-Mentalität berücksichtigt, die in breiten Bevölkerungsschichten der wohlhabenden Industrieländer herrscht und die sich oft gegen neue Infrastrukturprojekte wendet.

Vergleichen wir die Ziele der Energiewende mit dem bisher Erreichten.

Ziele

Die Emissionsminderungsziele aus dem Jahr 2010 wurden nach dem 11. März 2011 unverändert fortgeschrieben bis zum Jahr 2050, ungeachtet der Tatsache, dass Kernkraftwerke mit einem Anteil von 22,2 % an der deutschen Bruttostromerzeugung 2010 und mittleren CO_2-Lebenszyklusemissionen von 10 bis 30 Gramm pro Kilowattstunde (g/kWh) innerhalb von 12 Jahren vollständig ersetzt werden müssen durch erneuerbare Energien mit einem Anteil von 15,8 % an der deutschen Bruttostromerzeugung in 2010 und mittleren CO_2-Lebenszyklusemissionen zwischen 10 bis 20 g/kWh (Wind) und 70 bis 150 g/kWh (Fotovoltaik); s. Tab. 1.2, 2.5 und 2.6. Dabei wird für die Emissionsmengen das im Abschn. 2.3.3 angesprochene Produktionsprinzip und nicht das in Tab. 2.4 damit verglichene, angemessenere Konsumprinzip angewendet. Nach Letzterem müssten die deutschen CO_2-Emissionen des Jahres 2011 mit einem Faktor 1,4 multipliziert werden. Je mehr energieintensive Produktion aus Deutschland ins Ausland verlagert wird, desto größer wird dieser Faktor.

Gemäß den Energiewendeplänen der Bundesregierung sollen die Anteile der erneuerbaren Energien steigen, und zwar an der Elektrizitätserzeugung auf 36 % bis 2020 und am Primärenergieverbrauch auf mehr als 50 % bis 2050. Und die deutschen Treibhausgasemissionen relativ zu den Emissionen im Jahr 1990 sollen sinken, und zwar um 40 % bis 2020, 55 % bis 2030, 70 % bis 2040 und 80 % bis 2050. Dabei wird eine jährliche Steigerung der „Energieeffizienz", verstanden als BIP/(jährlicher

Primärenergieverbrauch), von 2,3 bis 2,5 % angenommen. Ferner sollen bis zum Jahr 2020 eine Million Elektroautos auf Deutschlands Straßen fahren.

Bis Ende **2016** wurde Folgendes erreicht:

1. Energie
Gemäß Tab. 2.6 beträgt der Anteil aller erneuerbaren Energien an der *Bruttostromerzeugung* 29 %. Davon entfallen 6,9 % auf die Biomasse und 0,9 % auf Hausmüll.

Die Veröffentlichung *Die Energiewende: unsere Erfolgsgeschichte* des Bundesministeriums für Wirtschaft und Energie [171] gibt für 2016 den Anteil der erneuerbaren Energien am deutschen *Bruttostromverbrauch* mit 32,3 % an. Eine Erklärung der Diskrepanz zu den 29 % dürfte sein, dass das Ministerium die erneuerbaren Energien nur dem Strominlandsverbrauch zurechnet und nicht der Bruttostromerzeugung, von der seit 2003 ein wachsender Teil in den Stromexport geht, s. Tab. 5.2 und Erläuterungen dazu.

Gemäß Tab. 2.7 betragen die Anteile der erneuerbaren Energien am *Primärenergieverbrauch* für Photovoltaik, Wind und Wasser (PWW) insgesamt 3,9 % und für Brennstoffe (Biomasse, Hausmüll: BEE) 8,7 %.

Zur Biomasse zwei Einschätzungen:

Es gibt ihn doch: Den Masterplan der Energiewende. Es handelt sich um den Schlussbericht eines Forschungsprojekts im Auftrag des Bundesumweltministeriums. Er kommt vom Deutschen Zentrum für Luft- und Raumfahrt in Kooperation mit anderen Instituten. ...Die Studie kommt zu folgenden Ergebnissen: Bei den erneuerbaren Energien wird auch künftig die Biomasse den weitaus überwiegenden Anteil stellen. Im Jahre 2030 hat sie noch einen Anteil von 46 % an den erneuerbaren Energien ...[172].

Die Nationale Akademie der Wissenschaften Leopoldina [174] weist darauf hin, dass

Photovoltaik, Solarthermie und Windturbinen eine meist zehnmal höhere Flächeneffizienz (W pro Quadratmeter) als die pflanzliche Photosynthese

haben und bekräftigt, dass

die Nutzung von Biomasse mit einem EROI[6] [173] von meist kleiner als 3 stark abfällt. Von den alternativen Energietechnologien trägt die aus Biomasse stammende Energie am wenigsten zur Reduktion der THG-Emissionen[7] bei und hat finanziell den höchsten Preis je eingesparter Tonne CO_2.

---

[6]Energy Return On (Energy) Investment.
[7]Treibhausgasemissionen.

Hinsichtlich der

ökologischen Risiken, Klima- und Umweltkosten ...scheint eine Ausweitung der Flächen
für den Anbau von Energiepflanzen ökologisch fragwürdig. Sie dürfte im Widerspruch zu
existierenden Vorschriften zum Schutz von Biodiversität und Natur ...stehen. ...In Lebens-
zyklusanalysen von Biobrennstoffproduktion und -verbrauch müssen ...folgende weitere
Umweltkosten Berücksichtigung finden: Veränderungen in der Bodenqualität und in der
Biodiversität; Verunreinigung von Grundwasser, von Flüssen und von Seen mit Nitrat und
Phosphat; und im Falle von Bewässerung negative Effekte auf den Grundwasserspiegel sowie
die Versalzung von Böden.

Trotz ihrer Umweltproblematik spielt die Biomasse in deutschen Klimaschutzkon-
zepten, sowohl auf Bundes- als auch Gemeindeebenen, eine tragende Rolle, weil sie,
wie fossile und nukleare Energieträger, ein Energie*speicher* ist.
   Die Batterien der von der Bundesregierung für 2020 vorgesehenen 1.000.000
Elektroautos könnten auch als Speicher der Elektroenergie dienen, sofern die Infrastruktur für Ladestationen, Stromtransport und das Nutzerverhalten sich angemessen
entwickeln. Noch ist nicht sicher, dass die städtischen Netze der Belastung durch das
Stromtanken einer schnell wachsenden Zahl von Elektroautos gewachsen sein werden. Prämien fördern den Kauf von Elektroautos. Laut Mitteilung des Kraftfahrtbun-
desamts vom 2. März 2017 fuhren am 1. Januar 2017 rund 34.000 reine Elektroautos
(+34 % relativ zum Vorjahr) und rund 165.400 (+26.8 %) Hybridautos bei insgesamt
rund 45.804.000 Pkw.
   Der Vorreiter der Elektromobilität Tesla hat in den acht Jahren vor 2017 noch
keinen Gewinn gemacht. Unsicher ist auch, ob die Materialien, die für die Massenproduktion von Elektroautos und die zugehörige Infrastruktur nötig sind, auch in
Zukunft zu den bisherigen Preisen auf dem Weltmarkt eingekauft werden können.
Mögliche Materialengpässe beschreibt [93].

2. Emissionen
Die Entwicklung der deutschen Treibhausgas- und CO_2-Emissionen seit 1990 zeigt
die Tab. 5.1.
   Günstig für Deutschland im Ländervergleich der Emissionsminderungen ist das in
den internationalen Klimaschutzzielen und -abkommen vereinbarte Basisjahr 1990.
Seit diesem Jahr der Wiedervereinigung Deutschlands wurden die Produktionsanlagen der ehemaligen DDR, deren energetische Wirkungsgrade deutlich geringer

Tab. 5.1 Deutsche Emissionen von Treibhausgasen (THG, in Kohlendioxidäquivalenten) und CO_2.
[175]

Jahr	1990	2000	2003	2010	2013	2015
THG (Mio. t)	1251	1070	1050	930	950	910
CO_2 (Mio. t)	1031	905	915	834	835	800

Tab. 5.2 Stromverbrauch und CO_2-Emissionen in Deutschland [176]. I: CO_2-Emissionen der Stromerzeugung; II: Stromverbrauch; III: CO_2-Emissionsfaktor Strommix; IV: Strominlandsverbrauch; V: CO_2-Emissionsfaktor Strominlandsverbrauch. – „Stromverbrauch" meint Verbrauch elektrischer Energie.

Jahr	1990	2000	2003	2010	2013	2015
I (Mio. t)	366	327	340	316	331	309
II (TWh)	482	510	538	565	570	578
III (g/kWh)	761	640	633	558	580	534
IV (TWh)	482	514	530	548	537	527
V (g/kWh)	759	536	643	570	617	587

waren als die der alten BRD, stillgelegt.[8] Das kommt den Emissionsbilanzen der neuen BR Deutschland sehr zugute.

Hinzu kommt der Trend zur Verlagerung sowohl personal- als auch energieintensiver Betriebe ins Ausland und der sich intensivierende Pkw- und Lkw-Verkehr auf deutschen Straßen im Zuge der Globalisierung. Beides schlägt in der deutschen Emissionsbilanz zu Buche. Am klarsten sollten sich die Auswirkungen der Energiewende in den spezifischen Emissionen der deutschen Stromerzeugung zeigen, die in Tab. 5.2 ausgewiesen sind.

Erläuterungen zu Tab. 5.2:

1. Stromverbrauch = Bruttostromerzeugung minus Kraftwerkseigenverbrauch minus Pumpstromleitungsverluste.
2. Strominlandsverbrauch ≡ Stromverbrauch inklusiv Stromhandelssaldo = Bruttostromerzeugung minus Kraftwerkseigenverbrauch minus Pumpstromleitungsverluste *plus* Stromeinfuhr minus Stromausfuhr.

Ab dem Jahr 2003 ist der Stromhandelssaldo, d. h. Stromausfuhr minus Stromeinfuhr, positiv. In 2015 betrug er 51 TWh (Differenz von Zeile II und Zeile IV in Tab. 5.2).

Schlussfolgerung aus Tab. 5.2:

Die spezifischen CO_2-Emissionen pro kWh der im Inland verbrauchten elektrischen Energie (Zeile V) sind zwischen 1990 und 2010 von 759 g auf **570** g gefallen. Anschließend stiegen sie auf 617 g in 2013 und gingen auf **587** g in 2015 zurück. Die auf den Inlandsverbrauch bezogenen Emissionen sind durch die Energiewende,

---

[8] „Die Industrieproduktion hier im Osten übernehmen eure Betriebe im Westen doch locker", sagte zu mir im Frühjahr 1991 der mit einer (Brief-) Freundin meiner Frau verheiratete Leiter einer Eisengießerei in Guben und zeigte auf die Jahreszahl 1876 über dem Eingang zu der Werkshalle aus Backsteinen, die er demnächst schließen müsse. „Der Letzte, den ich entlassen werde, bin ich selbst." So kam es denn auch bald danach.

die ja bisher hauptsächlich die Elektrizitätswirtschaft betroffen hat, gegenüber 2010
um drei Prozent *erhöht* worden.

3. Kosten

Das Erneuerbare-Energien-Gesetz (EEG) regelt die bevorzugte Einspeisung von
Strom aus erneuerbaren Energiequellen ins deutsche Stromnetz und garantiert
vertraglich den Erzeugern feste Einspeisevergütungen. Sein Vorläufer war das
Stromeinspeisegesetz von 1991. Der Erstfassung des EEG im Jahr 2000 folgten
Novellierungen in den Jahren 2004, 2009, 2012 (Inkrafttreten am 1. Januar 2012,
Änderungen Ende Juni 2012 durch Fotovoltaik-Novelle), 2014 und 2016/2017. Die
vielen Änderungen sind der mit dem EEG verbundenen Kostenproblematik geschuldet. Die Abb. 5.1 zeigt beispielhaft die Entwicklung der Fotovoltaikerzeugungska-
pazität und der von den Stromkunden insgesamt jährlich gezahlten Einspeisevergütung, sowie die vor der 2016/2017-Novellierung erwartete zukünftige Entwicklung.
Gemäß der von [178] ausgewiesenen tatsächlichen Entwicklung kam es bis 2016 zu
einem Anstieg der Erzeugungskapazität auf 41 GW, einer Einspeisevergütung von
etwa 10,6 Mrd. EUR in 2015 und einem Rückgang derselben auf 10,1 Mrd. EUR in
2016.

In seiner Erfolgsgeschichte der Energiewende [171] berichtet das Bundesministerium für Wirtschaft und Energie als Teil des Erfolgs: a) auf S. 6 die Absenkung
der durchschnittlichen Förderhöhe für große Fotovoltaikanlagen von 9,17 ct/kWh
im April 2015 auf 6,9 ct/kWh im Dezember 2016 und b) auf S. 11, dass die Kos-
tendynamik des Strompreises gebrochen sei: Der durchschnittliche Strompreis für

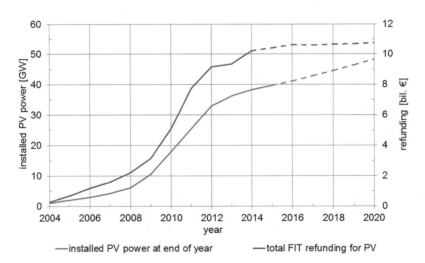

Abb. 5.1 Entwicklung der installierten Photovoltaik-Erzeugungskapazität (in Gigawatt, linke Ordinate, untere Kurve) und der Einspeisevergütung gemäß EEG (in Milliarden Euro, rechte Ordinate,
obere Kurve) in Deutschland. Durchgezogene Kurven: empirische Daten, gestrichelte Kurven: Pro-
jektionen. (Diese Abbildung wurde [96] entnommen und dort reproduziert mit freundlicher Geneh-
migung von H. Wirth [177]. Aktuelle Daten und PV-Ausbaustrategien präsentiert [178])

einen Haushalt mit einem Jahresverbrauch von 3500 kWh stieg von 23,96 ct/kWh in 2010 bis auf 29,14 ct/kWh in 2014; dann ging er auf 28,80 ct/kWh in 2016 zurück. Im Jahr 2006 hatte er bei 19,46 ct/kWh gelegen.

Vor der Fukushima-Katstrophe wurde in 2011 die Brennelementesteuer eingeführt und nach dem Ausstieg aus der Kernenergie beibehalten. Dagegen klagten die Stromkonzerne. Im Juni 2017 stellte das Bundesverfassungsgericht die Verfassungswidrigkeit der Brennelementesteuer fest, weil sie keine Verbrauchssteuer sei, sondern eine Steuer auf ein Produktionsmittel. Der Staat wurde zur Rückzahlung der einbehaltenen 6,3 Mrd. EUR mit Zinsen an die klagenden Stromkonzerne E.On, RWE und EnBW verurteilt.

Zu den Kostenproblemen des forcierten Umbaus des deutschen Energiesystems gehört außerdem, dass an sonnen- und/oder windreichen Tagen der Wanderer in deutschen Landen viele still stehende Windräder sieht, deren Besitzer für die Abregelungen gemäß den Bestimmungen des EEG entschädigt werden müssen, und dass trotzdem immer noch mehr „grüner" Strom in die Netze drängt, als in Deutschland nachgefragt wird. Dieser Überschussstrom wird dann, meist nach Österreich und immer öfter zu negativen Preisen, exportiert, z. B. sonntags, und nicht selten kurz danach, z. B. montags, als Ökostrom aus österreichischen Pumpspeicherkraftwerken zu Spitzenpreisen re-importiert.

Neue, hoch effiziente und relativ emissionsarme Gaskraftwerke, die schnell hoch- und heruntergefahren werden können und flexibel auf Schwankungen der Nachfrage einerseits und der fluktuierenden Einspeisung von Wind- und Solarstrom andererseits reagieren, wurden nach 2011 unwirtschaftlich und zum Teil stillgelegt, weil ihr relativ teurer Strom an der Leipziger Strombörse nicht mehr zu den mittäglichen Nachfragespitzen mit Gewinn verkauft werden konnte, sondern von dem „vorfahrtsberechtigten", einspeisevergüteten grünen Strom verdrängt wurde. Ob die Situation durch die letzten EEG-Novellierungen mit mehr Wettbewerbselementen verbessert wird, ist offen. Der Siemens-Konzern hat jedenfalls im November 2017 weltweite Abbaupläne für 6900 Jobs in der Kraftwerks- und der Antriebssparte bekannt gegeben, u. a. wegen des Einbruchs der Nachfrage nach großen Gasturbinen.

Die Verdrängung der Gaskraftwerke aus dem Strommarkt verschärft die ohnehin vorhandenen Probleme der Netzstabilisierung.

Die regenerativen Energieeinspeisungen liefern keinen Beitrag zur Leistungs-Frequenzregelung. Denn sie laufen über einen Gleichstrom-Zwischenkreis und einen netzfrequenzgeführten Wechselrichter und sind daher dynamisch entkoppelt. Die Netzbetreiber müssen mehrmals pro Tag eingreifen um die Netzstabilität zu gewährleisten. Im Februar 2012 konnte ein durch den Ausfall von Sonne und Wind verursachter Zusammenbruch des Netzes, ein sog. Blackout, gerade noch verhindert werden [179].

Unsere Partner im europäischen Stromverbund sehen inzwischen nicht mehr tatenlos zu, wie Deutschland im, teils mit negativen Preisen verbundenen Stromexport nach Österreich seinen Windstrom aus dem Norden mangels ausreichender eigener Nord-Süd-Hochspannungstrassen durch die polnischen und tschechischen Netze jagt und diese destabilisiert. So heißt es in einer Pressemitteilung der Energiewirtschaft vom 20.12.2016:

Aufteilung der Strompreiszone Deutschland-Österreich ab 2018: mehr negative Preise, mehr EEG-§51-Verluste

Treten negative Strompreise für mindestens 6 h am Stück auf, so erhalten EEG-Anlagen für diese Zeiträume keine Marktprämie. Diese Regelung fand sich schon im EEG 2014 für Anlagen $\geq$ 500 kW und Windenergieanlagen (WEA) $\geq$ 3 MW mit Inbetriebnahme ab 2016. Das EEG 2017 hält daran fest, mit dem Änderungsgesetz zum EEG vom 16.12.2016 wurde aber zusätzlich die (Wieder-)Einführung der Verklammerung beschlossen, die dazu führt, dass §51 faktisch auch für WEA $\leq$ 3 MW in einem Windpark gilt.

Sorgen bereitet EEG-Investoren aber vor allem die geplante Aufteilung der Strompreiszone Deutschland-Österreich. Hierdurch entstehen zukünftig zwangsläufig mehr negative Preise und damit auch mehr §51-Verluste. Der jetzt erfolgte Beschluss der Bundesnetzagentur, die einheitliche Strompreiszone aufzulösen und eine Engpassbewirtschaftung einzuführen, geht auf eine Initiative des europäischen Regulierungsverbands ACER zurück. Dieser hatte Deutschland und Österreich zur Auftrennung der seit 2001 bestehenden einheitlichen Preiszone aufgefordert, um zunehmende Netzprobleme in Polen und Tschechien aufgrund deutscher Stromexporte zu adressieren. Die BNetzA will diese Auftrennung zum Winter 2018/2019 umsetzen.

Energiewirtschaftlich bedeutet die Einführung der Engpassbewirtschaftung eine Begrenzung des Stromflusses nach Österreich. Der Engpass kommt dann vor allem in Zeiten hoher EE-Erzeugung in Deutschland zum Tragen. Treffen niedrige Nachfrage sowie viel und günstige Einspeisung aufeinander und sind zeitgleich die Exportkapazitäten ausgereizt, so entstehen häufig negative Strompreise. Szenarioberechnungen mit dem enervis-Strommarktmodell bestätigen, dass durch die reduzierte Netzkuppelkapazität an der deutschen Südgrenze die Häufigkeit und Dauer des §51-Falls zukünftig zunehmen wird. Eine Flexibilisierung des Kraftwerksparks und der strommarktgetriebene Einsatz von Speichern kann diese Steigerung anteilig dämpfen – gegenüber der bisherigen Situation eines unbegrenzten Stromhandels mit der Alpenrepublik sind aber definitiv mehr negative Preise und mehr §51-Verluste zu erwarten [180].[9]

Laut dpa-Meldung vom 4. Januar 2018 ist die Zahl der Stunden, in denen deutscher Strom zu negativen Preisen exportiert werden musste, von 15 im Jahr 2008 auf 146 im Jahr 2017 gestiegen.

Die mit der Energiewende seit 2011 auftretenden Kostenprobleme sind für Politik, Wirtschaft und Privathaushalte offensichtlich nicht mehr zu ignorieren. Gesinnungsethisch mag man das abtun mit: „Was sollen schon Kosten, wenn die Welt vor der Klimakatastrophe gerettet werden muss!"

Dazu lohnt sich ein Blick auf die prozentualen Anteile der sechs stärksten CO_2-Emittenten an den globalen CO_2-Emissionen im Jahr 2011: 1. VR China 26,4; 2. USA 17,7; 3. Indien 5,3; 4. Russland 4,9; 5. Japan 3,8; 6. Deutschland 2,4. [181] (Zwischen 2010 und 2015 haben die deutschen CO_2-Emissionen noch etwas abgenommen, gemäß Tab. 5.1 von 834 auf 800 Mio. t/Jahr.)

Würde Deutschland alle Verbrennungsmotoren verbieten, alle fossilen Kraftwerke abschalten, die Wohnungswirtschaft auf Passivhausstandard bringen und das Produzierende Gewerbe CO_2-frei machen, und würden alle übrigen

---

[9]enervis energy advisors GmbH ist eine Unternehmensberatung von Strom- und Gasversorgern sowie Investoren und Betreibern von erneuerbaren und konventionellen Kraftwerken und Speichern.

Länder so viel emittieren wie in 2011, sänken die globalen CO_2-Emissionen um höchstens 2,4 %.

Ein Beitrag Deutschlands zu einer signifikanten Reduktion der globalen CO_2-Emissionen kann nur darin bestehen, dass unser Land einen technisch *und* ökonomisch vorbildlichen Weg zu diesem Ziel beschreitet, so dass auch andere Länder diesen Weg zu gehen bereit und in der Lage sind. Auch wenn immer noch deutsche Klimaschutzaktivisten die Bundesrepublik in einer Vorreiterrolle sehen und „Energiewende" als Lehnwort Eingang in andere Sprachen gefunden hat – die Welt sieht „Klimaschutz" inzwischen anders als Deutschland. Die Schweizer Bürger haben 2017 in ihrem Volksentscheid beschlossen, keine neuen Kernkraftwerke mehr zu bauen, doch die bestehenden so lange laufen zu lassen, wie sie den Sicherheitsanforderungen genügen. Die Vereinten Nationen empfehlen zur Minderung der CO_2-Emissionen die Ersetzung der fossilen Energieträger durch erneuerbare Energien und Kernenergie. Und: „Weltweit werden 79 Kernkraftwerke in 7 Ländern mit einer Nettokapazität von 88.201 MW neu geplant" [182].

Besonders darf Deutschland seine europäischen Partner nicht aus dem Blick verlieren. Denn die vielfachen Verflechtungen und Abhängigkeiten der deutschen Stromwirtschaft im europäischen Stromverbund haben zur Folge, dass der

> nationale Klimaschutzplan ...mit den Klimaschutzanstrengungen auf europäischer Ebene nicht kompatibel (ist). Zusätzliche nationale Maßnahmen der CO_2-Regulierung innerhalb des Strombinnenmarkts und europäischen Emissionshandelssystems würden lediglich zur Verlagerung von Stromerzeugung und Emissionen in unsere Nachbarländer führen [183].

Auf der Bonner Weltklimakonferenz im November 2017 haben sich die EU-Mitglieder Frankreich, Großbritannien, Italien und Niederlande zusammen mit Kanada und anderen Ländern zur „Powering Past Coal Alliance" mit dem Ziel des Kohleausstiegs zusammengeschlossen. Frankreich deckte 2017 etwa 75 % seines Elektrizitätsbedarfs aus Kernenergie. Präsident Macron hat versprochen, diesen Beitrag bis möglichst 2025 auf 50 % herunterzufahren. Die veralteten Kohlekraftwerke Großbritanniens sind unwirtschaftlich geworden. Das Kernkraftwerk Hinkley Point an der Südwestküste Englands soll, auch mit chinesischer Beteiligung, um zwei weitere Kernreaktoren mit insgesamt 3260 MW erweitert werden. Unter Italien liegen sehr große Mengen an Erdöl und Erdgas; 2014 deckte es daraus erst etwa 10 % seines Bedarfs an fossilen Brennstoffen. Desgleichen verfügen die Niederlande über große Erdgasvorkommen. Kanada ist der fünftgrößte Energieproduzent der Welt; seine Erdölproduktion kommt zu mehr als 60 % aus den Ölsänden in Alberta. 2013 erzeugte es mit rund 620 TWh in etwa so viel Elekroenergie wie Deutschland gemäß Tab. 2.5, und zwar aus den Quellen Wasserkraft – hier ist Kanada weltweit der drittgrößte Produzent –, Kohle, Kernenergie und Windenergie [184]. Nach dem Abschalten des letzten Kernkraftwerks 2022 steht Deutschland für den Betrieb der (noch) unverzichtbaren Grundlastkraftwerke ohne den Import fossiler Energieträger nur die Braunkohle zur Verfügung.

Das Speicherproblem und neue Technologien

In den aktuellen Diskussionen um die Energiewende spielen Energiespeicher, insbesondere Stromspeicher, eine zentrale Rolle. Doch der Einsatz von Energiespeichern kommt in der deutschen Wirtschaft nur langsam voran.

Pumpspeicherkraftwerke, die Elektroenergie mit einem Wirkungsgrad von bis zu 75 % speichern, werden, ähnlich wie Gaskraftwerke, in ihrer Wirtschaftlichkeit durch die Konkurrenz von Sonnen- und Windstrom zu Spitzenzeiten beeinträchtigt. Zudem wird die Lieferung von Pumpstrom mit Netznutzungsentgelten belastet. Die ökonomischen Anreize zur Netzstabilisierung durch deutsche Pumpspeicherkraftwerke sind gering, bis nicht existent. Dabei existieren allein in Nordrhein-Westfalen 23 Standorte mit einem technisch-ökologischen Speicherpotenzial von insgesamt 56 GWh [185].

Untersuchungen zum Einsatz großer Wärme- und Stromspeicher im Verbund mit der Kraft-Wärme-Kopplung ergaben [186]:

> Die Anwendung neuartiger Speicherkonzepte wie z. B. die saisonale Wärmespeicherung oder der Einsatz supraleitender magnetischer Energiespeicher kann die in einem Energieversorgungssystem durch Kraft-Wärme-Kopplung (KWK) realisierbare Primärenergieeinsparung spürbar erhöhen, wenn die Be- und Entladung der Speicher optimal gesteuert wird. Neben den technischen Kenndaten der Kraft-Wärme-Kopplungsanlagen nimmt vor allem die Struktur des zeitlich fluktuierenden Bedarfs an Wärme und elektrischer Energie Einfluss auf das Primärenergieeinsparpotenzial. Ist der Bedarf an Wärme und elektrischer Energie zeitaufgelöst bekannt, so erlauben bereits einfache Modellrechnungen eine Bestimmung der durch KWK und Speichereinsatz realisierbaren Primärenergieeinsparungen. Genauere Ergebnisse lassen sich durch Verwendung dynamischer Optimierungsmodelle erhalten.

„Einfache Modellrechnungen" sind solche, die einen „ideal" genannten Energiespeicher annehmen, der in der Lage ist, beliebig große Mengen Wärme und elektrischer Energie energie- und exergieverlustfrei zu speichern. Die genaueren Ergebnisse folgen aus der dynamischen Optimierung des Be- und Entladungsmanagements realer, verlustbehafteter Energiespeicher.

Obwohl die in den Optimierungsszenarien von [186] berücksichtigten saisonalen Wärmespeicher und supraleitenden Speicher elektrischer Energie schon in den 1990er-Jahren bekannt waren, spielen sie auch in der zweiten Dekade des 21. Jahrhunderts im deutschen Energiesystem noch keine Rolle. Denn Speicher-Hardware ist teuer. Gleiches gilt für die Entwicklung und landesweite Implementierung der ihre Be- und Entladung optimierenden Software, die sorgfältig lokale und saisonale Gegebenheiten berücksichtigen muss.

Zur Speicherung elektrischer Energie per „Power-to-Gas"/Methanisierung schreibt die DBI – Gastechnologisches Institut gGmbH Freiberg [187]:

> Die Speicherung von großen Strommengen aus fluktuierenden Energiequellen (Wind, PV) durch Umwandlung von elektrischer Energie via Elektrolyse in Wasserstoff ist unter dem Begriff Power-to-Gas bekannt geworden. Da das Erdgasnetz nur begrenzt Wasserstoff aufnehmen kann, ist längerfristig gesehen die Option der Methanisierung von Kohlendioxid mit dem in der Elektrolyse gebildeten Wasserstoff eine interessante Option. Methan lässt sich

praktisch unbegrenzt ins Erdgasnetz einspeisen. Jedoch ist der zusätzliche Prozessschritt der Methanisierung derzeit noch mit relativ hohen Kosten und Effizienzverlusten verbunden.

Neueste Forschungen zur Speicherung von Energie betreffen u. a. Katalysatoren aus Nickel-Nano-Clustern zur Produktion chemischer Brennstoffe aus erneuerbaren Ressourcen [188]. Künstliche Fotosynthese mittels Halbleiter-Nanotechnologie könnte aus Sonnenenergie synthetische Gase und/oder Wasserstoff erzeugen, die als Energiespeicher und Brennstoff dienen [189].

Biophysik, Physikalische Chemie und Systemanalyse verbünden sich mit Energietechnik um Wege zu einer nachhaltigen Energiewirtschaft zu erschließen. Aber die neuen Verfahren sollten sich evolutionär aus dem bestehenden Energiesystem heraus entwickeln. Es genügt, dass einmal ein Land – China – Erfahrungen mit einem „Großen Sprung nach vorn" gemacht hat.[10]

Damit die deutsche Energiewende herausfindet aus dem Zustand von Versuch und Irrtum, sollte sich die deutsche Energie- und Umweltpolitik abwenden vom Verbieten der unser Land zurzeit versorgenden Energietechnologien und hinwenden zur Förderung neuer, zukunftsweisender Verfahren der Energiegewinnung, -verteilung und -speicherung, und zwar in Zusammenarbeit mit unseren europäischen Nachbarn. In einem angemessen neu-strukturierten Steuersystem werden sich die Neuerungen ohne Verbote am Markt gegen das alte, fossile Energiesystem durchsetzen.

5.1.2 Migration

Der Mythos Deutschland macht sie rasend.
Fiona Ehlers über Zineb Essabar, in Italien beheimatete Schwarzafrikanerin, die am Brenner afrikanischen Flüchtlingen beisteht [190]

In physikalischen und sozialen Systemen führen Gefälle zu Strömungen. In physikalischen Systemen treiben Temperaturgefälle und Gradienten von chemischen Potenzialen die in der Gleichung (A.4) beschriebenen Wärme- und Teilchenströme. In tierischen Populationen erzwingen geographische Unterschiede im Nahrungsangebot weiträumige Wanderungen durch Länder, Meere und Luft. Zusätzlicher Migrationsdruck entsteht in menschlichen Gesellschaften durch bewaffnete Konflikte und Informationen über regionale und globale Wohlstandsgefälle.

Dank des Transistors wissen die Menschen seit den 1960er-Jahren, dass Not und Armut kein unabwendbares Schicksal der weniger Begüterten ist. „Der ‚Transistor', d. h. das leichte, batteriebetriebene, mit Transistoren bestückte Radio und seine Werbebotschaften informieren die arme Landbevölkerung Kolumbiens über die

---

[10]Als „Großer Sprung nach vorn" wird eine von 1958 bis 1961 laufende Kampagne in der VR China bezeichnet, in der unter ideologischer Umerziehung der Bevölkerung, Vernachlässigung der Landwirtschaft und Hinwendung zu dezentraler Industrieproduktion auf dem Lande der Rückstand zu den westlichen Industrieländern in kurzer Zeit aufgeholt werden sollte. Sie scheiterte in einer Hungerkatastrophe.

wunderbaren Dinge, die es in den großen Städten, besonders Bogotá, Cali, und
Medellin gibt. Deshalb fliehen sie vor ländlicher Armut und Gewalt in die Städte
und lassen dort die Elendsviertel anschwellen", berichtete der Länderexperte für
Kolumbien während eines Vorbereitungskurses durch die Arbeitsgemeinschaft für
Entwicklungshilfe.

Zum sozialen Transistoreffekt in Kolumbien ein Beispiel: Beim Besuch eines
hoch in den südwestkolumbianischen Anden gelegenen Bergdorfs begeisterte mich
der Blick über das Tal des Patia-Flusses auf die in der Ferne hintereinander sich
auftürmenden Bergketten, deren untere Regionen tropisch-grün und deren Gipfel
felsenrot in sinkender Sonne unter einem tiefblauen Himmel leuchteten. „Wie viel
besser als die Menschen in den Barrios Populares[11] von Cali leben Sie hier in dieser
herrlichen Natur. Bleiben Sie in El Rosario. Ziehen Sie nicht in die Stadt", sagte ich im
Gespräch mit den Dorfbewohnern. „Sí, Señor", antwortete einer und zeigte auf sein
Transistorradio, aus dem die Werbesprüche für den Luxuskonsum der Oberschicht
plärrten, „aber in den Städten gibt es so viele schöne Dinge – und was haben wir
hier? Es reicht gerade zum Sattwerden. Sonst ist doch hier nichts los." Auch die Hinweise auf Arbeitslosigkeit, Enge, stinkende Abwässer und Gewaltkriminalität in den
überfüllten Elendsvierteln der Großstädte haben wohl nichts an seinem Traum vom
besseren Leben in der Stadt mit ihren industriell gefertigten Konsumgütern geän-
dert. Das war damals, in den 1970er-Jahren, einer relativ friedlichen Zeit Kolumbiens
zwischen dem Bürgerkrieg der „Violencia" und den Drogen- und Landraubkriegen,
die sich ab den 1980er-Jahren entwickelten und etwa 10 % der kolumbianischen
Bevölkerung zu Binnenflüchtlingen machten; mehr dazu im Abschn. 5.2.

In der Weltbevölkerung, die Ende 2016 mehr als 7,47 Mrd. Menschen umfasste,
davon 60 % in Asien, 16 % in Afrika, 9 % in Lateinamerika, 10 % in Europa, 5 %
in Nordamerika, 0,3 % in Australien, wobei Afrika mit 2,5 % das stärkste Bevölkerungswachstum aufweist [191], treibt das Wohlstandsgefälle zwischen Nordamerika,
Europa und Australien einerseits und den industriell weniger entwickelten Ländern
andererseits Migrationsströme, deren zeitliche Entwicklung und Quellen am Beispiel
Deutschlands die Abb. 5.2 und die Tab. 5.3 zeigen.

Gemäß Abb. 5.2 hat die Zahl der in der Bundesrepublik Deutschland (BRD) seit
1953 jährlich beantragten Asylverfahren im Jahr 1992 ein erstes Maximum von rund
438.000 Anträgen. Ab 2013 schießt sie erneut in die Höhe: von etwa 203.000 in 2014
über 477.000 in 2015 auf 746.000 in 2016; von Januar bis September 2017 wurden
rund 168.000 Anträge gestellt. Diese Zahl ist bis Ende 2017 auf 187.000 gestiegen.[12]

Eine Ursache für Flucht und Migration nach Deutschland sind die regionalen
Kriege seit dem Ende des Kalten Krieges. Eine andere dürften Erwartungen an ein
wirtschaftlich starkes Deutschland sein, dessen Bürger sich in ihrer übergroßen Mehr-
heit glücklich schätzen, dass ihr Land nach den Verbrechen der Nazizeit wieder in die
Gemeinschaft der Völker, und das sogar wiedervereinigt, aufgenommen worden ist.
Da werden Asylsuchende auch nicht dadurch abgeschreckt, dass es in Zeiten starker

---

[11]Kolumbianischer Euphemismus für Elendsviertel.
[12]Meldung in den Rundfunk- und Fernsehnachrichten am 16. Januar 2018.

Entwicklung der Asylantragszahlen seit 1953

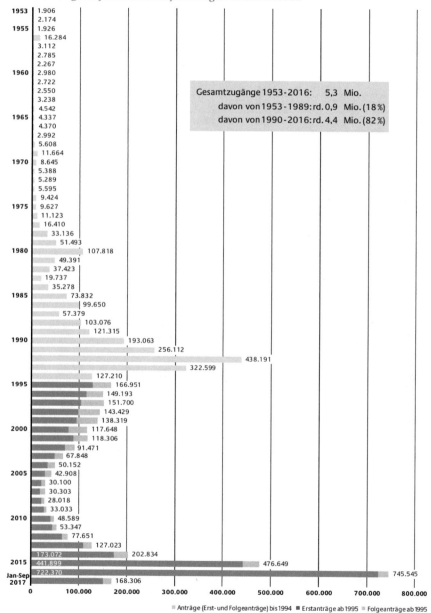

Entwicklung der jährlichen Asylantragszahlen seit 1953

Gesamtzugänge 1953 - 2016:   5,3 Mio.
davon von 1953 - 1989 : rd. 0,9 Mio. (18 %)
davon von 1990 - 2016 : rd. 4,4 Mio. (82 %)

Anträge (Erst- und Folgeanträge) bis 1994   Erstanträge ab 1995   Folgeanträge ab 1995

Abb. 5.2 Zeitliche Entwicklung der jährlichen Asylantragszahlen in der BR Deutschland (BRD) seit 1953. [192]

Tab. 5.3 Zahl der Asylbewerber in Deutschland nach zugangsstärksten Herkunftsländern, von 2013 bis September 2017. Kein Eintrag bedeutet, dass das Land nicht zu den zehn zugangsstärksten Ländern in dem betreffenden Jahr gehörte. [192,193]

Herkunftsländer	2013	2014	2015	2016	2017
Afghanistan	7735	9115	31.382	127.012	13.348
Albanien		7865	53.805	14.853	
Eritrea	3616	13.198	10.876	18.854	8162
Irak	3958	5345	29.784	96.116	16.088
Iran	4442			26.426	6675
Kosovo		6908	33.427		
Mazedonien	6208	5614	9083		
Nigeria				12.709	5729
Pakistan	4101		8199	14.484	
Russland	14.887			10.985	3925
Serbien	11.459	17.172	16.700		
Somalia	3786	5528			5285
Syrien	11.851	39.332	158.657	266.250	36.832
Türkei					5410

Zuwanderung zu Brandanschlägen auf Flüchtlingsunterkünfte kommt. Betrachten wir die Migrationsimpulse, die den beiden Zuwanderungsspitzen jeweils vorausgegangen waren.

Nach dem Fall der Berliner Mauer und des Eisernen Vorhangs im Jahr 1990 zerfiel während der letzten Dekade des 20. Jahrhunderts der auf seinem dritten Weg zwischen Ost und West, Nord und Süd international einflussreiche Vielvölkerstaat Jugoslawien in einer Serie von Kriegen zwischen seinen verschiedenen Volksgruppen. Am schlimmsten wütete von 1992 bis 1995 der Bosnienkrieg mit seinen ethnischen Säuberungen. Damals suchten viele Kriegsflüchtlinge Zuflucht in dem gerade wiedervereinigten Deutschland. Dies ist einer der Gründe für den ersten Höhepunkt der Asylanträge in 1992.

Von 1993 bis zu ihrer Rückführung nach Sarajevo im Jahr 1997 hatten wir zwei bosnisch-muslimische Flüchtlingsfamilien, eine zeitweise mietfrei, in zwei Eigentumswohnungen aufgenommen. Wir machten dabei einige Erfahrungen, z. B. folgende.[13]

Staatliche und kirchliche Institutionen in Deutschland mögen die Bevölkerung eindringlich dazu auffordern, Wohnraum für Flüchtlinge zur Verfügung zu stellen. Wenn man aber bei den für die Vergabe von Wohnungen im Eigentum dieser

---

[13] Diese Erfahrungen werden hier nicht nur als Beispiel für konkrete Probleme in der Flüchtlingshilfe berichtet, sondern auch, um dem Verdacht vorzubeugen, die Fakten dieses Abschnitts würden aus islamophoben/fremdenfeindlichen/rechtsextremistischen Motiven präsentiert.

Institutionen Verantwortlichen anfragt, ob nachweislich freier Wohnraum an muslimische Flüchtlingsfamilien vermietet werden könne, kommt nach mancherlei Falschaussagen und Ausflüchten die Absage: „Wir wollen keine Moslems".

Nachdem der in Sarajevo zurückgebliebene Ehemann und Vater der ersten, aus Mutter, Sohn und Tochter bestehenden Flüchtlingsfamilie gefallen war, wurde der neunjährige Sohn nach muslimischem Verständnis zum Familienoberhaupt und verlangte von seiner Mutter, noch mehr Putzarbeiten anzunehmen, damit sie ihm Adidas-Sportschuhe kaufen könne. Daraufhin hat eine Nachbarin aus unserem Helferkreis sehr intensiv mit ihm gesprochen. Er entwickelte sich dann zu einem Sohn, wie ihn besser sich keine Mutter wünschen konnte.[14]

Die zweite, vierköpfige bosnische Familie war mit der ersten befreundet. Auf ihre sehr hohen Heizkostenrechnungen angesprochen, die der deutsche Steuerzahler bezahlen müsse, antwortete der Familienvater: „Alles, was Deutschland für Flüchtlinge aufwendet, wird Ihrem Land doch von den Vereinten Nationen zurückerstattet."

Noch größere Illusionen von den Ressourcen und der Leistungsfähigkeit Deutschlands hinsichtlich seiner Aufnahmefähigkeit von Flüchtlingen und Migranten herrschen offenbar seit 2014 – zumindest legen das die Abb. 5.2 und die Tab. 5.3 nahe.

Die meisten der in Tab. 5.3 ausgewiesenen zugangsstarken Herkunftsländer von Asylbewerbern sind islamisch geprägt. Dazu passt, dass zuerst Bundespräsident Christian Wulff und danach auch Bundeskanzlerin Angela Merkel erklärt hatten: „Der Islam gehört zu Deutschland".

Gemäß den am 26.04.2017 aktuellen Zahlen der EU-Statistikbehörde Eurostat hat allein Deutschland 2016 weit mehr als die Hälfte aller Flüchtlinge in der EU aufgenommen. 445.210 Asylbewerber bekamen den Angaben zufolge hierzulande einen positiven Bescheid. Zum Vergleich: In der gesamten EU wurden 710.400 Menschen im Jahr 2016 als schutzbedürftig anerkannt. Auf Platz zwei der Rangliste der Länder, die Asylanträge bewilligten, liegt Schweden mit 69.350 positiven Bescheiden. Auf Platz drei landete Italien mit 35.450 Aufnahmen. Berücksichtigt man bei diesen Zahlen jedoch auch die Einwohnerzahl der jeweiligen Aufnahmeländer, landet Schweden mit 7040 anerkannten Schutzsuchenden pro Million Einwohner auf dem ersten Platz, Deutschland mit 5420 pro Million Einwohner auf Platz zwei und Österreich mit 3655 pro Million Einwohner auf Platz drei.(Quelle: tagesschau.de, Zugriff 29.04.2017). Für das erste Halbjahr 2017 zählt Eurostat 357.625 getroffene *Asylentscheidungen* in Deutschland, davon 182.525 positive, während in den übrigen 27 EU-Staaten insgesamt nur 199.405 Entscheidungen getroffen worden sind (Quelle: dpa-Meldung vom 05.12.2017).

Die grafisch und tabellarisch dargestellte Migrationsdynamik seit der Jahrtausendwende hängt mit einer Reihe von Ereignissen zusammen, die den Optimismus

---

[14]Nach dem Abitur in der deutschen Schule von Sarajevo stand er am Anfang einer vielversprechenden Karriere bei einem deutschen Geldinstitut in Bosnien. „Mama, jetzt brauchst Du nicht mehr zu arbeiten", sagte er seiner Mutter. Doch am Muttertag 2012, während eines nächtlichen Gewittersturms in den Bergen von Tuszla, verunglückte er tödlich auf der Heimfahrt von seiner Hochzeitsreise.

dämpfen, nach dem Ende des Kalten Krieges hätte ein Zeitalter des Friedens und der Freiheit für Menschen und Märkte begonnen.[15]

Nach den von Al-Qaida-Selbstmordattentätern am 11. September 2001 geflogenen Terrorangriffen auf New York und Washington griffen die USA Afghanistan an, dessen Taliban-Regierung dem Al-Qaida Chef Osama Bin Laden und seinen Anhängern Zuflucht gewährt hatte. Nach der Eroberung Afghanistans und der Installation prowestlicher (und hoch korrupter) Regierungen, die auch die militärische und wirtschaftliche Unterstützung Deutschlands genießen, konzentrierten sich die USA nicht auf die dauerhafte Befriedung des Landes. Vielmehr beantragte im Jahr 2002 die von Präsident George W. Bush geführte US-Administration im UN-Sicherheitsrat die Ermächtigung zu einem Angriffskrieg gegen den Irak. Grund: Der Diktator Saddam Hussein verfüge über Massenvernichtungswaffen. Wegen begründeter Zweifel an der Existenz der Massenvernichtungswaffen wurde die Ermächtigung nicht erteilt. Nach der Bombardierung Bagdads im März 2003 überschritten US-amerikanische und britische Bodentruppen die Grenze zum Irak. Frankreich und Deutschland verweigerten den Beitritt zu Bushs „Koalition der Willigen". Am 1. Mai 2003 erklärte Präsident Bush den Krieg für siegreich beendet. Massenvernichtungwaffen wurden nicht gefunden. Zuvor war die deutsche Oppositionsführerin Angela Merkel nach Washington geflogen und hatte Bush versichert, dass sie als Kanzlerin Deutschland in die Koalition der Willigen geführt hätte.[16]

Dann stürzte der Arabische Frühling die muslimischen Anrainerstaaten des Mittelmeers ins Chaos. Am schlimmsten wurde es in Syrien. Bushs Koalition der Willigen hatte sich nicht um die Waffenlager der geschlagenen irakischen Armee gekümmert. Daraus bedienten sich die sunnitischen Anhänger von Saddam Hussein, besonders die von der neuen schiitischen Regierung aus der Armee entlassenen. Seitdem erschüttern immer wieder Anschläge den Irak. Zudem schloss sich ein Teil der sunnitischen Minderheit dem im zweiten Anlauf schnell erstarkenden sog. Islamischen Staat an. Dieser mordete mit anderen Dschihadisten im syrischen Bürgerkrieg. Ein Teil der vom Krieg entwurzelten Menschen drängte übers Mittelmeer, die griechischen Inseln und die Balkanroute bevorzugt in Richtung Deutschland. Iraker, Iraner, Afghanen und Pakistanis schlossen sich ihnen an.

Im Sommer 2014 verkündete Bundespräsident Joachim Gauck über Funk und Fernsehen, dass Deutschland ein reiches Land sei,[17] in dem Flüchtlinge willkommen

---

[15]Der mit diesen Ereignissen weniger zusammenhängende Migrationsschub aus dem Kosovo wurde getrieben von desolater Wirtschaft, massiver Korruption und Gerüchten über großartige Perspektiven in Deutschland, die von kriminellen Akteuren verbreitet worden waren.

[16]Dazu gab es einen derben Kommentar auf einem Düsseldorfer Karnevalswagen.

[17]Nach Schätzung des Internationalen Währungsfonds vom Oktober 2016 liegt Deutschland in beiden internationalen Ranglisten des Bruttoinlandsprodukts pro Kopf – sowohl in US-Dollar$_{2015}$ als auch in internationaler Kaufkraftparität – auf Platz 20. Vor Deutschland liegen im US-Dollar$_{2015}$-Ranking Luxemburg, Schweiz, Norwegen, Macau, Katar, Irland, USA, Singapur, Dänemark, Australien, Island, Schweden, San Marino, Niederlande, Großbritannien, Österreich, Kanada, Finnland und Hongkong. Vom gesamten Nettovermögen der deutschen privaten Haushalte entfallen 60 % auf die reichsten 10 % und 2,5 % auf die unteren 50 % der Haushalte [194].

sind. Danach stieg auch die Zahl der Mittelmeerüberquerungen (und -tragödien) von Afrikanern steil an. Ihren Schleppern zahlten und zahlen die Flüchtlinge und Migranten viele Tausend Euros. Der somalische Boss der größten afrikanischen Schlepperorganisation, der die Bootsflüchtlinge mit Mobiltelefonen ausstattet, damit sie nach dem Verlassen afrikanischer Hoheitsgewässer per Seenotruf europäische Schiffe zu Hilfe rufen, wurde immens reich, und die römische Mafia wechselte von Drogenhandel und Prostitution in die Betreuung und den Weitertransport von Migranten und Asylbewerbern. Am 15. Mai 2017 teilte die Anti-Mafia-Behörde in Catanzaro mit, dass die kalabrische Mafia aus der Verwaltung eines Flüchtlingslagers in der Provinz Crotone Gewinne gezogen habe – von 32 Mio. EUR in zehn Jahren ist die Rede. Das organisierte Verbrechen hat ein neues, lukratives Geschäftsfeld gefunden.

Schleuserbanden setzen inzwischen oft riesige Schlauchboote ein, die eigens in China gefertigt und über den Freihafen von Malta etwa in die libysche Hafenstadt Misurata geliefert werden.

Als eine Art Amazon für Menschenhändler fungiert die große chinesische Handelsplattform Alibaba.com. Dort inserierte etwa die Firma Weihai Dafang aus Shandong verschiedene Ausführungen eines Typs mit dem Handelsnamen ‚Schlauchboot für Flüchtlinge‘ – bis zu neun Meter lang, mit Platz für ‚50 bis 60 Personen‘ …im Sonderangebot, Lieferzeit 30 Tage [195].

Beim Zugriff auf die Alibaba Website der Firma Weihai Dafang eine Woche nach dieser Pressemeldung vom Juni 2017 war das Sonderangebot „für Flüchtlinge" erloschen. Statt dessen wurden die Schlauchboote für 50 bis 60 Personen ab einer Mindestbestellung von 50 Booten offeriert.

Auch eine Regionalzeitung wie die Würzburger Main-Post, die die Flüchtlingspolitik der Bundeskanzlerin mit Nachdruck unterstützt, lässt die dpa-Korrespondentin Petra Kaminski berichten über „Das Milliardengeschäft der Schleuser" [196]:

Der UNO-Migrationsexperte Frank Laczko schätzt, dass Schmuggler-Netzwerke weltweit aktuell pro Jahr zehn Milliarden Euro umsetzen …Die europäische Polizeibehörde Europol schätzt, dass bei etwa einer Million Menschen, die 2015 nach Europa kamen, jeder im Schnitt 3000 bis 6000 Euro für die Flucht bezahlt hat. Sicherheitskreise vermuten, dass 70 bis 80 Prozent der Umsätze der Schleuser als Gewinn übrig bleiben. Gezahlt wird großteils in bar. Geldwäsche und Kuriere, die große Summen über Grenzen schaffen, gehören zum System. Das Geld wird laut Europol in legale Branchen wie Autohandel, Gemüseläden, Immobilien und Transportfirmen investiert. …Die Ankömmlinge schweigen eisern, wenn Behörden sie zu Schleppern befragen. Selbst wenn sie auf ihrer Reise misshandelt wurden. Viele wollen Freunde und Familienangehörige nachholen – oft mithilfe der gleichen Schlepper. Auch deshalb verraten sie die Schlepper selten. ‚Das Schmugglerwesen ist durch die Nachfrage ein boomendes Business‘, sagt der österreichische Experte Michael Spindelegger. …Auf dem Weg nach Europa bedienen sich neun von zehn Flüchtlingen krimineller Hilfe. Die Nachfrage entsteht aus vielerlei Gründen: Weil Krieg, Gewalt und Unterdrückung …heftig wüten. Oder weil junge Männer und Frauen in Asien, Afrika und der Karibik auf großen und kleinen Bildschirmen mittels Internet vorgeführt bekommen, welche Lebenschancen sie andernorts hätten.…Eine Komplettausstattung mit gefälschten oder illegal beschafften Dokumenten für den Weg nach Europa inklusive neuem Führerschein und Geburtsurkunde kann 5000 bis

10 000 Euro kosten. …Wohlhabende kaufen sich für 20 000 US Dollar Dokumente mit einem passenden Lebenslauf plus Überfahrt per Jacht aus der Türkei nach Italien. …In Afrika beobachten Sicherheitsexperten, dass Schlepper inzwischen Werbung für eine Flucht machen …‚Die Schmuggler suchen jetzt selbst ihre Kunden‘, sagt UNO-Experte Laczko. ‚Sie gehen hin und preisen ihre Dienste über Facebook und andere Soziale Medien an.‘

Dank der halbleitertechnischen Fortschritte in Mikro- und Nanostrukturierung der Transistoren verbreiten heutzutage Tabletcomputer und Smartphones in Verbindung mit dem Internet Informationen in Wort und Bild über das gute Leben der Menschen in den hoch industrialisierten Wohlstandsinseln unseres Planeten. Sie ermöglichen auch Geldüberweisungen von Migranten, die es in die Industrieländer geschafft haben, an die Verwandten im subsaharischen Afrika, am Horn von Afrika und im islamischen Asien.

Wenn in einem Dorf Malis jemand ein neues Haus baut mit Geld, das der Sohn aus Europa per Smartphone in die Heimat überwiesen hat, legen die Nachbarn und deren Verwandte ihre knappen Mittel zusammen, um auch einen ihrer jungen Männer mittels üppig bezahlter Schlepper auf die oft tödliche Reise durch die Sahara und übers Mittelmeer nach Europa zu schicken. Wer nicht in der Sahara aus dem Jeep geworfen oder in Libyen als Lösegeldgeisel gefangen genommen wird, und wer danach auch nicht mit einem überfüllten, leckgeschlagenen oder von den Passagieren selbst zum Kentern gebrachten Boot im Meer versinkt, sondern von privaten oder staatlichen Rettungsschiffen geborgen wird, schafft es in Lampedusa ins Fersehen. Das zeigt, wie er per Smartphone seine Ankunft bekannt gibt. Dann macht sich der nächste, vom Clanchef bestimmte junge Mann auf die Reise.

In Deutschland angekommen, berichtete im Oktober 2015 ein noch Minderjähriger seiner ehrenamtlichen Helferin, die 2017 Bundestagsabgeordnete geworden ist, dass die Verwandtschaft daheim jetzt aber richtig Geld von ihm erwarte und nicht glaube, dass ihm der deutsche Staat nur 300 EUR pro Monat zum Leben gäbe. Darum habe er 250 EUR nach Afrika überwiesen und versuche, mit den verbliebenen 50 EUR durch den Monat zu kommen.

Die Zahlen der in Griechenland (GR), Italien (I) und Spanien (E) angekommenen Bootsflüchtlinge betrugen nach Angaben der Internationalen Organisation für Migration (IOM) [197]
im Jahr 2016: 174.000 (GR), 181.000 (I), 8.000 (E);
im Jahr 2017: 30.000 (GR), 119.000 (I), 22.000 (E).

Nach der Schließung der Balkanroute seitens Sloweniens, Kroatiens, Serbiens, Mazedoniens und Ungarns und wegen der EU-Kooperation mit Libyen leiten die Schlepperbanden die Migrantenströme zunehmend in Richtung Spanien um.

Bis 2015 war die deutsche Regierung hinter dem Dublin-Abkommen in Deckung geblieben. Doch dann machten sich im September 2015 die im Budapester Hauptbahnhof gestrandeten Migranten auf den Fußmarsch in Richtung österreichische Grenze, mit dem Endziel Deutschland. Dessen Bürger erfuhren durch Fernsehen, Rundfunk und Presse, wie in Reaktion darauf die Bundeskanzlerin Angela Merkel über alle Kommunikationskanäle aller Welt die offenen Grenzen Deutschlands, insbesondere für syrische Flüchtlinge, verkündete und dass daraufhin die Preise für gefälschte syrische Pässe in die Höhe schossen. Dem Innenminister, der Einwände gegen den Kontrollverlust erhob, wurde die Zuständigkeit für die Grenzübertritte entzogen und dem Kanzleramtsminister übertragen.

Die Bundesbürger reagierten auf diese Ereignisse unterschiedlich. Die einen hießen die Flüchtlinge an den Bahnhöfen willkommen und halfen ihnen ehrenamtlich in den vielen schnellstens eingerichteten Notunterkünften.[18] Andere wandten sich einer neuen Partei am äußersten rechten Rand des Parteienspektrums zu, die vor dem September 2015 auf dem besten Weg gewesen war, sich in Flügelkämpfen selbst zu zerlegen. Bei der Bundestagswahl 2017 wurde sie dann zur drittstärksten Fraktion.[19] Und viele Wähler der ehemals großen Volksparteien wissen nicht mehr, wem sie die Lösung der Probleme unseres Landes zutrauen können.

Bundespräsident und Bundeskanzlerin hatten mit ihrer unfreiwilligen Lieferung von Werbeargumenten für die Schlepperbanden auf die Willkommenskultur reagiert, die, am Vorbild Schwedens orientiert, in Deutschland viele Unterstützer gefunden hatte und hat. Die über Smartphones und die sozialen Netzwerke weltweit ausgestrahlten Bilder und Nachrichten über diese deutsche Willkommenskultur und ihre staatlichen Repräsentanten schufen trotz Brandanschlägen auf Flüchtlingsunterkünfte den Mythos von Deutschland als dem gelobten Land für alle, die von einem besseren Leben träumen.

Doch der in Abb. 5.2 gezeigte Ansturm von Asylbewerbern überfordert inzwischen das deutsche Asylsystem und seine Beschäftigten.[20] Die Aufforderung der Ministerpräsidentin eines Bundeslandes, die „Herrschaften vom Bundesamt für Migration und Flüchtlinge (BAMF) mögen dann eben bitte Überstunden auch am Wochenende schieben" und die überstürzte Einstellung mangelhaft ausgebildeter Entscheider konnten nicht verhindern, dass sich auch Dschihadisten und sogar ein rechtsextremistischer Bundeswehroffizier ins Asyl- und Sozialsystem einschlichen. Allseits geäußerte helle Empörung darüber hilft nicht weiter. Eine gute Verwaltung gehört zu den Stärken Deutschlands. Ihre Beschädigung durch Überforderung schadet dem Land.

Überfordert werden auch die Verwaltungsgerichte durch Anfechtung der Entscheidungen des BAMF, das nach Neueinstellung Tausender zusätzlicher Mitarbeiter schon länger anhängige Asylanträge abgearbeitet hat. Nunmehr wird massiv gegen Entscheidungen geklagt, die nicht den von den jeweiligen Asylbewerbern angestrebten Status gewährt haben. Waren im Juni 2016 vor deutschen Verwaltungsgerichten noch rund 68.000 Asylklage-Verfahren anhängig, verzeichneten die Gerichte zum Juni 2017 schon rund 320.000 Verfahren.[21]

---

[18]Dazu sagte die Kanzlerin: „Es gehört zur Identität unseres Landes, Größtes zu leisten" [198]. Der EKD-Ratsvorsitzende Heinrich Bedford-Strohm schloss sich an: „2015 wird in die Geschichte unseres Landes eingehen als das Jahr, in dem Deutschland über sich hinausgewachsen ist." [199].

[19]Dagegen geholfen hatte auch nicht das Versprechen der Kanzlerin Anfang 2017, dass das, was im Herbst 2015 geschah, sich nicht wiederholen kann, wird und darf.

[20]Gleiches gilt für Schweden, das Grenzkontrollen eingeführt hat.

[21]Main-Post Würzburg vom 6. November 2017, S. 1: „Wir machen zu 80 % Asylsachen"– Würzburger Verwaltungsgerichtspräsident über die Belastung seiner Behörde.

Berichte seriöser Medien über die hohen Kosten für die Ermittlung von Identität und Alter der Asylbewerber, die ihre Pässe vernichtet haben, erlogene Asylgründe wie eine drohende Todesstrafe im Heimatland wegen dort angeblich, doch nicht tatsächlich begangener schwerer Verbrechen, Scheinübertritte zum Christentum und die grundlose Vaterschaftsanerkennung von Kindern asylsuchender Frauen durch deutsche Männer, an die Teile der Sozialleistungen für das Kind und seine Mutter von Letzterer abgezweigt werden, wecken immer mehr Misstrauen gegen den Staat, seine Eliten und seine Institutionen, die der Migrationsproblematik nicht gewachsen zu sein scheinen.

Die Willkommenskulturschaffenden haben mit ihren vorbildlichen, ehrenamtlichen Einsätzen auf dem bisherigen Höhepunkt der Flüchtlingskrise ein Chaos bei Versorgung und vorläufiger Unterbringung der Migranten verhindert. Doch die von allen beschworene Integration derer, die hier bleiben dürfen, kann nur durch Bereitstellung von Wohnraum inmitten normaler Wohngebiete, und nicht in ghettoartigen Trabantensiedlungen, gelingen. Hier hat es in der Vergangenheit gehapert, und es hapert auch heute. In Wohngebieten der weißen, städtischen Mittelschicht an der Ostküste der USA befürchten die Leute Wertverluste ihrer Immobilie, wenn eine schwarze Familie in ihre Nähe zieht. Ähnliche Ängste hegen auch liberale Bürger deutscher Wohnviertel, wenn Wohnhäuser für anerkannte Flüchtlinge in ihrer Nähe gebaut werden sollen. Die Menschen sind wie sie sind. Wohlfeile öffentliche Appelle von Geistlichen und Politikern ändern daran nichts. Sie treiben allenfalls Wähler den in vielen EU-Ländern erstarkenden, gegen Migranten agitierenden Rechtspopulisten zu und liefern den Schleppern weitere Werbeargumente.

Grenzsicherung gegen den weiteren Zustrom von Migranten betreiben EU-Mitglieder, die früher dem Warschauer Pakt angehört hatten und deren Rentner teilweise geringere Einkünfte haben als anerkannte Asylbewerber in Deutschland. Sie wehren sich auch gegen Umverteilungsquoten der EU-Kommission, die das Ungleichgewicht der Asylbewerberverteilung innerhalb der EU verringern sollen. Laut getadelt werden sie dafür besonders aus Deutschland. Nach dem Brexit-Votum Großbritanniens, bei dem auch Zuwanderung eine Rolle gespielt hatte, fährt die Europäische Union ohnehin schon in schweren Gewässern. Deutsche Ermahnungen und gleichzeitige Ablehnung, dass die von Schiffen unter deutscher Flagge aus dem Mittelmeer an Bord genommenen Migranten in andere als italienische Häfen gebracht werden, dürften die EU noch stärker gefährden. Die EU-feindlichen Populisten der „Cinque Stelle"–Bewegung und der „Lega Nord" profitieren von der Überlastung Italiens durch Migranten.

Überflüssig zu sagen, dass die offiziellen Zahlen der Asyl*anträge* den Zustrom von Migranten nach Deutschland und Europa nur unzureichend wiedergeben.

In den Jahren 2014 bis 2017 sind rund 1,5 Mio. Flüchtlinge und Migranten in Deutschland eingewandert. Prüfung und Bearbeitung ihrer Asylanträge, Verwaltungsgerichtsprozesse bei Klagen gegen Entscheidungen des BAMF, Konfliktschlichtungen in ihren Unterbringungen, Integrations- und Sprachkurse, medizinische Versorgung usw. sind personalintensiv. Personal ist in Deutschland teuer. Bis zum Jahr 2022 seien im Bundeshaushalt für Sozialtransfers an Flüchtlinge knapp 21 Mrd. EUR, für Integrationsleistungen wie Sprachkurse 13 Mrd. EUR sowie für

Aufnahme, Registrierung und Unterbringung 5,2 Mrd. EUR vorgesehen, berichtet die Presse [201]. Doch Deutschland gilt ja als reich, und man kann es als ausgleichende historische Gerechtigkeit betrachten, dass unser Land, nachdem es nie eine offizielle Reparationsrechnung aller Kriegsgegner für den von ihm begonnenen und verlorenen 2. Weltkrieg präsentiert bekam, jetzt die finanzielle Hauptlast der Migration nach Europa trägt. Schwerer wiegt, dass den meisten Zuwanderern in ihren Herkunftsländern nicht die schulische und berufliche Bildung zuteil geworden ist, die in einem hoch industrialisierten Land für Erwerbsarbeit außerhalb des Niedriglohnsektors erforderlich ist. Wenn nicht schnellstens die Sprachbarrieren beseitigt werden, die verhindern, dass die Zuwanderer zu den dringend benötigten Fachkräften ausgebildet werden können, droht dem Produktionsfaktor Arbeit langfristig eine Qualitätsminderung. Diese dürfte besonders problematisch werden, wenn dieser Faktor weiterhin zur die Finanzierung der Gemeinschaftsaufgaben des Staates und der sozialen Sicherungssysteme herangezogen wird. Kap. 6 geht darauf ein.

In Deutschland machen junge Männer rund 80 % der Migranten aus. Alleinstehend, ohne Partnerin und befriedigende Beschäftigung, sind junge Männer aller Rassen und Religionen ein Problem. Das wurde Deutschland in der Kölner Sylvesternacht 2015 schockartig bewusst. Migrationsanreize, die über die modernen Kommunikationsmittel unerfüllbare Erwartungen bei Milliarden von Menschen wecken, müssen ersetzt werden durch die Bekämpfung der Fluchtursachen.

Eine erste Maßnahme seitens der Industrieländer wäre der Abbau ihrer Zölle gegen die Einfuhr von Produkten aus der Arbeitsplätze schaffenden Veredelung einheimischer Rohstoffe in den Entwicklungsländern selbst. Deren Konkurrenz mit Produkten der Industrieländer, z. B. europäischer Kaffeeröstereien und Schokoladenhersteller, müsste man in Kauf nehmen. Und die Fischpiraterie nichtafrikanischer Fischerei-Fabrikschiffe vor den afrikanischen Küsten sollte mit europäischer Militärhilfe unterbunden werden.

Doch die Bekämpfung der von korrupten Eliten verursachten Fluchtgründe verlangt schärfere Maßnahmen. Dafür schlägt Abschn. 1.2.2 Beschränkungen des Kapitalverkehrs vor. Ein Sanktionsmechanismus steht dabei Pate, der international schon angewandt wurde, z. B. gegen den Iran und Mitarbeiter des russischen Präsidenten. Der Grundgedanke wird hier nochmals skizziert.

Die industriell hoch entwickelten Staaten beschließen in enger Zusammenarbeit mit zivilgesellschaftlichen Organisationen der Entwicklungs- und Schwellenländer sowie bewährten internationalen Nichtregierungsorganisationen einen Vertrag zur Einführung einer *Kapitalfluchtbremse*. Dieser Vertrag sieht vor, dass allen Banken in den Staaten, die Mitglieder des Kapitalfluchtbremsen-Abkommens sind, unter Androhung des Lizenzentzugs verboten wird, von natürlichen und juristischen Personen aus Ländern mit einem von „Transparency International" festgestellten und von den Staaten des Abkommens als inakzeptabel eingestuften Korruptionsniveau Gelder anzunehmen und, in welcher Form auch immer, außerhalb des Heimatlands der betreffenden Person anzulegen. Der Handel zwischen den korrupten Ländern und dem Rest der Welt wäre über Transferbanken der Vereinten Nationen abzuwickeln.

Reichen zivile Zwänge nicht aus, die Fluchtursachen zu beseitigen, weil kleptokratische Machthaber die Menschen ihrer Länder weiterhin in Aufstände und

Bürgerkriege treiben, bleibt noch die Option robuster UN-Friedensmissionen, einschließlich einer jahrelangen „Betreuung" der befriedeten Länder, wie sie Deutschland und Japan nach dem 2. Weltkrieg zuteil geworden war.

5.2 Kolumbien

Die Aufklärung – „Der Ausgang des Menschen aus seiner selbstverschuldeten Unmündigkeit" (Immanuel Kant) – hatte mit der Proklamation der Menschenrechte durch die Unabhängigkeitserklärung der USA von 1776 und die Französische Revolution von 1789 auch in Kolumbien und Venezuela das Streben nach Fortschritt und Freiheit und den Kampf um die Unabhängigkeit von Spanien entfacht. Aber anders als in Europa und Nordamerika erfasste das Fortschrittsstreben nicht auch den technisch-ökonomischen Bereich. Die Industrialisierung blieb weit hinter der Entwicklung von Kunst und Kultur zurück. „Die protestantische Ethik und der Geist des Kapitalismus" (Max Weber) fehlten in den vom spanischen Katholizismus geprägten Ländern Lateinamerikas. Doch wie auch immer die Wertentscheidungen, die Kolumbien im agrarischen Feudalismus stecken bleiben ließen, von Religion beeinflusst waren – wichtig waren für sie zweifelsohne die Vielfalt der Klimazonen, die geologische Beschaffenheit, die fruchtbare Natur und die Geschichte des Landes.

Die geschichtliche Entwicklung wird beklagt von *Violencia,* der Cumbia der Gewalt:[22]

Se oye un llanto	Man hört ein Weinen,
que atraviesa el espacio	das das Weltall durchdringt,
para llegar a Dios.	im Streben hin zu Gott.
Es el llanto de los niños	Es ist das Weinen der Kinder,
que sufren	die leiden
y lloran de temor.	und in Schrecken schreien.
Es el llanto de las madres	Es ist das Weinen der Mütter,
que tiemblan de desesperación.	die zittern vor Verzweiflung.
Ese llanto	Dieses Weinen
es el llanto de Dios.	widerhallet von Gott.
Violencia!	Gewalt!
Maldita violencia!	Verfluchte Gewalt!
Porque no permites	Warum zerstörst Du
que reine la paz,	den Frieden,
que reine el amor?	die Herrschaft der Liebe?
Porque no te empeñas	Warum verhinderst Du,

---

[22]Gesungen 1970 von Gabriel Quintero. Text: Jose Barros. Übersetzung von R. K. Zu den Melodien, Rhythmen und meist fröhlichen oder romantischen Texten der Cumbias wird auf Fiestas getanzt – besonders anmutig von jungen Mädchen im Kreise, mit Kerzen in den Händen.

en cultivar la tierra de Dios?	dass Gottes Erde erblüht?
Violencia!	Gewalt!
Maldita violencia!	Verfluchte Gewalt!
Porque no permites	Warum erlaubst Du nicht
que salga nueva oraciõn?	das Aufsteigen neuen Gebets?
Recuerda que duerman	Wie gerne doch schliefen
los niños	die Kinder
en cunas sonriendo de amor.	in Wiegen, im Lächeln der Liebe.
Violencia!	Gewalt!
porque no permites	Warum zerstörst Du
que reine la paz?	den Frieden?
No mas guerra! No mas violencia!	Kein Krieg mehr und keine Gewalt!

„Hay que fusilar unas treinta familias – Man müsste etwa 30 Familien erschießen", sagte Javier M. freundlich lächelnd im Halbschatten des Eingangs zum Departamento de Física vor Palmen und Bougainvillen unter der Nachmittagssonne Calis. Ich hatte meinen immer liebenswürdigen Kollegen bei einem Tinto gefragt, wie man die schlimme soziale Lage breiter Bevölkerungsschichten in dem reichen, schönen Land Kolumbien am schnellsten ändern könnte.

Seine Antwort erinnerte mich an unseren Vorbereitungskurs durch die Arbeitsgemeinschaft für Entwicklungshilfe im Herbst 1969: „Kolumbien, mit seiner hochgebildeten Ober- und Mittelschicht war – und ist in gewisser Weise auch heute noch – die Universität Lateinamerikas. Aber man kann auch beobachten, dass in einem Restaurant zwei elegant gekleidete Herren höchst kultiviert miteinander diskutieren, bis einer die Pistole zieht und den anderen erschießt", hatte der Länderexperte für Kolumbien gesagt und uns erklärt, dass seit dem 1810 begonnenen und 1819 mit dem Sieg von Boyaca erfolgreich abgeschlossenen Unabhängigkeitskampf gegen die spanische Kolonialherrschaft die Gewalt in Kolumbien endemisch ist.

Javier selbst hätte niemals einem Menschen ein Leid antun können. Er stand dem Bahai-Glauben nahe und arbeitete in seiner Freizeit in Bildungsprojekten für die verarmte Landbevölkerung. Seine Antwort war rein theoretisch, weil nach Schnelligkeit gefragt worden war. Jüngere, ungeduldige Leute hingegen hielten den Weg der Gewalt für praktikabel und hatten sich den revolutionären Aufstandsbewegungen verschiedener marxistischer Prägungen angeschlossen. Und alle Kolumbianer waren sich damals, Anfang der 1970er-Jahre, und sind sich auch heute der großen Spannungen in ihrem Land nur zu schmerzlich bewusst. Der Wahlspruch der kolumbianischen Nationalflagge bezeichnet deren Pole: „Libertad y Orden – Freiheit und Ordnung".

Zwischen diesen Polen bauen sich Spannungen in allen menschlichen Gesellschaften auf, in denen das Wohlstandsgefälle zwischen wenigen Reichen und vielen Armen zu groß wird. In der Bewältigung dieser Spannungen steht Kolumbien heute an einem Scheideweg. Ähnliches steht dem Rest der Welt noch bevor.

Kolumbien und Deutschland verbinden vielfache Beziehungen. Deutsche Jagdflieger des 1. Weltkriegs gründeten nach 1918 in Kolumbien die erste zivile Fluggesellschaft Lateinamerikas. Bierbrauer brachten gutes Bier ins Land, und Großfirmen errichteten Zweigniederlassungen. In den Metropolen Kolumbiens gibt es große deutschsprachige Gemeinden. In deutschen Schulen *(Colegios Alemanes),* unterstützt durch deutsche Steuergelder, führen deutsche und kolumbianische Lehrer ihre Schüler zum Abitur. Dennoch wissen die meisten Mitteleuropäer von Kolumbien nicht viel mehr, als dass aus diesem Land die Nachfrage der westlichen Industrieländer nach Kokain befriedigt wird, dass es deswegen Probleme hat, und dass für den Versuch, diese Probleme zu lösen, sein im August 2018 aus dem Amt scheidender Präsident Santos den Friedensnobelpreis erhalten hat. Angesichts der wachsenden internationalen Bedeutung Kolumbiens, die der Zerfall Venezuelas noch verstärkt, sollen im Folgenden etwas eingehendere Informationen über Land und Leute helfen, zu verstehen, wie und warum Kreativität, durchaus auch negativ, in der drittgrößten Volkswirtschaft Südamerikas wirkte und wirkt.

5.2.1 Amtliche Informationen

Das Auswärtige Amt [202] berichtet im Früjahr 2018 über Kolumbien:
Ländername: Republik Kolumbien – República de Colombia.
Klima: breites Spektrum klimatisch unterschiedlicher Zonen je nach Höhenlage; überwiegend tropisch oder subtropisch; die Hauptstadt Bogotá liegt in der gemäßigten Klimazone. Kaum jahreszeitbedingte Temperaturschwankungen.
Lage: Im Nordwesten Südamerikas. 1600 km Küstenlinie an der Karibik und 1300 km am Pazifik. Nachbarländer: Panama, Venezuela, Brasilien, Peru und Ecuador.
Größe: 1,138 Mio. qkm.
Hauptstadt: Bogotá, 8,4 Mio. Einwohner.
Bevölkerung: 49,4 Mio. Wachstumsrate 1,2 % pro Jahr. Zusammensetzung laut Zensus von 2015: 3,43 % indigene Bevölkerung, 10,6 % Afrokolumbianer, 49 % Mestizen, 27 % Weiße.
Landessprache: Spanisch; 65 indigene Sprachen; Englisch auf San Andrés und Providencia.
Religion: Katholisch (etwa 80 %); zunehmend Evangelikale (etwa 20 %)
Nationalfeiertag: 20. Juli (Unabhängigkeitstag)
Unabhängigkeitsdatum: 20. Juli 1810
Regierungsform: Präsidialdemokratie; Kongress mit zwei Kammern: Senat und Repräsentantenhaus
Staatsoberhaupt und Regierungschef: Juan Manuel Santos Calderón, seit 7. August 2010, wiedergewählt am 15. Juni 2014, zu zweiter Amtszeit vereidigt am 7. August 2014. Amtszeit vier Jahre. Nächste Wahl Mai/Juni 2018.
Parlament: Konstituierende Sitzung des am 11. März 2018 gewählten Parlaments am 20. Juli 2018. Künftig 108 Sitze im Senat und 171 Sitze im Repräsentantenhaus. Der aus der FARC hervorgegangenen politischen Partei sind durch den 2016 geschlossenen Friedensvertrag für die kommende Legislaturperiode in beiden Kammern jeweils fünf Sitze garantiert.
Regierungspartei: Koalition aus Partido de la U, Partido Conservador, Partido Liberal, Cambio Radical. …

Bruttoinlandsprodukt: 287,5 Mrd. US\$ (2016)
Pro-Kopf-BIP: 5897,5 US\$ (2016)

Landesspezifische Sicherheitshinweise:
Seit dem Friedensschluss der kolumbianischen Regierung mit der Guerillagruppe
FARC im Dezember 2017 hat diese ihre militärischen Aktivitäten eingestellt. Die
Demobilisierungs- und Entwaffnungsphase ist weitgehend erfolgreich abgeschlossen. FARC-Dissidenten sowie andere illegale Gruppen aus dem Bereich der organisierten Kriminalität verüben jedoch weiterhin Anschläge und Bandenkriege im
Kampf um die Vorherrschaft in dem entstandenen Machtvakuum. …Die verbliebene Guerillagruppe ELN führt zwar seit Frühjahr 2017 ebenfalls Friedensgesprä-
che mit der Regierung. Nach Ablauf einer Waffenstillstandsvereinbarung kommt es
seit Januar 2018 aber zu gezielten Angriffen auf staatliche Einrichtungen (Polizei-
stationen, Stromleitungen, Ölpipeline). Die Zivilbevölkerung ist derzeit nicht Ziel
solcher Akte, Kollateralschäden werden jedoch regelmäßig in Kauf genommen. Insbesondere in den Grenzregionen Kolumbiens, sowie in ländlichen, dünn besiedelten
Gebieten mit schwacher Infrastruktur ist die staatliche Kontrolle nicht gewährleis-
tet. …In den Großstädten (Bogotá, Medellin, Cali, Cartagena, Santa Marta) ist die
Sicherheitslage mit der in anderen lateinamerikanischen Metropolen vergleichbar.
…

5.2.2 Herrliche Natur

Kolumbien ist eines der schönsten Länder der Erde. Es erstreckt sich[23] vom Leticia-
Zipfel zwischen Peru und Brasilien am Oberlauf des Amazonas auf 4 Grad Süd bis
zu den karibischen Sandstränden der Guajira-Halbinsel auf 12,5 Grad Nord, vom
tropischen Regenwald der Pazifikküste am 77. Grad West bis zum Rio Negro im
Dreiländereck Kolumbien-Venezuela-Brasilien auf dem 67. Grad West.
   Nur dünn besiedelt ist das östliche Tiefland der von Savannen und Galeriewäldern
bedeckten *Llanos Orientales* und der anschließenden tropischen Urwälder, das mehr
als 50 % des Staatsgebiets Kolumbiens einnimmt. Die Bevölkerung konzentriert sich
im Fächer der drei Gebirgszüge West-, Zentral- und Ostkordillere, in die sich die
Anden im Süden Kolumbiens aufspalten.
   Die 30–50 km breite Bergkette der Westkordillere steigt von der Pazifikküste durch
tropischen Regenwald bis über 4000 m auf. Steil fällt sie wieder ab in das bei der
Millionenstadt Cali etwa 30 km weite und 1000 m hoch gelegene Tal, durch das der
Rio Cauca nach Norden der Karibik zuströmt. Dieses fruchtbare *Valle del Cauca* mit
seiner üppigen Flora und Fauna in immerwährendem Sommer hat *Alexander von
Humboldt* als das schönste Tal bezeichnet, das er auf seinen Reisen kennenlernen
durfte. Seine Bewohner nennen es „La sonrisa de Dios sobre la tierra – Das Lächeln
Gottes über der Erde".

---

[23]Ohne die Karibikinseln San Andrés und Providencia auf der Höhe Nicaraguas.

Nach dem schmalen Tal des Rio Cauca folgt gen Osten die Zentralkordillere mit ihren über 5000 m hohen vergletscherten, aktiven Vulkanen *Nevado del Huila*, *Nevado del Tolima* und *Nevado del Ruiz*. In ihr birgt auf 1500 m Höhe ein Talkessel Medellin, die Stadt des immerwährenden Frühlings und mit mehr als 2,7 Mio. Einwohnern zweitgrößte Metropole Kolumbiens. Die Ostflanke der Zentralkordillere endet im Tal das mächtigen Rio Magdalena. Sich stetig verbreiternd senkt sich dieses Tal von 1600 m Höhe im Süden nach Norden, bis es in das weite Tiefland vor der Karibikküste mündet. Mächtig ragt aus diesem Tiefland, nahe der Grenze zu Venezuela und nur 45 km von der Küste entfernt, der Gebirgsstock der *Sierra Nevada de Santa Marta* auf. Seine beiden schneebedeckten Gipfel, der *Pico Cristóbal Colon* und der *Pico Simón Bolivar,* sind jeweils 5775 m hoch. Die *Sierra Nevada de Santa Marta* gilt als das höchste Küstengebirge der Erde.

Zwischen dem Magdalenatal und den Llanos Orientales erstreckt sich schließlich über stellenweise mehr als 200 km in der Breite die Ostkordillere. Dort liegt am Ostrand einer *Sabana* genannten fruchtbaren Hochebene auf 2650 m über dem Meer in einer großartigen Gebirgslandschaft die Haupstadt Santafé de Bogotá. Höchste Erhebung der Ostkordillere ist die *Sierra Nevada del Cocuy*. Die westliche Seite dieser Bergkette wächst aus dem andinen Bergland, ihre östliche Seite steigt aus dem heißen Tiefland von 700 m durch alle Klimazonen auf 5330 m an.

So kann man im gesamten Bereich der kolumbianischen Kordilleren auf relativ kurzen Strecken in wenigen Stunden – sofern nicht Steinschläge die Straßen unpassierbar machen – alle Klima- und Vegetationszonen der Erde durchfahren. Darin existieren mehr als 20.000 Pflanzenarten, 1750 Vogelarten (20 % aller Vogelarten der Welt), 1500 Fischarten, 489 Reptilienarten, 450 Arten von Amphibien und 368 Arten von Säugetieren [203]. Hinsichtlich der Artenvielfalt pro Flächeneinheit belegt Kolumbien weltweit den zweiten Platz. Bei jeder Reise durch und jedem Flug über das Land ist man immer wieder begeistert von der Schönheit Kolumbiens. – Sie kann schon dazu verführen, sich vornehmlich den schönen Dinge des Lebens zu widmen.[24]

5.2.3 Konservative gegen Liberale

Mit grimmigem Humor erzählen die Kolumbianer ihre spezielle Form der Schöpfungsgeschichte: „Als Gott der Herr die Welt erschaffen hatte und auf Kolumbien schaute, sprach er: ‚Zu schön ist dieses Land. Es macht dem Himmel Konkurrenz. Es braucht eine dunkle Seite.' Und er erschuf den Kolumbianer."

---

[24]Ein kolumbianischer Physiker mit hoher internationaler Reputation, der in Deutschland promoviert und in den USA geforscht hatte, sagte über Wissenschaftler in Kolumbien: „Lo peor es un tipo que se ha tropicalizado." [Umso schlimmer ist einer, der tropische Verhaltensweisen angenommen hat.]

5.2 Kolumbien 171

Simón Bolivar: der Befreier, der „das Meer pflügte"

So großartig und vielseitig wie Kolumbiens Natur war der „Vater des Vaterlands" *Simón Bolivar.* Geboren am 24.07.1783 in Caracas, Venezuela, starb er am 17.12.1830 bei Santa Marta, Kolumbien. In seinem 1954 veröffentlichten Buch *Der Marschall und die Gnade* erzählt Kasimir Edschmid

das ungewöhnliche Leben des Simón Bolivar, der Südamerika von spanischer Herrschaft befreite. ...Er beschwört in seinem Werk den Genius des geheimnisvollen, gewaltigen Erdteils, der zu Beginn des 19. Jahrhunderts der glühende, fiebernde, blutige, zerrissene und erschütterte Schauplatz menschlicher Leidenschaften, Ideale und Irrtümer war. Er setzt dem Leben und den Taten seines kühnen Revolutionärs ein bleibendes Denkmal. Die Feldzüge, die Simón Bolivar führte, haben caesarisches Format. Aber Bolivar, der Revolutionär und Republikaner, war als weitschauender Politiker von anderem Gepräge....
Spanien beherrschte Anfang des 19. Jahrhunderts mit schrankenlosem und brutalem Terror den größten Teil Südamerikas, Länder, die zwanzigmal so groß waren wie das Mutterland. Simón Bolivar entstammte der reichen Aristokratie dieser Kolonialländer, er kannte Europa, er hatte dort Freunde, und ein phantastisches, genussreiches Leben lag vor ihm. Aber er tat etwas Ungewöhnliches: Tausende seiner Negersklaven ließ er frei und führte einen Freiheitskrieg ohnegleichen – in Venezuela, in Kolumbien, in Ecuador, in Bolivia und in Peru. Kasimir Edschmid erzählt mit großer Eindringlichkeit von den inneren Kämpfen Bolivars, einer der faszinierendsten Figuren der Geschichte, der sein Leben und Wirken der Demokratie und der Freiheit seines Volkes verschrieben hatte. Der Autor stellt ihn in den immer aktuellen Problemkreis der alten Fragen um Macht und Recht, Gnade und Auswerwähltsein, Politik und Gewissen, Anarchie und Diktatur. Bolivar war Schriftsteller, Redner und General, er war Rousseau, Lord Byron und Napoleon in einer Person. Er war kein Schwärmer, er war ein Mann von unbeugsamer Härte, wenn auch von schwacher Gesundheit, ein Liebhaber der Frauen und ein Genussmensch inmitten eines Daseins, in dem sich Paradies und Hölle mischten. Er hatte die großartige Konzeption von einem Südamerika, das fast alle Staaten dieses Kontinents vereinen sollte. Er verwirklichte diesen Traum – und sah ihn zerbrechen [204].

35 Jahre nach Kasimir Edschmid beschreibt der kolumbianische Literaturnobelpreisträger *Gabriel Garcia Márquez* in seinem Roman *El general en su laberinto. [Der General in seinem Labyrinth]* die letzte Reise des von wenigen Getreuen begleiteten schwerkranken 47-jährigen Bolivar auf dem Magdalenastrom in Richtung Karibik und möglicherweise Exil. In Rückblenden lässt er den ruhmreichen Befreier noch einmal auftreten und zeigt ihn zugleich im Labyrinth seiner Leiden und verlorenen Träume. Über zehn Jahre lang hatte Simón Bolivar als Präsident des von ihm geschaffenen Staates Kolumbien die Höhen des Ruhms aber auch die Niederungen korrumpierender Macht und die Angriffe seiner Gegner erlebt. 1830 erklärte er in Santafé de Bogotá seinen Rücktritt. „Wer sich einer Revolution verschreibt, pflügt das Meer", sagte er bitter am Ende seines Lebens [205].

Bürgerkriege

Freiheit und Selbstbestimmung brachten Kolumbien keinen Frieden. Neun Bürgerkriege überzogen im 19. Jahrhundert das Land. Die folgende Skizze der bewaffneten

Konflikte[25] zwischen den Anhängern der liberalen und der konservativen Partei zeigt, wie eine von unterschiedlichen Werthaltungen geprägte, republikanisch-agrarische Feudalgesellschaft zerrissen wird durch Kämpfe, in denen es auch immer um den Boden ging, der die Solarenergie durch die Fotosynthese seiner Pflanzen in Reichtum und Macht umwandelt.

1. Noch während des Befreiungskampfes gegen die Spanier schlugen sich die Zentralisten unter Antonio Nariño und die Föderalisten, seit 1814 unter der Führung Simón Bolivars, um die Macht. Die Zentralisten wollten eine Zentralregierung mit Sitz in Bogotá, die Föderalisten wollten das Land bundesstaatlich organisieren. Auch wenn man schließlich gegen die Spanier gemeinsame Sache machte, bezeichnen die Kolumbianer diese erste Periode innerer Zerstrittenheit als „patria boba – närrisches Vaterland".

   Nach der Vertreibung der Spanier aus Kolumbien und weiten Teilen Venezuelas wurde 1819 die Republik Groß-Kolumbien, bestehend aus Kolumbien und Venezuela, proklamiert und Simón Bolivar zu ihrem ersten Präsidenten gewählt. Der Republik schlossen sich 1821 Panama und 1822 Ecuador an. 1830 spalteten Venezuela und Ecuador sich wieder ab. Kolumbien und Panama bildeten die Republik Neu Granada (bis sich Panama 1903 auf Druck der USA für unabhängig erklärte).

2. Der sog. „Guerra de los Supremos – Krieg der Oberkommandierenden" von 1839–1841 war ein gescheiterter Aufstand lokaler Caudillos im Südwesten Kolumbiens gegen die Zentralregierung. Jeder dieser Caudillos betrachtete sich als Oberkommandierenden seiner Privatarmee. Der danach benannte Krieg wurde zwecks Neuverteilung der wirtschaftlichen und politischen Macht geführt und von den Aufständischen mangels geordneter Befehlsgewalt verloren.

3. Den Bürgerkrieg von 1851 zettelten konservative Großgrundbesitzer im Süden das Landes an. Sie bekämpften die Reformen der liberalen Zentralregierung. Die Reformen betrafen Sklavenbefreiung, Jesuitenvertreibung, Abschaffung der Todesstrafe, Pressefreiheit und Geschworenen-Gerichtsbarkeit. Die Regierung siegte.

4. 1854 putschte der General Melo gegen den Präsidenten Obando, blieb acht Monate an der Macht und wurde dann durch eine Allianz aus Teilen der liberalen und der konservativen Partei nach blutigen Kämpfen besiegt.

5. Im Bürgerkrieg von 1860–1862 erhoben sich Liberale gegen den konservativen Präsidenten Mariano Ospina Rodriguez. Es ist der einzige Konflikt, in dem die Aufständischen siegten. Sie änderten die Verfassung von zentralistisch in föderalistisch.

---

[25]Die Skizze der Bürgerkriege stützt sich auf den Aufsatz: *Cronología de las guerras en Colombia – Guerras civiles de Colombia* [206].

6. Der Bürgerkrieg 1876–1877 wurde von den Konservativen gegen die liberale Regierung geführt, um den antireligiösen und antiklerikalen, laizistischen Umbau des Erziehungswesen aufzuhalten. Die katholische Kirche unterstützte den Aufstand. Von Milizionären gebildete Guerrillaeinheiten bedrängten die bäuerliche Bevölkerung schwer.

7. Im Bürgerkrieg 1884–1885 erhob sich der radikale Flügel der liberalen Partei gegen die zentralistischen Reformen der Regierung von Präsident Rafael Núñez. Die moderaten Flügel der Liberalen und Konservativen unterstützen den Präsidenten. Nach dem Sieg der Regierungstruppen wurde 1886 eine neue Verfassung verkündet. Sie schuf einen Zentralstaat mit Departamentos als Verwaltungseinheiten. Diese mehrmals reformierte Verfassung galt bis 1991.

8. 1895 organisierte die militante Fraktion der Liberalen einen gescheiterten Aufstand gegen den konservativen Präsidenten Miguel Antonio Caro.

9. Im „Guerra de los Mil Dias – Krieg der 1000 Tage" von 1899 bis 1902 versuchte die liberale Partei, die Regierung zu stürzen. In diesem Krieg, dem bis dahin schwersten und folgenreichsten, kämpften schlecht ausgebildete, anarchische liberale Guerilleros gegen die gut organisierten Regierungstruppen. Ergebnisse des Bürgerkrieges waren der Sieg der konservativen Partei sowie eine langanhaltende Periode ihrer Hegemonie, mehr als 100.000 Tote und die wirtschaftliche Zerrüttung des Landes. Letztere erleichterte es den USA, die Abspaltung Panamas zu betreiben. Diese erfolgte im November 1903.

In der ersten Hälfte des 20. Jahrhunderts erlebte Kolumbien bis 1945 eine Zeit ohne bewaffnete politische Machtkämpfe. (Vielleicht übte die Selbstzerfleischung Europas in den beiden Weltkriegen eine mäßigende Wirkung aus.) 1921 zahlten die USA 25 Mio. US$ an Entschädigung für den Verlust Panamas. Das förderte die Erholung der auf Kaffee- und Bananenplantagen sowie der Erschließung von Erdölquellen aufbauenden Wirtschaft. Letztere erlitt durch den Verfall des Weltmarktpreises für Kaffee in Folge der Weltwirtschaftskrise ab 1929 einen schweren Rückschlag. Die bis dahin regierenden Konservativen verloren die Macht an die Liberalen, deren Präsident Alfonso López Pumarejo 1934 Sozial- und Agrarreformen einleitete. Erst 1946 kamen die Konservativen mit dem Präsidenten Mariano Ospina Pérez wieder an die Regierung. Während in der Hauptstadt Liberale und Konservative zunächst noch pfleglich miteinander umgingen – die politische Macht in den beiden Parteien lag in den Händen von etwa 30 untereinander vernetzten Großfamilien – verschärften konservative Großgrundbesitzer die Spannungen auf dem Lande. Die Gewaltakte, in denen sich diese entluden, waren schließlich auch in den Städten immer stärker zu spüren.

Am 9. April 1948 wurde um die Mittagszeit der 45-jährige sozialreformerische Präsidentschaftskandidat der Liberalen, Jorge Eliézer Gaitán, von einem 26-jährigen Attentäter in Zentrum Bogotás erschossen. Eine aufgebrachte Menschenmenge lynchte den Mörder und vergrößerte sich rasend schnell zu einem spontanen Volksaufstand, dem *Bogotazo,* der 142 Gebäude im Zentrum Bogotás zerstörte. Die konservative Regierung reagierte mit aller Härte. Der Aufstand sprang auf andere Städte über und richtete landesweit Schäden an, die auf 570 Mio. US$ geschätzt werden [207]. Er eröffnete die blutigste Zeit im Kolumbien des 20. Jahrhunderts, die die Erinnerung der Kolumbianer als *La Violencia* beherrscht. Die mit äußerster Grausamkeit geführten Kämpfe zwischen Liberalen und Konservativen forderten zwischen 200.000 und 300.000 Menschenleben und führten zu mehr als zwei Mio. Binnenflüchtlingen, bei einer Bevölkerung von damals 11 Mio. Einwohnern.

1953 übernahm der General Rojas Pinilla in einem unblutigen (!) Staatsstreich die Macht. Er beendete die erste Phase der Violencia mit diktatorischen Maßnahmen. Ein populistischer Reformer, dem Juan Peron Argentiniens ähnlich, gewann er anfangs viele Sympathien. Pressezensur, Unterdrückung jeglicher Opposition und wirtschaftliche Schwierigkeiten brachten dann aber die Mittel- und Oberschicht gegen ihn auf. Eine breite Streikbewegung zwang ihn 1957 zum Rücktritt. Er übergab die Macht an eine Militärjunta. 1958 begruben Konservative und Liberale das Kriegsbeil. Die Militärjunta ablösend einigten sie sich für 16 Jahre auf eine gemeinsame Ausübung der Macht als *Frente Nacional*. Während dieser Zeit wurden die Präsidenten abwechselnd von der liberalen und der konservativen Partei gestellt, unabhängig vom Ausgang der Wahlen. Damit endeten 150 Jahre bewaffneter Konflikte zwischen Konservativen und Liberalen. Doch für den inneren Frieden im Lande kam die Einigung zu spät.

Aus den gepeinigten, entwurzelten Massen der Bevölkerung hatten sich marxistisch geprägte Aufstandsbewegungen gebildet. Sie richteten sich gegen die oligarchischen Eliten der politischen Kasten in den beiden traditionellen Parteien, die das Land ruiniert hatten. Basis der wirtschaftlichen und der daraus folgenden politischen Macht der Eliten war immer noch der Besitz von Grund und Boden. Bedingt durch die Bürgerkriege und eine Geringschätzung technisch-naturwissenschaftlicher Bildung war es Kolumbien, wie auch anderen Ländern Lateinamerikas, nicht gelungen, sich aus den Fesseln des Feudalismus zu befreien und in die Industriegesellschaft zu finden.

In seinem Artikel „Los Irresponsables – Die Verantwortungslosen", veröffentlicht 1972 in *El Tiempo,* der führenden überregionalen Tageszeitung Kolumbiens [208], erlärt *Antonio Caballero* das Desinteresse der lateinamerikanischen Oberschichten am Schicksal ihrer Völker sowie ihre Unfähigkeit, die sozialen und wirtschaftlichen Probleme der von ihnen regierten Länder zu lösen, durch ihre egoistische Fixierung auf Landbesitz:

„El patriotismo de las clases altas latinoamericanas no es nunca amor a la nación, sino amor a la tierra; el pueblo es siempre ‚de los otros'".
[Der Patriotismus der Oberschichten Lateinamerikas ist nie und nimmer Liebe zur eigenen Nation, sondern lediglich Liebe zu Grund und Boden; das Volk ist immer „Sache der anderen".]

5.2.4 Die Sprengkraft von Bevölkerungswachstum ohne Industrialisierung

Ohne Interesse an Industrialisierung und Gemeinwohl investierten (und investieren) die relativ wenigen Reichen Lateinamerikas von ihren riesigen Vermögen[26] nur einen geringen Teil in die technische und wirtschaftliche Entwicklung ihrer Länder. Viel lieber legten sie ihr Geld in Banken Nordamerikas und Europas an und genossen seine Zinserträge in einem Leben des gebildeten Müßiggangs, umgeben von europäischen und nordamerikanischen Luxusgütern. Noch 1972 zahlte Kolumbien Lizenzen für technische Prozesse, deren Patente schon 50 Jahre zuvor abgelaufen waren. Nur machte sich niemand die Mühe, mit den ungeschützten Patenten einen eigenständigen Prozess zu entwickeln. In dieser Abhängigkeit vom Ausland wurden zu wenige industrielle Arbeitsplätze für die seit den 1930er-Jahren schnell anwachsende Bevölkerung Kolumbiens (und anderer lateinamerikanischer Staaten) geschaffen. So blieb den meisten Menschen nur die schlecht bezahlte landwirtschaftliche Lohnarbeit bei den Großgrundbesitzern oder die Landflucht in die Städte, hoffend auf Gelegenheitsarbeiten und Dienstleistungen für die schmale Mittel- und Oberschicht. Unterkunft schufen sich die Landflüchtigen auf Grundstücken am Rande der Großstädte, die sie am Abend besetzten und über Nacht mit provisorischen Hütten aus Pappkartons, Stöcken und Plastikplanen bebauten. Wenn sie am nächsten Tage hinreichend lange den Vertreibungsversuchen der Polizei widerstehen konnten, hatten sie ein dauerhaftes Bleiberecht errungen. Die so geschaffenen „Barrios de Invasión" mit -zig Tausenden von Einwohnern haben ab den 1960er-Jahren die großen Städte weit in ihr Umland hinauswachsen lassen. Die schäbigen Hütten aus der Invasionsnacht wurden schnellstmöglich durch stabile Schuppen und Häuschen aus Latten, Wellblech, und Ziegeln ersetzt. Davor legten die Menschen kleine Gärtchen mit Pflanzen an, deren leuchtende Blüten auf den ersten Blick über das Elend der Behausungen, der Schlammstraßen und der stinkenden, offenen Abwasserkanäle hinwegtäuschen. In diesen Barrios wuchert die „normale" Kriminalität von Diebstahl, Raub und Totschlag.

Die Verarmung breiter Bevölkerungsschichten in Verbindung mit den besonderen klimatischen und geographischen Gegebenheiten Kolumbiens sowie der Nachfrage Nordamerikas und Europas nach Kokain, Heroin und Marihuana trieben gegen Ende der 1970er-Jahre das Land in eine Periode der Morde und Entführungen. Begangen wurden diese von „linken" Guerilleros, „rechten" Todesschwadronen und den mit ihnen kooperierenden national und global gut vernetzten, technisch hochgerüsteten Verbrecherbanden der Drogenkartelle. An Grausamkeit und Zahl der Ermordeten wurde die Zeit der Bürgerkriege bei weitem übertroffen. Nach Angaben der kolumbianischen Polizeibehörde wurden allein im Jahr 1997 landesweit fast 32.000 Personen ermordet, die meisten von ihnen in den drei Großstädten Bogotá, Cali und Medellin. Auch im Jahr 1999 ließen in Medellin und Cali die Gastgeber mit ihren

---

[26]Siehe die Zahl der sog. *High Net Worth Individuals – HNWI* und ihr Vermögen im internationalen Vergleich, z. B. in [2, S. 230].

Besuchern in der Öffentlichkeit noch größte Vorsicht walten. Für längere Zeit galt Kolumbien als das gefährlichste Land der Erde.

Hauptakteure der Kämpfe in dem – bis auf rund sechs Jahre Militärherrschaft – immer zivil regierten Lande waren und sind Guerrillaeinheiten, die nationalen Streitkräfte, sowie Drogenkartelle und Paramilitärs.

Die FARC, *Fuerzas Armadas Revolucionarias de Colombia – Revolutionäre Streitkräfte Kolumbiens,* wurden 1966 offiziell gegründet. Hervorgegangen waren sie aus dem Zusammenschluss von Kleinbauern und Landschullehrern zum Zwecke der Selbstverteidigung gegen die marodierenden Banden in den Zeiten der *Violencia.* Die FARC, die sich selbst als marxistisch bezeichneten, waren die größte Guerrillaorganisation Lateinamerikas. Mit Rückzugsgebieten in den Urwäldern und Bergregionen kämpften sie anfangs für die Verbesserung der wirtschaftlichen Lage der Landbevölkerung. Zur Finanzierung ihrer Aktivitäten kooperierten sie später mit der Drogenmafia und entwickelten Entführungen zu einem einträglichen Geschäft. Die Lösegeldeinnahmen und Gewinne aus Drogenanbau und -handel erlaubten eine Besoldung der Kämpfer, die die FARC für jugendliche Arbeitslose attraktiv machte. Nach dem Friedensschluss mit der Regierung müssen die ca. 7000 männlichen und weiblichen Kämpfer der FARC in die Zivilgesellschaft integriert werden. Dazu bedarf es der Umschulung auf zivile Berufe und der Schaffung von Arbeitsplätzen mit einem Einkommen, das nicht deutlich unter dem bisherigen Sold eines Kämpfers liegt. Das stellt die kolumbianische Gesellschaft vor große Herausforderungen. – Vielleicht wäre der Sprung in die Postwachstumsökonomie eine, oder vielleicht sogar die Antwort: Die hohen Importzölle auf industrielle Konsumgüter in der zweiten Hälfte des 20. Jahrhunderts hatten in der Bevölkerung, und besonders in der kolumbianischen Mittelschicht, eindrucksvolles Improvisationstalent geweckt. Darauf aufbauend könnte die in Abschn. 4.8.7 angesprochene Förderung handwerklicher Fähigkeiten innerhalb von Regionalökonomien Existenzgrundlagen schaffen, die nicht der kostspieligen Investitionen in hochtechnologische Produktionskapazitäten bedürften.

Das ELN, *Ejército de Liberación Nacional – Nationales Befreiungsheer,* wurde 1964 von Studenten als marxistisch orientierte Guerrillabewegung gegründet, von Guerrilleros aus der Zeit der *Violencia* verstärkt und gehört zu den ältesten noch aktiven Guerillaorganisationen Lateinamerikas. Es förderte Bauernrevolten. Katholische Priester wie *Camilo Torres* schlossen sich ihm an. Nach schweren militärischen Niederlagen Anfang der 1970er-Jahre reorganisierte sich das ELN in den 1980er-Jahren, nicht zuletzt dank der Lösegeldzahlungen von mehreren Millionen US$ durch die deutsche Mannesmann AG für die Freilassung von vier Mitarbeitern, die bei Erdölexplorationen an der kolumbianischen Karibikküste von dem ELN entführt worden waren. Friedensverhandlungen mit dem ELN, u. a. im Würzburger Kloster Himmelspforten, sind bisher ergebnislos geblieben. Kämpfer der FARC, die den Friedensvertrag mit der Regierung ablehnen, schließen sich dem ELN an.

Zwei kleinere, nach 1967 gegründete Guerrillagruppen, EPL und M19, spielen keine Rolle mehr

Die von Heer, Marine und Luftwaffe gebildeten Streitkräfte bestehen aus Wehr-pflichtigen und Berufsoffizieren; letztere werden oft in den USA oder von US-Militärs ausgebildet. Die Streitkräfte tragen die Hauptlast der Kämpfe gegen Auf-ständische und Drogenkartelle. Die Militärpolizei nimmt auch Ordnungsaufgaben im Inneren wahr, z. B. die Räumung und Besetzung von Universitäten, deren Studenten revoltieren, oder die Sicherung von Flughäfen.

In den 1980er- und 1990er-Jahren terrorisierten die den Staat bekämpfenden und sich untereinander bekriegenden Drogenkartelle von Cali und Medellin mit Bom-benanschlägen das Land. Nach Zerschlagung der beiden Kartelle, sei es durch Ope-rationen der Streitkräfte, die mit der Erschießung oder Gefangennahme der Bosse endeten, sei es durch Androhung von Auslieferung der Clan-Chefs an die USA, falls die Kartelle ihre „Geschäftstätigkeit" nicht einstellten, sind Drogenproduktion und -handel in die Hände vieler kleiner, schwer zu kontrollierender Verbrecherbanden übergegangen, die sich die Unterstützung der FARC kauften. Großgrundbesitzer, die häufig Opfer von Entführungen durch FARC und ELN wurden, organisierten nicht nur zu ihrem Schutz sondern auch zur Durchsetzung ihrer wirtschaftlichen Interessen paramilitärische Einheiten. Diese bekämpften nicht nur die linke Guerilla, sondern ermordeten auch Kleinbauern und Gewerkschafter. Ebenso verfuhren sie mit Men-schenrechtsaktivisten und Geistlichen, wenn diese die Interessen der kleinen Leute gegen Landraub und Unterdrückung verteidigten.

Die verhängnisvollen Folgen des Steckenbleibens der Industrialisierung im Feuda-lismus beschreibt aus sozial- und wirtschaftspolitischer Sicht *Hernan Echavarría Olózaga* (1911–2006). In liberalen Regierungen hatte er die Ministerien für „Obras Publicas – Öffentliche Arbeiten" (1943) und „Comunicaciones – Post und Telefon" (1958) geleitet. Er gehörte zu den schärfsten Kritikern des Präsidenten Ernesto Sam-per Pizano (1994–1998). Dessen Rücktritt hatte er wegen Spenden der Drogenmafia für die Präsidentschaftswahlkampagne gefordert. Im dritten Kapitel seines Buches *Miseria y Progreso (Elend und Fortschritt)* [209] kritisiert er schonungslos die wohl-habende kolumbianische Oberschicht, zu der er selbst gehörte.

Zu Beginn fragt der Autor: „Was geschah in Kolumbien und anderen Nationen Lateinamerikas während des 19. Jahrhunderts, in dem sich Europa und Nordamerika industrialisierten und neue Perioden der wirtschaftlichen, sozialen und kulturellen Entwicklung erschlossen?", und antwortet: „Ehrlich gesagt: nicht viel, auf keinem dieser Gebiete." Als Grund nennt er den Feudalismus. Seine Abrechnung mit diesem wird wie folgt zusammengefasst.

Die Industrielle Revolution war im 19. Jahrhundert eine ausschließlich europä-ische Entwicklung, die allerdings schnell auf Nordamerika übergriff. Die Völker Lateinamerikas mussten bis ins 20. Jahrhundert auf eine Teilhabe am globalen tech-nologischen Fortschritt warten. Sie wurde ihnen schließlich auf einigen Gebieten durch die Entwicklung des Transport- und Kommunikationswesens ermöglicht.

Während der Kolonialzeit herrschte in ganz Kolumbien, wie in vielen Teilen der Welt, das feudale Produktionssystem. Das Land gehörte königlichen Bevollmäch-tigten und wurde von Bauern, in ihrer Mehrheit Indios, bearbeitet. Auch nach dem Ende der spanischen Herrschaft verharrte das Produktionssystem im Feudalismus.

Nunmehr waren es die Nachkommen der königlichen Bevollmächtigten, die das Land von Bauern bearbeiten ließen. Und bis heute verharrt Kolumbien im Feudalismus. Die wenigen Spanier, die als Einwanderer kamen, brachten keine nennenswerten handwerklichen Fähigkeiten mit, weil, u. a., diese in Spanien der „niedrigen mechanischen" Arbeit zugeordnet wurden, die Leuten edler Abstammung nicht zuzumuten war.

Geprägt vom Feudalismus des 19. und großen Teilen des 20. Jahrhunderts widmete sich die Führungsschicht der kolumbianischen Gesellschaft vorzugsweise Literatur und Kunst, und das durchaus mit Erfolg, sowie scholastisch geprägter Wissenschaft. Doch unternehmerische Tätigkeiten waren von geringerem Interesse, so dass Kolumbien nicht so wie andere Teile der Welt an dem gewaltigen technologischen Aufschwung seit dem Ende des 2. Weltkriegs hatte teilnehmen können. Dennoch fanden seit 1945 Modernisierungen statt, zum großen Teil unter dem Einfluss der USA, deren Interesse an Lateinamerika neu erwacht war. Beispielhaft war auch der Wiederaufbau des verwüsteten Europas. Zeigte er doch der lateinamerikanischen Führungsschicht, welche ökonomischen Fortschritte innerhalb kurzer Zeit in Industriegesellschaften möglich sind.

Die Wirtschaftspolitik Kolumbiens wie auch Lateinamerikas schwankte in der zweiten Hälfte des 20. Jahrhunderts zwischen mehr oder weniger neoliberal geprägter Marktwirtschaft und den Versuchen eigener Wege, auf denen inflationistische, planwirtschaftliche und autarkistische Theorien ausprobiert wurden. Die Ergebnisse waren kläglich, so wie immer, wenn Ideologie und Torheit die Rahmenbedingungen der Wirtschaft willkürlich ändern oder Anpassungen an die technischen Zwänge industrieller Produktion verhindern. Deshalb, und wegen der immer noch nicht überwundenen feudalen Mentalität der herrschenden Klasse, befürchtet Hernan Echavarria Olozaga, dass die Kolumbianer noch einige Zeit auf die Errungenschaften der Industriellen Revolution und die mit ihnen verbundenen sozialen Fortschritte und persönlichen Freiheiten werden warten müssen.

Doch die spirituellen und intellektuellen Voraussetzungen für eine Wende zum Besseren werden sichtbar auf den Gebieten des Glaubens und der Naturwissenschaft.

5.2.5 Leidensdruck und Wandel

Am 16. März 2002 wurde der Erzbischof von Cali, *Isaías Duarte Cancino,* nach der Trauung von 100 Paaren vor der Kirche des Armenviertels Aguablanca in Cali von jugendlichen Auftragsmördern erschossen. Wie *Oscar Romero,* Erzbischof von San Salvador, ermordet am 24. März 1980, während er eine Messe zelebrierte, steht er für den Wandel in der katholischen Kirche Lateinamerikas und ihre Option für die Armen.

Geboren am 15. Februar 1939 in San Gil, Distrikt Santander, als das jüngste von sieben Kindern, studierte er von 1956 bis 1964 in Pamplona und Rom Theologie. 1963 wurde er zum Priester geweiht. Zurückgekehrt nach Kolumbien wirkte er in Bucaramanga. Von 1985 bis 1988 war er dort als Weihbischof und von 1988 bis 1995 als Bischof von Apartadó in der Provinz Urabá tätig. In dieser Region hatten damals Guerrilleros und Paramilitärs jene grausamen Kämpfe begonnen, die heute noch andauern und in denen die Campesinos immer wieder zwischen die Fronten geraten und getötet werden. Dort änderte sich Isaias Duartes Auffassung von der Ausübung seines Priesteramtes für immer.

Nachdem er 1995 als Erzbischof des Erzbistums Cali eingesetzt worden war, trat er in Wort und Tat für Frieden und Gerechtigkeit ein und versuchte, durch Sozialwerke in den Armenvierteln der Gewalt den Nährboden zu entziehen.

Nach seiner Ermordung wurden die Täter schnell gefasst und kamen bald darauf ums Leben. Als Auftraggeber verdächtigt wurden und werden die FARC, die Drogenmafia und staatliche Stellen. Hatte Isaias Duarte doch in den Wochen vor seinem Tode mit aller Deutlichkeit und Härte politische Korruption und ihre Verbindung zur Drogenmafia angeprangert und gegen die Gewalt von Guerrilleros und Paramilitärs gepredigt.

Enge Mitarbeiter Isaias Duartes fürchteten um ihr Leben und flohen ins Ausland. Angesichts der Empörung im In- und Ausland bot der Staat allen kolumbianischen Bischöfen Personenschutz an. Diesen lehnte die kolumbianische Bischofskonferenz mit der Begründung ab, dass die Bischöfe mit denselben Risiken leben wollten wie alle anderen Gläubigen. Dies ist umso bemerkenswerter, als Anfang der 1970er-Jahre der kolumbianische Klerus als der reaktionärste Lateinamerikas galt.

Damals waren in den durch Landbesetzung entstandenen Armenvierteln Calis mit Hunderttausenden von Einwohnern nur wenige ausländische Geistliche tätig. Ein Bischof ließ sich dort nicht sehen. „Der hat doch Angst, dass die Weißwandreifen seines Volkswagens vom Schlamm unserer Straßen dreckig werden", sagten die Leute deutschen Kooperationspartnern von vier spanischen Ordensmännern, die im Armenviertel „El Rodeo" eine Kirche mit Bildungs- und Sozialzentrum aufbauten.

Der gesellschaftlichen Elite waren damals die in die Elendsquartiere der Großtädte strömenden verarmten Bauern gleichgültig – vom Stimmenkauf bei Wahlen abgesehen. Vor der wachsenden Kriminalität suchte man Schutz bei privaten Sicherheitsdiensten. Doch diese konnten nicht verhindern, dass Mord und Entführung durch die Drogenmafia, Guerrilleros und Paramilitärs auch die wohlhabende Mittel- und Oberschicht erreichte. Da begann ein Umschwung: die Hinwendung der Elite zum Volk.

Nunmehr entwickeln in den immer noch von Kämpfen bewaffneter Banden heimgesuchten Armenvierteln viele einheimische Priester und Ordensschwestern zusammen mit Angehörigen der höheren und höchsten Gesellschaftsschichten eine Grundversorgung an Nahrung, Hygiene, Medizin, Bildung, Rechtsberatung und kirchlichen Diensten. Dabei nützen die Laien ihre Berufserfahrung als Unternehmerinnen, Manager und Verwaltungsfachleute, Lehrer und Erzieherinnen, Mediziner und Psychologinnen, um fachkundig Ineffizienz und Missbrauch zu minimieren. Als Folge davon finanzieren sich Programme wie der „Banco de Alimentos" (entspricht den deutschen „Tafeln" für Lebensmittelverteilung an Bedürftige) im laufenden Betrieb selbst. Zugleich versucht man durch Darstellung der Projekte in den höheren Schulen über die Bewusstseinsbildung bei Kindern und Jugendlichen deren Eltern zur ehrenamtlichen Mitarbeit oder finanziellen Förderung neuer Programme zu gewinnen.

Der Wandel der kolumbianischen Elite macht sich auch bemerkbar im technisch-naturwissenschaftlichen Fortschritt, der seit Mitte der 1960er-Jahre den Boden bereitet, auf dem sich eine an die Bedürfnisse des Landes angepasste Industrialisierung Kolumbiens entwickeln kann, sofern die Politik die richtigen Weichen stellt. Die bei der Demobilisierung der FARC schon erwähnten Prinzipien der Postwachstumsökonomie aus Abschn. 4.8.7 könnten bei dieser Weichenstellung helfen, die ökologischen Fehler der hoch industrialisierten Länder zu vermeiden und Einkommen für die schnell wachsende junge Bevölkerung zu schaffen. Wandelten sich kolumbianische Konsumenten gemäß Abschn. 4.8.4 zu Prosumenten, stünde ihnen jetzt eine Fülle von Importgütern aus chinesischer Produktion zur Verfügung.

Der technisch-naturwissenschaftliche Fortschritt begann mit der Entsendung fähiger, dynamischer, junger Ingenieure und Physiker zu fortgeschrittenen Studien nach Nordamerika und Europa und der Einladung von Dozenten dieser Fächer aus ebendiesen Regionen an kolumbianische Universitäten. Anfangs mussten bei den kolumbianischen Studierenden Mentalitätsbarrieren überwunden werden, die ein traditionelles, aufs Auswendiglernen ausgerichtetes Bildungssystem errichtet hatte. Doch war das geschehen, leisteten die intelligenten, wissbegierigen, hochmotivierten Studenten der Physik-Masterprogramme an der Universidad Nacional in Bogotà und der Universidad del Valle in Cali so viel, wie die besten Physikdiplomanden in Deutschland. Nach dem Abschluss gingen sie zum Promovieren ins Ausland, kehrten zurück, und in harter Arbeit hoben sie an den Universitäten, in Wissenschaftsorganisationen und in Labors der Privatwirtschaft technisch-naturwissenschaftliche Lehre und Forschung auf ein Niveau, auf dem Publikationen in den international führenden Wissenschaftszeitschriften gedeihen. Dabei verharren sie nicht im akademischen Elfenbeinturm, sondern stellen sich den Problemen ihres Landes. Ob sie mit ihren Fähigkeiten die Lebensbedingungen der armen Bevölkerung nachhaltig werden verbessern können, wird davon abhängen, ob die dünne, aber immens reiche kolumbianische Oberschicht ihre Finanzmittel aus dem Ausland nach Kolumbien zurückholen und in die industrielle Entwicklung des Landes investieren wird.

Kolumbien erscheint als Abbild unserer zusammenwachsenden Welt. In diesem einen Land finden sich wie auf unserem Planeten die Vielfalt der Rassen, der Klassen, der Kulturen, der Ökosysteme und der Klimazonen; desgleichen die Vielfalt menschlichen Verhaltens: vom mutigen Einsatz für die Befreiung der Mitmenschen aus Armut und Gewalt bis zum Morden für wirtschaftliche Gewinne und politische Macht. In diesem Land entfaltete der Homo sapiens seine Möglichkeiten zu edelstem wie schlimmstem Tun, ohne dass sich ein funktionierendes, den Menschenrechten verpflichtetes Gewaltmonopol des Staates herausbilden konnte und Gewalt zur Durchsetzung wirtschaftlicher und politischer Interessen hinreichend einschränkte. Nunmehr jedoch wandelt der Leidensdruck Kolumbiens Elite: Gesellschaftliche Solidarität, nüchternes Arbeiten, wissenschaftlich-technische Kreativität und Bekämpfung der Korruption gewinnen einen Stellenwert, den sie früher nicht hatten.

Wird es Kolumbien, und ebenso der Staatengemeinschaft der Welt, gelingen, rücksichtslos-eigennützige menschliche Bestrebungen zu beschränken durch Recht und Gesetz und darauf eingeschworene, korruptionsfreie, mächtige Institutionen? Und wie gelingt ohne Zerstörung der natürlichen Lebensgrundlagen die Industrialisierung der Entwicklungs- und Schwellenländer, aus denen die anschwellende Flut der Migranten in die Industrieländer drängt? Findet menschliche Kreativität die Leitplanken künftiger wirtschaftlicher Entwicklung, innerhalb derer die Spannung zwischen Freiheit und Ordnung ausgehalten und die Kluft zwischen Arm und Reich verringert werden kann?

Was werden wir wählen?

6

Reiner Kümmel

Europa hatte zwischen der Entdeckung Amerikas und dem Ende des 2. Weltkriegs immer stärkeren Einfluss auf die Geschicke der Menschen aller Kontinente genommen. Zuerst stellten Feuerwaffen und Segelschiffe die chemische Energie des Schwarzpulvers und die kinetische Energie des Windes immer effizienter in den Dienst der militärischen und ökonomischen Expansion Europas. Europäische Feudalherren beuteten den Boden und die Menschen in den Kolonien aus. Die Kolonien des amerikanischen Doppelkontinents lösten sich im 18. und 19. Jahrhundert von ihren Mutterländern. Doch der epochale Wandel, der seit der Industriellen Revolution mit Wärmekraftmaschinen die naturgegebenen Energiequellen zu den Energiedienstleistungen herangezogen hat, die Wirtschafts- und Bevölkerungswachstum ermöglicht haben, blieb außerhalb Europas lange Zeit nur Nordamerika und Japan vorbehalten. Dabei hatte Japan in der Mitte des 16. Jahrhunderts die ersten Kontakte zu Europäern und ihren Feuerwaffen. Nach einer kurzen Periode kulturellen, ökonomischen und militärtechnologischen Austauschs verschloss es sich wieder vollständig dem europäischen Einfluss und stellte auch, zwecks Bewahrung der militärischen Samurai-Tradition, seine zu Beginn des 17. Jahrhunderts eindrucksvolle Produktion exzellenter Feuerwaffen nach und nach wieder ein. Erst im Jahr 1853 überzeugte der „Besuch" Commodore Perrys mit einer kanonenstrotzenden US-Flotte Japan von den Vorteilen einer Öffnung des Landes für europäisch-nordamerikanische Einflüsse. Die Feuerwaffenproduktion wurde wieder aufgenommen und die Industrieproduktion so erfolgreich in Gang gesetzt, dass die daraus erwachsene Rivalität mit den USA erst nach deren Atombombenabwürfen auf Hiroshima und Nagasaki am 6. und 9. August 1945 beendet wurde.

Im 21. Jahrhundert gibt es politisch keine Kolonien mehr. Doch auf die von Europa entwickelte Industrieproduktion und die damit verbundene ökonomische und politische Stärke kann und will der Rest der Welt nicht verzichten. Dass dabei alle Welt auch an Rüstungsindustrie interessiert ist, gehört zu den Problemen, mit deren Verschärfung durch die Folgen des anthropogenen Treibhauseffekts gerechnet werden muss.

© Springer-Verlag GmbH Deutschland, ein Teil von Springer Nature 2018
R. Kümmel et al., *Energie, Entropie, Kreativität*,
https://doi.org/10.1007/978-3-662-57858-2_6

Lateinamerika und Afrika scheinen in ihrer industriellen Entwicklung langsamer als die Staaten der eurasischen Landmasse zu den früh industrialisierten Ländern aufzuschließen. Aus der Agrargesellschaft überkommene feudale Strukturen im Verbund mit Kapitalflucht dürften im Falle Kolumbiens, und anderer Teile Lateinamerikas, dafür verantwortlich sein. Die in Abschn. 5.2 geschilderten Verhältnisse legen das nahe. Dass geografische und klimatische Barrieren gegen Innovationsdiffusion wie zu Zeiten der agrarischen Hochkulturen [200] auch in Zeiten des Flugverkehrs und des Internets noch eine Rolle spielen, erscheint eher unwahrscheinlich.

Nach der Unterwerfung der Welt unter ihren technisch-ökonomischen Einfluss haben die hoch industrialisierten Marktwirtschaften, allen voran Europa und Nordamerika, mit der Steigerung des Lebensstandards ihrer Bevölkerungen massiv zur Erhöhung der atmosphärischen Treibhausgaskonzentrationen beigetragen. Nunmehr ist es angemessen, ja geboten, dass sie in internationaler Kooperation die Führung zur Bewältigung der ökonomischen und ökologischen Probleme übernehmen. Je seltener dabei nationale, ineffiziente Sonderwege eingeschlagen werden, desto besser.

Im Folgenden betrachten wie drei Szenarien wirtschaftlicher Entwicklung. Sie berücksichtigen die Beschränkungen, die der Zweite Hauptsatz der Thermodynamik der Industrieproduktion auferlegt. Wie groß die Wahrscheinlichkeit dafür ist, dass eines dieser Szenarien verwirklicht wird, bleibt der Einschätzung der Leserin und des Lesers überlassen.

Das erste Szenario geht unter dem Motto „Souverän ist nicht, wer viel hat, sondern wenig braucht" [210] von gründlichen Änderungen menschlichen Verhaltens aus. Sie sind die Voraussetzung für ein konfliktarmes Zusammenleben von voraussichtlich 10 Mrd. Menschen in einer stationären Weltgesellschaft, in der kein Wirtschaftswachstum mehr hilft, Verteilungskämpfe zu vermeiden. Niko Paech beschreibt das in Kap. 4.

Die beiden anderen Optionen betreffen finanzwirtschaftliche und raumfahrttechnische Entwicklungen.

Da die mit Energienutzung verbundene Entropieproduktion das Wachstum der Wertschöpfung innerhalb der Biosphäre begrenzt, stellt sich die Frage, ob und wie mit steuerlichen Instrumenten die der Energie verdankte Wertschöpfung zwischen Staat und Privat so neu verteilt werden kann, dass wirtschaftliche Dynamik und thermodynamische Beschränkungen nicht zu unerträglichen sozialen Spannungen führen. Falls das gelingt, finden sich vielleicht auch Ressourcen für die Überwindung der Grenzen des Wachstums [211].

6.1 Umsteuern durch Energiesteuern

Schon die relativ einfachen Beispiele der Energie-, Emissions- und Kostenoptimierung aus Abschn. 2.3.3 zeigen, dass in einer Ökonomie, die Kostenminimierung anstrebt, höhere Energiepreise eher zu Energieeinsparung und Emissionsminderung

führen als niedrige. Zudem ist in der Industrieproduktion gemäß den ökonometrischen Analysen des Kap. 3 die (noch) billige, das Kapital aktivierende Energie viel
produktionsmächtiger als die teure menschliche Arbeit. Deshalb werden mit Routinearbeit beschäftigte Menschen bei fortschreitender Digitalisierung durch wachsende
Automation aus dem Wertschöpfungsprozess in die Arbeitslosigkeit verdrängt, wenn
das Wirtschaftswachstum erlahmt und keine neuen Arbeitsplätze in neu entstehenden
Wirtschaftszweigen mehr geschaffen werden.

Für den November 2017 ermittelte die Bundesanstalt für Arbeit eine bundes-
deutsche Arbeitslosenquote von 5,3 %. Der in den Sozialgesetzen definierte Begriff
der Arbeitslosigkeit wurde bei jeder Gesetzesnovellierung immer enger gefasst. Addiert man zur Arbeitslosenquote auch die Quote der sog. Unterbeschäftigten, zu denen u. a. ältere, arbeitslose Hartz IV-Empfänger gehören, liegt die Gesamtquote für
Deutschland bei 7,4 %. Dennoch klagen Industrie und Handwerk seit Überwindung
der ersten Weltwirtschaftskrise des 21. Jahrhunderts über den sich verschärfenden
Fachkräftemangel. Die Handhabung der mit wachsendem Energieeinsatz immer
komplexer werdenden Apparate und Werkzeuge erfordert ein immer höheres Aus-
bildungsniveau, zu dem viele ältere, durch Automation arbeitslos Gewordene nicht
mehr aufsteigen können. Jungen Migranten stehen Sprach- und andere Bildungsde-
fizite im Wege.[1]

Ungewiss ist, wie lange Energie trotz aller Ölpreisschwankungen so billig bleibt
wie seit, sagen wir, 1950. *Das 1950er Syndrom,* die Publikation eines interdiszipli-
nären Forschungsprojekts der Universität Bern, stellt zum Energiepreis fest:

> Der Boom der Nachkriegszeit wird gegenwärtig als eine Epoche grundsätzlicher Weichen-
> stellungen entdeckt, die heute unsere Gesellschaft prägen. Europa bewegte sich bis um 1950
> auf einem relativ umweltverträglichen Entwicklungspfad. Erst in den folgenden Jahrzehnten
> erfuhren der Energieverbrauch, das Bruttosozialprodukt, der Flächenbedarf von Siedlungen,
> das Abfallvolumen und die Schadstoffbelastung von Luft, Wasser und Boden den für die heu-
> tige Fehlentwicklung entscheidenden Wachstumsschub. Die These des ,1950er Syndroms'
> …betrachtet den langfristigen Rückgang der relativen Energiepreise als eine der wesentlichen
> Triebkräfte der bisherigen Entwicklung [212].

Angesichts des angestrebten Ausstiegs aus der Kohle, der „Peak Oil"- Perspektiven für konventionelle Öl- und Gasreserven [213], der Kosten- und Umweltprobleme nicht-konventioneller Ressourcen fossiler Energie und der stark ansteigenden

---

[1]Eine Strategie, dem deutschen Fachkräftemangel durch Zuwanderung von Fachkräften aus Entwicklungsländern abzuhelfen, würde diese Länder einer Voraussetzung für die Besserung ihrer
Lebensumstände berauben. Nur wenn Deutschland Anträge von Entwicklungsländern bewilligt,
sie bei der Etablierung und Finanzierung von Bildungseinrichtungen auf den Gebieten von Landwirtschaft, Handwerk, Technik und Medizin zu unterstützen, und einem Teil der darin Ausgebildeten
Sprachunterricht und einen Arbeitsplatz in Deutschland anbietet, würde der Nutzen Deutschlands
nicht mit dem Schaden der Entwicklungsländer erkauft.

Verschuldung vieler Öl- und Gasproduzenten[2] kommen die „wesentlichen Triebkräfte der bisherigen Entwicklung" vielleicht bald zum Erliegen.[3]

Ungewiss ist auch, wie lange Deutschland hinsichtlich Arbeitslosigkeit noch besser dastehen wird als viele seiner europäischen Nachbarn. Denn bald wird auf dem Weltmarkt China mit Deutschland darum konkurrieren, die Nachfrage der sich industrialisierenden Entwicklungs- und Schwellenländer nach Transportmitteln, Werkzeugmaschinen und Industrieanlagen zu befriedigen.

Dabei können hohe Sozial- und Umweltstandards ein Wettbewerbsnachteil sein. Sie können aber auch zum Wettbewerbsvorteil werden, wenn man sie im eigenen Wirtschaftsraum erfolgreich einführt und weiterentwickelt. Ein seit den 1990er-Jahren diskutiertes Instrument dafür ist die **Verlagerung der Steuer- und Abgabenlast von der Arbeit auf die Energie**. Dabei ist mit „Energie" immer der *Exergie*gehalt einer Energiemenge gemeint.

6.1.1 Besteuerung nach Leistungsfähigkeit

Die Deutsche Bundesbank forderte in ihrem Monatsbericht vom August 1997: „Im Mittelpunkt einer Steuerreform müsste die grundlegende Reform der Einkommensbesteuerung stehen. …Einen wichtigen Baustein einer solchen großen Reform stellt eine gewisse Verlagerung der Abgabenlast von den Einkommen zum Verbrauch dar." Und im selben Zusammenhang erinnerte das Bundesministerium der Finanzen an die „bewährten Grundprinzipien des Einkommenssteuerrechts, insbesondere … (das) Prinzip der Besteuerung nach der wirtschaftlichen Leistungsfähigkeit als … Fundamentalprinzip einer gerechten Besteuerung" [215].

Besteuerung nach wirtschaftlicher Leistungsfähigkeit gebietet die Verfassung der Bundesrepublik Deutschland. Angesichts der in Kap. 3 dargestellten Schieflage zwischen Produktionsmächtigkeit und Preis der Faktoren Arbeit und Energie – Arbeit: geringe Produktionsmächtigkeit bei hohem Faktorkostenanteil, Energie: große Produktionsmächtigkeit bei geringem Faktorkostenanteil – sowie der Emissions- und Beschäftigungsproblematik liegt der Gedanke nahe, das Prinzip der Besteuerung nach Leistungsfähigkeit von den Personen auf die Produktionsfaktoren zu übertragen.

---

[2]Die jüngsten Forschungsergebnisse zur globalen Ölversorgung ergeben folgendes Bild: Die Produktion konventionellen Öls hat vor etwa einer Dekade ihr Maximum erreicht. Die Energiemenge, die für die Bereitstellung einer Öleinheit aufzuwenden ist, und die *Energy Returned On Invested (Energy), (EROI)* genannt wird, wächst. Die Anzahl neu entdeckter Ölfelder sinkt dramatisch, während die Kapitalinvestitionen in Exploration und Produktion enorm gestiegen sind. Fracking und andere Methoden, unkonventionelle Öl- und Gasquellen anzuzapfen, werden daran nicht viel ändern. Die Exportkapazitäten vieler ölproduzierender Länder schrumpfen schnell wegen wachsender interner Probleme [214].

[3]Im November 2017 lag die Staatsverschuldung der USA, und zwar allein der Bundesregierung in Washington, bei 106 % des BIP.

Würden durch Steuern auf die Naturgabe Energie und Verwendung dieser Steuern zur Absenkung der Lohnnebenkosten und der steuerlichen Entlastung der Arbeitnehmereinkommen die Preise von Energie und Arbeit bis zu einem gewissen Grad ihren Produktionsmächtigkeiten angenähert, würden Kostengefälle, wie sie die Abb. 3.7 in Richtung abnehmenden Arbeitseinsatzes und wachsenden Energieeinsatzes zeigt, schwächer werden. Der Rationalisierungsdruck würde gemildert. Auch würde das soziale Gefälle innerhalb der Gesellschaft geringer, insbesondere dann, wenn die Reform primär den 50 % der deutschen Haushalte zugute käme, die insgesamt nur 2,5 % des deutschen Privatvermögens ihr Eigen nennen. Auch ein Generationenkonflikt zwischen Jung und Alt infolge rückläufiger Geburten- und Sterberaten und einer möglichen Umkehrung der Alterspyramide würde vermieden: Die Energiesklaven bezahlten die Renten.

Die Investitionen in Techniken der rationellen Energieverwendung würden sich bei allmählich und vorhersehbar steigenden Energiepreisen besser rentieren – insbesondere dann, wenn die Energiesteuern flexibel gehandhabt und Energiepreisfluktuationen auf dem Weltmarkt abpuffern würden. (Nach dem in Abb. 3.1 gezeigten Absturz des Ölpreises in der ersten Hälfte der 1980er-Jahre waren viele Projekte der rationellen Energieverwendung aufgegeben worden.) Mit dem Ausschöpfen der Potenziale rationeller Energieverwendung würde sich auch die Diskrepanz zwischen den Pro-Kopf-CO_2-Emissionen der Industrieländer und denen der Entwicklungs- und Schwellenländer verringern.

6.1.2 Grenzausgleichsabgaben

Die Kommission der Europäischen Gemeinschaft hatte am 25. Oktober 1991 vorgeschlagen, dass ab dem 1. Januar 1992 EU-weit eine kombinierte Energie-CO_2-Steuer mit einem Eingangssatz vom 3 US$ pro Barrel Öl-Äquivalent eingeführt werden sollte, die bis zum Jahre 2000 auf 10 US$ pro Barrel angestiegen wäre. Am 11. Dezember 1991 hatte die deutsche Bundesregierung diesen Vorschlag begrüßt. Doch er wurde nicht umgesetzt, weil Interessenvertreter seine Aussetzung durchsetzten, bis die USA und Japan Gleiches täten.

Die nationalen und internationalen Widerstände gegen die in den 1990er-Jahren diskutierten Konzepte ökologischer Steuerreformen bedenkend, stellte die in Vorbereitung der UN-Klimarahmenkonvention von Kyoto gefertigte „Tranche I Taxation Study" fest [216]: 1. Zwar beanspruchen die Ausgaben für Energie nur einen relativ geringen Anteil des Bruttoinlandsprodukts der OECD Länder (zwischen drei und 11 % auf der Basis der Kaufkraftparität, wobei der OECD-Mittelwert bei 5,8 % liegt). 2. Dennoch würden energieintensive Industrien an Wettbewerbsfähigkeit verlieren, wenn alles Übrige gleich bliebe und die anderen Partner nicht entsprechende Energie-Kohlenstoff-Steuern einführten. Darum schrieb eine Expertengruppe der UN-Klimarahmenkonvention in einer Studie über die Auswirkungen einer kombinierten Energie-Kohlenstoff-Steuer von 100 US$ pro Tonnen Kohlenstoff, dass häufig vorgeschlagen wird, die Wettbewerbsproblematik der Energie-Kohlenstoff-Besteuerung durch Grenzausgleichsabgaben zu minimieren. Diese

Grenzausgleichsabgaben würden derzeit von der WHO und der OECD hinsichtlich ihrer rechtlichen Voraussetzungen und Praktizierbarkeit diskutiert [217].

Grenzausgleichsabgaben bedeuten, dass Exporteuren eines Wirtschaftsraums mit Energiesteuern alle Steuern auf die zur Produktion der ausgeführten Güter eingesetzte Energie zurückerstattet werden; andererseits müssten Importeure auf Güter, die aus einem energiesteuerfreien Wirtschaftsraum eingeführt werden, Steuern/Zölle zahlen, die sich nach der für Produktion und Transport dieser Güter aufgewendeten Energie richten. Die damit zusammenhängenden vielfältigen politischen und rechtlichen Probleme sind noch nicht gelöst. Doch führte die Europäische Union Energiesteuern und Grenzausgleichsabgaben ein, sollten Konflikte mit Handelspartnern zu bewältigen sein.[4] Vielleicht würde die seit Anfang 2017 amtierende US-Administration den Europäern dabei sogar in die Hände spielen.

6.1.3 Energiesteuern in der Diskussion

In Diskussionen um Energiesteuern machen sich besonders Führungskräfte von Konzernen zu Anwälten der sozial Schwachen: Arbeitnehmer würden bei gestiegenen Treibstoffpreisen durch die Fahrten mit ihrem Pkw zur Arbeit in sozial unerträglicher Weise belastet. Das Gleiche gälte für gestiegene Energiekosten im Haushalt. So verständlich die Ablehnung von Energiesteuern durch Manager ist, weil sie u. U. den Unternehmensgewinn und die daran gekoppelten Bonuszahlungen schmälern, gilt insgesamt, dass soziale Härten über die Erhöhung der Kilometerpauschale bei der Lohn- und Einkommensteuer sowie der Mietzuschüsse bei Wohngeldempfängern ohne zusätzliche Bürokratie vermieden werden können. Eine Verteuerung des Freizeitverkehrs, häuslicher Energieverschwendung und aller energieintensiven Güter und Dienstleistungen würde allerdings viele treffen. Doch wie bei den durchschnittlichen Faktorkosten liegen die Anteile der Energiekosten an den privaten Gesamtausgaben (ohne Verkehr) eher im einstelligen Prozentbereich als darüber. Konsumeinschränkungen als Folge erhöhter Energiesteuern dürfte die Bevölkerung akzeptieren, wenn klar wird, dass die durch Energiesteuern gegenfinanzierte Absenkung der Lohnnebenkosten, die in Deutschland fast die Hälfte der Arbeitskosten ausmachen, den Druck zum Abbau von Arbeitsplätzen mindert und die soziale Sicherheit erhöht. Ausführlicher weist [218] auf Härtevermeidung und soziale Feinsteuerung bei der Einführung von Energiesteuern hin.

Dennoch bleiben Energiesteuern ein Reizthema. Beim gegenwärtigen Informationsstand, ohne die angesprochenen Mechanismen der Härtevermeidung zu kennen, befürchten einkommensschwächere Bevölkerungsschichten Wohlstandsverluste bei Verteuerung der Energiedienstleistungen für Mobilität und Wohnkomfort. Deren Sorge sowie die Ängste von Spitzenverdienern, dass sie nicht mehr, wie seit dem Ende des Kalten Krieges, durch energiegestützte Rationalisierungsmaßnahmen ihre

---

[4]Zumindest hat sich die EU zum Schutz der Bananen aus französischen Überseegebieten mit Sonderzöllen auf Bananenimporte aus dem Dollarraum trotz WHO-Welthandelsverträgen durchgesetzt.

Einkommen weit überdurchschnittlich steigern können, erinnern an die Ablehnung von Sklavenbefreiung und Aufhebung der Leibeigenschaft im agrarischen Feudalzeitalter: Einem ehemaligen Sklaven oder Leibeigenen musste man den Lohn eines Freien zahlen. Energiesteuern sind der Lohn, den die nicht mehr fast zum Nulltarif schaffenden Energiesklaven bei Staat und Gesellschaft abliefern.

Aber selbst wenn in der Gesellschaft zumindest theoretisch Einigkeit über den Sinn und Zweck von Energiesteuern bestünde, sind etliche hohe Hürden gegen deren Einführung in Europa zu bedenken. Der Politikwissenschaftler Armingeon beschrieb sie 1995 [219]:

1. Die materiellen Interessen der unmittelbar betroffenen Branchen, Unternehmen und Arbeitnehmergruppen.
2. Die Struktur der westeuropäischen Parteiensysteme, die viel mehr von den historischen soziokulturellen Spaltungen als von den neuen Streitfragen der modernen Gesellschaften geprägt sind.
3. Die Verflechtungen von politischen Entscheidungen zwischen den übereinandergelagerten Ebenen des politischen Systems.
4. Die internationale Verflechtung der Nationalstaaten und die Einstimmigkeitsregel der Europäischen Union.
5. Die Vergangenheitsprägung der Strukturen und Politiken eines Landes. Insbesondere ist seine Steuerverwaltung mit enormen Kosten über lange Jahre hinweg für ein bestimmtes Steuersystem ausgeformt worden, für das die Auswirkungen von Veränderungen niemand absehen kann.
6. Die Probleme bei der Umsetzung politischer Entscheidungen in Verwaltungstätigkeit, die manchmal sogar das Gegenteil des angestrebten Ziels bewirkt.

Die Umbrüche seit 2001 beginnen, die Strukturen der westeuropäischen Parteiensysteme aufzulösen. Das, und die neuen, Energie, Umwelt und Migration betreffenden Streitfragen machen sich bei Wahlen und Volksabstimmungen bemerkbar. Neue steuerliche Instrumente zu entwickeln und die staatlichen Institutionen für ihre Nutzung zu ertüchtigen, kann zur Minderung gesellschaftlicher Instabilitäten beitragen. Doch vielleicht genügt das nicht. Für diesen Fall lohnt sich ein Blick über den Rand der Biospähre.

6.2 Extraterrestrische Produktion

Unsere Zivilisation ist in vielen Bereichen von satellitenbasierten Technologien abhängig. Damit auch zukünftige Generationen solche Technologien nutzen können, muss der erdnahe Weltraum als Infrastruktur verstanden werden, den es gilt, in internationaler Zusammenarbeit nutzbar zu erhalten.
D. Hampf, L. Umbert, Th. Dekorsky, W. Riede [222]

Ich träume davon, dass wir Menschen noch besser zusammenarbeiten und weit hinaus in den Weltraum fliegen – zum Mond, zum Mars und darüber hinaus. Ich wünsche mir, dass die Menschheit bald realisiert, dass es lediglich eine Frage der Entscheidung ist, zu solchen Abenteuern aufzubrechen.
Alexander Gerst, deutscher ESA Astronaut [223]

Sollte es dem Menschen auf seinem blauen Planeten angesichts von Bevölkerungswachstum, Bürgerkriegen, internationalen Konflikten und thermodynamischen Beschränkungen zu eng werden, gäbe es die Möglichkeit der industriellen Expansion in den erdnahen Raum. Der Princeton-Physikprofessor *Gerard K. O'Neill* hat dafür einen Weg vorgeschlagen, der über Satelliten-Sonnenkraftwerke und extraterrestrische Produktionsanlagen zu einer Versorgung der Erde mit Solarenergie und einer Besiedlung des erdnahen Weltraums führt.

Die O'Neill'sche Vision, die von 1974 [63] bis zu O'Neills Tod im Jahr 1992 bei Leuten verschiedenster Berufe, Altersstufen und Nationalitäten große Resonanz fand, stützt sich auf zwei Schlüsselelemente: ein auf dem Space Shuttle aufbauendes Raumfährensystem für das Erreichen niedriger Erdumlaufbahn und ein primär fotovoltaisch angetriebenes Schwerlasttransportsystem zum Mond, das eine Version der schon in Abschn. 2.3.2 skizzierten elektromagnetischen Materialschleuder als Raketenmotor nutzt. Dessen Reaktionsmasse bestünde aus geschredderten Außentanks der Space Shuttle Nachfolger. Mit Mondmaterial, das eine auf dem Mond installierte Materialschleuder in Fanganlagen im Weltraum schießt, und Energie von der Sonne würden Menschen, die zuerst in Habitats auf Bahnen um den Lagrange-Librationspunkt L5 in gleicher Entfernung von Erde und Mond leben, Satelliten-Sonnenkraftwerke [220, 221] zur Energieversorgung der Erde bauen. Zusammenfassende Darstellungen der Pläne zur Weltraumindustrialisierung finden sich u. a. in [64–66, 92].

Mikrowellengeneratoren der Satelliten auf geostationärer Umlaufbahn würden fotovoltaisch durch Solarpaneele oder thermoelektrisch durch Spiegel, Gaserhitzer und Turbinen gewonnene Energie in Mikrowellen mit Frequenzen von 2 bis 3 GHz umwandeln. Diese würden von Sendeantennen der Satelliten terrestrischen Empfangsantennen zugestrahlt, die sie in elektrische Energie zurückwandeln. Satelliten auf geostationär Umlaufbahn, die je nach Bauart 34.000 bis 86.000 t wögen, würden nahezu ohne Unterbrechung 5000 bis 10.000 MW je Satellit ins Energieversorgungsnetz der Erde einspeisen.

Die Durchmesser der Sendeantenne eines Satelliten und der Empfangsantenne auf der Erde sind rund 1 km und 10 km. Dem Satelliten ist vier- bis elfmal so viel Sonnenenergie zugänglich wie den sonnenscheinreichsten Gebieten der Erde, und diese Energie steht ihm mit Ausnahme kurzer Beschattungsperioden durch die Erde fast ununterbrochen zur Verfügung. Im Jahresmittel reduzieren die Beschattungen die Energieausbeute um 1 % des Betrags, der gewonnen würde, wenn das Satellitenkraftwerk dauernd der Sonnenbestrahlung ausgesetzt wäre. Umgekehrt erreicht der Kernschatten eines 10.000 MW Satelliten die Erde nicht.

Da sich ein Satellit auf geostationärer Umlaufbahn relativ zur Erde nicht bewegt, kann der scharf gebündelte Mikrowellenstrahl in die Nähe der großen

Energieverbraucher gerichtet werden, so dass Übertragungsverluste in langen Leitungen vermieden werden.[5] Die Mikrowellen im 3 GHz-Bereich durchdringen die Atmosphäre und Wolken mit nur geringfügigen Verlusten und werden in der Empfangsantenne mit einem Wirkungsgrad von 90 % in elektrische Energie umgewandelt. Dabei wird so wenig Abwärme erzeugt, dass eine Annäherung an die Hitzemauer mit Satelliten-Sonnenkraftwerken langsamer als mit allen anderen Stromerzeugern vergleichbarer Leistung erfolgt.

Die politische und wirtschaftliche Umsetzung der O'Neillschen Ideen forderte die „House Concurrent Resolution 451" der beiden Häuser des 95. US-Kongresses, die am 15. Dezember 1977 vom Abgeordneten Olin Teague eingebracht worden war. Sie schließt mit der Aufforderung:

> Insbesondere wird ... das Büro für Technologie-Auswertung angewiesen, eine gründliche Studie und Analyse darüber durchzuführen, mit welchen möglichen Folgen, Vorteilen und Nachteilen und unter welchen Bedingungen bis zum Jahr 2000 das nationale Ziel erreicht werden kann, die ersten bemannten Raumstationen zu errichten, aus denen Sonnenenergie und andere extraterrestrische Ressourcen bereitgestellt werden können zum friedlichen praktischen Nutzen aller Menschen auf der ganzen Welt [66].

Diese Resolution[6] wurde überwiesen an das Committee on Science and Technology.

Nachdem Ronald Reagan Präsident der Vereinigten Staaten von Amerika geworden war, erklärte sein Wissenschaftsberater George Keyworth auf einer der „Princeton Conferences on Space Manufacturing Facilities", dass nach Überzeugung des Präsidenten die friedliche Erschließung des Weltraums Sache der Privatwirtschaft sei.

Doch bemannte Raumfahrt ist kostspielig, und die Privatwirtschaft hat sich – bis auf einen kurzlebigen „Council on Power from Space" führender Raumfahrtunternehmen – nicht auf Pläne O'Neill'scher Art zur Industrialisierung des erdnahen Raums eingelassen. Die von der NASA anfangs geschätzten Kosten von 10 Mio. US$ pro Space Shuttle-Flug waren nach der ersten Raumfährenmission des Jahres 1981 bis zum Jahr 1985 auf 180 Mio. US$ angestiegen. Nach den Katastrophen der *Challenger*- und *Columbia*- Raumfähren 1986 und 2003 und insgesamt 135 Starts fünf verschiedener Shuttle-Exemplare haben die USA das Space Shuttle-Programm mit der letzten Mission der *Atlantis* in 2011 beendet; die Endkosten pro Mission einschließlich aller Nachrüstungen werden auf 500 Mio. US$ geschätzt [225]. Seitdem kaufen die USA für den Transport ihrer Astronauten zur Internationalen Raumstation (ISS) Sitzplätze in den russischen Sojus-Raumschiffen für 51 Mio. US$ pro Passagier. Die Space Shuttles boten bis zu sieben Astronauten Platz.

An menschlichen Bedürfnissen gemessen sind die Energie- und Materialressourcen sowie die Emissionsaufnahmekapazität des Weltraums so gut wie unbegrenzt.

---

[5]Die höchste Energieintensität des Mikrowellenstrahls in seinem Zentrum beträgt etwa die Hälfte der Intensität des Sonnenlichts. Darum sind die Satelliten-Sonnenkraftwerke als Waffe völlig unbrauchbar und würden auch keine Vögel braten, die den Mikrowellenstrahl durchfliegen.
[6]Deutsche Übersetzung von R.K.

Ihre wirtschaftliche Nutzung durch extraterrestrische Technologien erscheint den meisten Zeitgenossen noch als Sciencefiction. Doch technisch machbar dürfte sie sein. In der Zusammenfassung (Executive Summary) der Studie „Space-Based Solar Power As an Opportunity for Strategic Security" des *National Space Security Office* aus dem Jahr 2007 heißt es [224][7]: „Die bedrohlich anwachsenden Energie- und Umweltprobleme sind so schwerwiegend, dass sie die Betrachtung aller Optionen zu ihrer Lösung erfordern. Dazu gehört die Wiederentdeckung der Pläne zur Errichtung von Satelliten-Sonnenkraftwerken, die zuerst vor nahezu 40 Jahren in den USA entwickelt worden waren." Die Schlussempfehlung lautet: „Die Studiengruppe empfiehlt, dass die US-Regierung sich diese Pläne bald zu eigen macht, ihre Machbarkeit demonstriert und ihre Umsetzung fördert."

Wie bei allen großtechnischen Vorhaben sind die Kosten das Problem.

Bei Kostenbeurteilungen kann vielleicht als Vergleichsmaßstab dienen, dass die deutschen Stromkunden den Fotovoltaikstromproduzenten über das Erneuerbare-Energien-Gesetz im Jahr 2016 rund 10 Mrd. EUR Einspeisevergütung zahlten, s. Abb. 5.1 und die Erläuterungen dazu. Dafür erhielten sie aus einer PV-Kapazität von rund 40 GW nach Tab. 2.5 eine elektrische Energiemenge von 38,2 TWh. Ein 10.000 MW (=10 GW) Satelliten-Sonnenkraftwerk würde pro Jahr 87,6 TWh liefern.

Würde man nach den Plänen von Boeing und anderen Luft- und Raumfahrtunternehmen alle Satellitenkomponenten von der Erde mit 60 bis 100 Schwerlastraketenstarts pro Satellit auf geostationäre Umlaufbahn transportieren, würden nach Schätzungen des „Solar Power Satellite Study Manager for Boeing", Woodcock, die Kosten für einen 10.000 MW Satelliten bei 10 bis 15 Mrd. US$ liegen [226]. Umweltschonender, und gemäß den Kostenabschätzungen in [66,92] preiswerter, wäre der O'Neill'sche Weg, der schon Ende des 20. Jahrhunderts zur Besiedlung und industriellen Nutzung des erdnahen Weltraums hätte führen können.[8]

Mit O'Neill's Tod schien die Hoffnung auf eine Überwindung der Grenzen unserer empfindlichen Biosphäre erloschen zu sein. Doch sie lebt wieder auf. Vor dem Aufbruch zu seiner zweiten Mission auf der Internationalen Raumstation ISS berichtet Alexander Gerst:

> Die ESA arbeitet mit der NASA zusammen am Orion-Raumschiff, das weit über den niedrigen Erdorbit hinausfliegen wird. Als nächsten Schritt bereitet eine internationale Gruppe von Weltraumagenturen gerade vor, noch tiefer in den Weltraum zu fliegen: ein Basislager außerhalb des Erdorbits, den ‚Deep Space Gateway'. Wir haben die Chance, bei diesem Unternehmen dabei zu sein [223].

---

[7] Übersetzung R.K.

[8] Die Investitionskosten in Höhe von 60 Mrd. US$ bis zur ersten Energielieferung der Satellitenkraftwerke an die Erde sollten sich nach [66] in etwa 20 Jahren amortisiert haben. Zwar wurden dieser Berechnung die von der NASA anfangs zu niedrig geschätzten Kosten von 10 Mio. US$ pro Shuttle-Flug zugrunde gelegt. Dem steht ein angenommener Zinssatz von 10 % auf die Investitionen gegenüber, der deutlich über den diversen fallenden Zinssätzen des 21. Jahrhunderts liegt.

Vielleicht beginnt die Menschheit doch noch während der gegenwärtigen Jahre globalen Wirtschaftswachstums, sich jenseits der Erde neue Wirtschafts- und Lebensräume zu erschließen, statt sich mit ihrem Drang nach Veränderung und Neuem zu beschränken auf eine übervölkerte Erde mit ihren thermodynamischen Wachstumsgrenzen, Erdbeben, Tsunamis, Hurrikans und unter dem Yellowstone Park und den Phlegräischen Feldern lauernden Supervulkanen mit hohem Extinktionspotenzial.

6.3 Ausblick

Der Bericht des Club of Rome *Die Grenzen des Wachstums* aus dem Jahre 1972 [95] und der erste Ölpreisschock des Jahres 1973 lösten weltweites Nachdenken darüber aus, ob das „Wachstumsdogma", das in wichtigen ökonomischen Denkschulen auch heute noch gilt, nicht aufgegeben oder modifiziert werden muss. Schon damals waren die in Kap. 1 dargestellten und durch Entropieproduktion gezogenen Grenzen energieetriebenen Wirtschaftswachstums [24,227] bekannt. Viele derjenigen, die vor diesen Grenzen nicht die Augen verschlossen und verschließen, folgten und folgen den Schlussfolgerungen von [95]: Die Industrieproduktion auf der Erde muss aus dem (Nachkriegs-)Zustand exponentiellen Wachstums in einen Gleichgewichtszustand überführt werden. Die *steady state economy* [161] sei langfristig die einzige Option für das „Raumschiff Erde" [228]. Das Kap. 4 beschreibt dafür notwendige Verhaltensänderungen aus heutiger Perspektive.

Unter dem Eindruck meiner in Kap. 5 berichteten Kolumbien-Erfahrungen schlug ich 1975 dem Ökonom und Theologen Wilhelm Dreier vom Lehrstuhl für Christliche Sozialwissenschaft der Universität Würzburg ein gemeinsames interdisziplinäres Seminar über Wirtschaftswachstum, Energie und Umwelt vor. Als Teil des Forschungsschwerpunkts „Gefährdete Zukunft" der Theologischen Fakultät fand es in der zweiten Hälfte der 1970er-Jahre regen Zuspruch von Studierenden und Lehrenden aus den Natur- und Geisteswissenschaften. Ergebnisse wurden u. a. in [211] publiziert. Selbstverständlich wurde auch darauf hingewiesen, dass die thermodynamischen Wachstumsbeschränkungen mit ihrer äußersten Grenze, der Hitzemauer, nur für die terrestrische Industrieproduktion gelten, und dass einer industriellen Expansion in den erdnahen Raum, so wie in Abschn. 6.2 beschrieben, die Thermodynamik nicht im Wege steht. Ein gegen die Weltraumindustrialisierung vorgebrachter Einwand war: „Aber dann muss sich ja die menschliche Natur nicht ändern." Dabei wurde mit dieser Änderung die Hoffnung verbunden, dass sie die Menschen zu besseren Christen machen würde. Darauf erwiderte der erfahrenste Würzburger Vertreter der katholischen Moraltheologie, Professor Heinz Fleckenstein: „Gemäß einem seit langem bewährten Prinzip katholischer Morallehre ist die technische Lösung eines Problems immer dem Versuch vorzuziehen, die menschliche Natur zu ändern."

Der Wirtschaftshistoriker Professor Robert Heilbroner hegt tiefen Pessimismus hinsichtlich der Zukunft einer Menschheit, die in einer stationären Gesellschaft mit den natürlichen Ressourcen und Entsorgungsmechanismen der Erde auskommen und über kurz oder lang den Übergang von der dynamischen Wachstumsökonomie mit relativ hoher sozialer Mobilität[9] in einen stationären Zustand finden müsste. Falls nur ein autoritäres, oder möglicherweise nur ein revolutionäres Regime, in der Lage sein wird, die zur Katastrophenvermeidung notwendige gewaltige soziale Reorganisation zu bewerkstelligen, befürchtet er für eine stationären Gesellschaft Beschränkungen der Suche nach wissenschaftlicher Erkenntnis, der Freude an intellektueller Häresie und der Freiheit, sich sein Leben nach den eigenen Vorstellungen einzurichten. In seinem Buch *An inquiry into the Human Prospect* [229] schlussfolgert er: „If then, by the question ‚Is there hope for man?' we ask whether it is possible to meet the challenges of the future without the payment of a fearful price, the answer must be: No, there is no such hope."[Wenn wir mit „Gibt es Hoffnung für die Menschheit?" fragen, ob es möglich ist, den Herausforderungen der Zukunft zu begegnen, ohne einen furchtbaren Preis zu zahlen, dann muss die Antwort sein: „Nein, diese Hoffnung gibt es nicht."]

In den stationären Gesellschaften der Vergangenheit mit bäuerlicher Dienstbarkeit, Zünften der Handwerker, Kasten, adligen Feudalherren, Hofbeamten und (Priester)-Königen blieben die Individuen in der Regel auf ihre gesellschaftliche Schicht beschränkt. Geistliche Berufe boten gewisse Aufstiegsmöglichkeiten. Zwar konnte im kaiserlichen China bei den regelmäßigen Beamtenprüfungen seit dem 11. Jahrhundert grundsätzlich der einfachste Bauer bis zum höchsten Minister des Reiches aufsteigen. Wer im Rang schon aufgestiegen war und bei Wiederholung einer Prüfung durchfiel, musste wieder absteigen. Doch ließe sich in einer stationären Weltgesellschaft von 10 Mrd. Menschen mit Erinnerungen an das gute Leben in den dynamischen Industriegesellschaften der Dekaden nach dem 2. Weltkrieg ein derartiges meritokratisches System ohne Korruption, autoritäre Strukturen und Unterdrückung der intellektuellen Freiheit errichten?[10]

Die soziale und technische Kreativität der Generationen des 21. Jahrhunderts wird mit einer noch nie dagewesenen Herausforderung konfrontiert. Deren Bewältigung dürfte umso eher gelingen, je klarer die wirtschaftlichen Konsequenzen aus den thermodynamischen Hauptsätzen gesehen werden und je mächtiger die Goldene Regel – jüdisch-christliche Version: Liebe deinen Nächsten wie dich selbst – das menschliche Zusammenleben bestimmt. Und gewiss würde es nichts schaden, wenn die kühnsten und besten Frauen und Männer der in den 1980er-Jahren ergangenen Aufforderung der L5-Society folgten: „If you love the Earth, leave it!"

---

[9]Vom Arbeiterkind zum Kanzler der Bundesrepublik Deutschland.

[10]Noch ist es zu früh, die Beschlüsse des Nationalen Volkskongresses der VR China im März 2018 und die daraus erwachsene Machtfülle von Präsident Xi Jinping, sowie den Aufstieg autoritärer Politiker an die Spitze anderer Staaten als Vorboten künftiger Entwicklungen zur Aufrechterhaltung der inneren Ordnung überall auf der Welt zu sehen.

Falls jedoch die Naturgesetze und die ethischen Empfehlungen der großen Religionen und Weisheitslehren nicht bald zur Grundlage globalen wirtschaftlichen und politischen Handelns werden, und das Streben nach Aufbruch und der Erschließung neuer Welten sich auf *virtual reality* beschränkt, wird sich im globalen Umbruch wahrscheinlich vollziehen, was schon die alten Griechen erfahren und auf den Punkt gebracht hatten: Durch Leiden lernen. Noch haben wir die Wahl.

Anhänge

A

A.1 Entropie, Umwelt, Information

A.1.1 Entropieproduktion und Emissionen

In einem Nichtgleichgewichtssystem mit dem Volumen V wird die Entropie pro Zeiteinheit $d_i S/dt$ produziert. Die im Inneren des Volumens produzierte *Entropieproduktionsdichte* $\sigma_S(\mathbf{r}, t)$ am Ort $\mathbf{r}$ zur Zeit t wird definiert durch die Identität

$$\frac{d_i S}{dt} \equiv \int_V \sigma_S(\mathbf{r}, t) dV. \tag{A.1}$$

Das Volumen V kann auch so winzig klein sein, dass die rechte Seite von Gl. (A.1) einfach gleich $\sigma_S \cdot V$ ist. Damit folgt aus dem Zweiten Hauptsatz, d. h. aus $d_i S/dt > 0$ gemäß Gl. (1.3), dass auch die Entropieproduktionsdichte σ_S selbst überall und jederzeit unvermeidlich, d. h. größer als null, ist:

$$\sigma_S(\mathbf{r}, t) > 0. \tag{A.2}$$

Die Entropieproduktionsdichte besteht aus einem Anteil $\sigma_{S,chem}$, der von chemischen Reaktionen hervorgerufen wird, und aus einem Anteil $\sigma_{S,dis}$, der mit Wärmeströmen und Teilchenströmen verbunden ist. Damit wird Gl. (A.2) zu

$$\sigma_S(\mathbf{r}, t) = \sigma_{S,chem} + \sigma_{S,dis} > 0. \tag{A.3}$$

Dabei ist $\sigma_{S,chem}$ gegeben durch *skalare* verallgemeinerte Ströme und Kräfte, während in $\sigma_{S,dis}$ die in der Gl. (A.4) ausgewiesenen *vektoriellen* Ströme und Kräfte (bzw. deren Dichten) auftreten [230]. Diese beiden Terme können nicht miteinander

© Springer-Verlag GmbH Deutschland, ein Teil von Springer Nature 2018
R. Kümmel et al., *Energie, Entropie, Kreativität*,
https://doi.org/10.1007/978-3-662-57858-2

interferieren. Darum muss wegen der Gl. (A.3) auch jeder der beiden Terme für sich allein positiv sein, d. h. es gilt: $\sigma_{S,chem} > 0$ und $\sigma_{S,dis} > 0$.

Zur Analyse von Entropieproduktionsprozessen wie der Verbrennung einer gewissen Menge Kohle, Öl oder Gas kann man zuerst den Prozess der chemischen Umwandlung betrachten, bei dem $\sigma_{S,chem}$ entsteht, und *nach* dem in der Verbrennungsanlage und einer gewissen Umgebung (Schornstein) N verschiedene Teilchensorten vorliegen, die mit k durchnummeriert werden, und die sich dann im gesamten System gemäß den auf sie einwirkenden verallgemeinerten Kräften ausbreiten.[1] In ihrem hervorragenden Buch *Grundlagen der Thermodynamik* haben Kluge und Neugebauer [231] gezeigt, dass die damit verbundene (in [2] so genannte) „dissipative" Entropieproduktionsdichte $\sigma_{S,dis}$ gegeben ist durch[2]

$$\sigma_{S,dis}(\mathbf{r}, t) = \mathbf{j}_Q \nabla \frac{1}{T} + \sum_{k=1}^{N} \mathbf{j}_k [-\nabla \frac{\mu_k}{T} + \frac{\mathbf{f}_k}{T}] > 0. \tag{A.4}$$

Darin ist $\mathbf{j}_Q(\mathbf{r}, t)$ die Wärmestromdichte und $\mathbf{j}_k(\mathbf{r}, t)$ bezeichnet die Diffusionsstromdichte der Teilchensorte k. Angetrieben wird $\mathbf{j}_Q$ vom Gradienten ∇ der absoluten Temperatur $T(\mathbf{r}, t)$ und $\mathbf{j}_k(\mathbf{r}, t)$ wird getrieben von Gradienten des chemischen Potenzials $\mu_k(\mathbf{r}, t)$ und der Temperatur sowie von spezifischen äußeren Kräften $\mathbf{f}_k(\mathbf{r}, t)$. Die Wärmestromdichten und Teilchstromdichten sind die Träger der Emissionen, von denen unter Gl. (1.3) die Rede ist.

N. Georgescu-Roegen, dem das große Verdienst zukommt, auf die Wichtigkeit der Entropie für die Wirtschaft hingewiesen zu haben [232], glaubte, einen Vierten Hauptsatz der Thermodynamik entdeckt zu haben: den von der Dissipation der Materie. Dies führte eine Zeitlang zu heftigen Diskussionen, bis geklärt war, dass der zweite Term auf der rechten Seite von (A.4) das abdeckt, was Georgescu-Roegen im Sinn hatte [233].

A.1.2 Treibhauseffekte

Natürlicher Treibhauseffekt
Die einfachste quantitative Beschreibung des natürlichen Treibhauseffekts betrachtet die Erde im Strahlungsgleichgewicht mit der Sonne. Der Fluss der

---

[1]Stufenweise Analysen von Verbrennungsprozessen werden auch für die Berechnung der in solchen Prozessen gewinnbaren, zu Arbeitsleistung verwendbaren Energie (= Exergie) durchgeführt [49], s. auch Gl. (A.26).
[2]Die ausführlichen vektoranalytischen Rechnungen zur Herleitung der [231] entnommenen Gl. (A.4) werden knapp skizziert im Anhang zum Kapitel „Entropy" von [2].

solaren Strahlungsleistung am Rande der Erdatmosphäre, die *Solarkonstante S*, wird mittels Ballon-, Raketen- und Satellitenexperimenten gemessen zu

$$S = 1367 \text{ W/m}^2. \tag{A.5}$$

Etwa 30 % der solaren Einstrahlung S, das sogenannte Albedo α, wird in den Weltraum zurückreflektiert. Damit wird am Rand der Erdatmosphäre ein Strahlungsleistungsfluss von

$$S(1 - \alpha)/4 = 239 \text{ W/m}^2 \tag{A.6}$$

absorbiert. Der Faktor 1/4 ist der Quotient aus Querschnittsfläche und Oberfläche der Erde. (Hierbei wird die Erde durch eine Kugel mit dem Radius R angenähert, so dass ihre Oberfläche die Größe $A_E \approx 4\pi R^2$ hat und ihr Querschnitt die Fläche πR^2.) Das Produkt von $A_E = 510 \times 10^6$ km^2 mit 239 W/m^2 ergibt die von der Erde *absorbierte* solare Strahlungsleistung zu

$$P_{solar} = 1,2 \cdot 10^{17} \text{ W}. \tag{A.7}$$

Die auf den oberen Rand der Atmosphäre *auftreffende*, d. h. nicht um das Albedo verminderte solare Strahlungleistung ist dann

$$P_{top} = 1,7 \cdot 10^{17} \text{ W}. \tag{A.8}$$

Der Spektralbereich der gemäß (A.6) und (A.7) von der Biosphäre absorbierten Strahlungsleistung erstreckt sich von 0,2 bis 2 μm. Diese Leistung wird im Infrarot-Spektralbereich zwischen etwa 5 und 30 μm in den Weltraum zurückgestrahlt. Die dazu erforderliche effektive Temperatur T_{eff} wird nach dem Stefan-Boltzmann Gesetz (in der Näherung für „schwarze Körper") aus der Gleichung

$$S(1 - \alpha)/4 = \sigma T_{eff}^4 \tag{A.9}$$

unter Verwendung von (A.6) zu

$$T_{eff} = 255\text{K} = -18°\text{C} \tag{A.10}$$

berechnet. Dabei ist $\sigma = 5,67 \cdot 10^{-8}$W/m^{2}K^4 die Stefan-Boltzmann Konstante.

Die feste Erdoberfläche hat jedoch eine mittlere Temperatur von +15°C = 288 K. Bei dieser Temperatur liefert das Stefan-Boltzmann Gesetz eine abgestrahlte Wärmeflussdichte von 390 W/m^2. Die Differenz von 151 W/m^2 zwischen den Wärmeflussdichten, die einerseits vom Erdboden und andererseits vom oberen Rand der Erdatmosphäre abgestrahlt werden, wird von den Infrarot-absorbierenden Spurengasen der Erdatmosphäre gewissermaßen „eingefangen" und teils nach oben, teils nach unten wieder abgestrahlt. Diese Gase umgeben dadurch die Erde mit einem wärmenden Strahlungsmantel, der unser Leben erhält. Sie spielen etwa dieselbe Rolle wie das Glasdach und die Glaswände eines Treibhauses: Das sichtbare Sonnenlicht passiert das Glas nahezu ungehindert und wird vom Boden und den Pflanzen im Treibhaus absorbiert, die dadurch erwärmt werden. Die aufgenommene Wärme strahlen Boden und Pflanzen im Infraroten wieder ab. Diese Strahlung wird ihrerseits von den umgebenden Glasflächen absorbiert und danach teils nach Innen und teils nach Außen abgestrahlt. Die zurückgestrahlte Wärme hebt die Temperatur im Treibhaus über die Außentemperatur. (Die Unterbindung der Konvektion durch das Glasdach trägt noch zusätzlich zur Erwärmung bei.)

Die Infrarot-aktiven Spurengase (Treibhausgase) in der Atmosphäre, ihre Konzentrationen in „Anteilen (parts) pro Million" (ppm), und ihre Beiträge zur Temperaturerhöhung über $-18°C$ sind: Wasserdampf, H_2O (zwischen 2 ppm bis zu 3×10^4 ppm, 20,6°C), Kohlendioxid, CO_2 (vorindustriell: 280 ppm, 7°C), (bodennahes) Ozon, O_3 (0,03 ppm, 2,4°C), Stickoxid, N_2O (0,3 ppm, 1,4°C), Methan, CH_4 (1,7 ppm, 0,8°C) und andere (0,6°C).

Anthropogener Treibhauseffekt

Erhöhen sich aufgrund menschlicher Aktivitäten die Konzentrationen von Infrarot-aktiven Spurengasen in der Atmosphäre, verdichtet sich der wärmende Strahlungsmantel, mit dem sie die Erde umgeben, und alle von der Sonne zugestrahlte Energie kann nur durch Erhöhung der Oberflächentemperatur der Erde als Wärme in den Weltraum zurückgestrahlt werden.

Der wesentliche Punkt beim anthropogenen Treibhauseffekt (ATE) liegt darin, dass die Absorptionsmaxima der (vom Wasserdampf verschiedenen) Treibhausgase für die Wärmestrahlung in den „Fenstern" des Infrarot-Absorptionsspektrums des Wasserdampfes (H_2O), des stärksten aller Treibhausgase, liegen. Diese Fenster, durch die in vorindustriellen Zeiten viel Wärmestrahlung in den Weltraum entkam, werden mit wachsender Konzentration der vom Menschen freigesetzten Treibhausgase immer dichter geschlossen.

Energetisch gesehen liegen die wichtigsten offenen Fenster des atmosphärischen Wasserdampfs zwischen 7 μm und 13 μm – dort erreicht die Infrarotstrahlung der Erdoberfläche ein Maximum – und zwischen 13 μm und 18 μm – dort wird die Infrarotstrahlung nur teilweise vom Wasserdampf absorbiert. Im Zentralbereich des offenen Fensters zwischen 8 μm und 12 μm spielt die quasikontinuierliche Absorption der Wärmestrahlung durch den Wasserdampf eine wichtige Rolle. Sie wächst mit dem Quadrat des Wasserdampfdrucks. Wegen des exponentiellen Anstiegs des Partialdrucks von H_2O mit der Temperatur kommt es zu einer starken Rückkopplung zwischen Temperaturanstieg und Infrarotabsorption durch Wasserdampf. Deswegen leisten wachsende CO_2-Konzentrationen einen großen Beitrag zum ATE (obwohl die beiden Hauptabsorptionsbanden des CO_2 bei 15 μm und 4.3 μm schon größtenteils gesättigt sind): Zusätzliches CO_2 bewirkt nur eine kleine Temperaturerhöhung δT; doch der Partialdruck des atmosphärischen H_2O wächst exponentiell mit δT, und die Infrarotabsorption durch den Wasserdampf wächst quadratisch mit dessem Druck. Alles zusammengenommen wächst der durch zusätzliches CO_2 verursachte ATE mit dem Logarithmus der CO_2-Konzentration, so dass für jede Verdopplung der atmosphärischen CO_2-Konzentration die Temperatur der Erdoberfläche um den gleichen Betrag (von ungefähr 2,5 °C) zunimmt.

A.1.3 Entropie und Information

Die kanonische Zustandssumme eines Systems vieler miteinander wechselwirkender Teilchen im Kontakt mit einem Wärmebad der absoluten Temperatur T ist mit $\beta = 1/kT$

$$Z = \sum_R e^{-\beta E_R}. \qquad (A.11)$$

E_R ist die Energie *eines* mit R indizierten Vielteilchenzustands, und summiert wird über alle Vielteilchenzustände R des Systems. Einen der (im einfachsten Fall eines idealen Gases) möglichen Vielteilchenzustände zeigt die Abb. 1.1. Die Wahrscheinlichkeit, dass das System bei einer Messung in einem bestimmten Zustand R angetroffen wird, ist

$$P_R = \frac{e^{-\beta E_R}}{Z}. \qquad (A.12)$$

Die mittlere Energie des Vielteilchensystems ist gegeben durch den Erwartungswert

$$\bar{E} \equiv \sum_R P_R E_R. \qquad (A.13)$$

Lehrbücher der Thermodynamik und Statistik wie [162] zeigen, dass die in Abschn. 1.1 durch $S = k_B \ln \Omega$ definierte Entropie auch aus

$$S = k[\ln Z + \beta \bar{E}] \qquad (A.14)$$

berechnet werden kann. Setzt man darin $\bar{E}$ aus Gl. (A.13) ein und beachtet, dass

$$\sum_R P_R = 1 \qquad (A.15)$$

ist, erhält man nach kurzer Umrechnung

$$S = -k \sum_R P_R \ln P_R. \qquad (A.16)$$

Hierbei ist die Konstante k der Boltzmann-Konstanten k_B gleichzusetzen und $\ln P$ ist der natürliche Logarithmus von P.

In der Informationstheorie hat *Shannon*, ausgehend von Boltzmanns H-Theorem (siehe z. B. [162, S. 624–626]), die Entropie einer diskreten Zufallsvariablen X mit den möglichen Werten $\{x_1, \ldots x_i \ldots x_n\}$ definiert als den Erwartungswert des Informationsgehalts von X:

$$H = -k \sum_i P(x_i) \ln P(x_i). \qquad (A.17)$$

Dabei ist $P(x_i)$, mit

$$\sum_i P(x_i) = 1, \qquad (A.18)$$

die Wahrscheinlichkeit dafür, dass die Zufallsvariable X den Wert x_i annimmt. Die Shannon-Entropie ist ein Maß für Unsicherheit/Zufälligkeit. (Diese Unsicherheit verschwindet unter Beachtung von (A.18), wenn ein Ereignis $x_{i=e}$ mit Sicherheit eintritt, so dass $P(x_e) = 1$ und $\ln P(x_e) = 0$ ist.)

Die Fixierung der Konstanten k entspricht einer Festlegung der Informationseinheit. Wählt man $k = 1/\ln 2$, so erhält man wegen $\log_2 P = \ln P/\ln 2$ im Dualsystem mit der Informationseinheit Bit die Shannon-Entropie zu

$$H = -\sum_i P(x_i)\log_2 P(x_i). \qquad (A.19)$$

Beispiele:

- $X = \{0, 1\}$ sei eine Nachricht, in der die beiden Zeichen 0 und 1 mit der gleichen Wahrscheinlichkeit von je 1/2 auftreten. Dann ist der Informationsgehalt dieser Nachricht $H = -(1/2)\log_2(1/2) - (1/2)\log_2(1/2) = -\log_2(1/2) = 1$.
- $X = \{x_1, x_2, x_3, x_4, x_5, x_6, x_7, x_8, x_9, x_{10}\}$ sei eine Nachricht aus zehn Zeichen. Alle Zeichen mögen wieder mit derselben Wahrscheinlichkeit auftreten, so dass $P(x_i) = 1/10$ ist. Dann ist der Informationsgehalt dieser Nachricht $H = -10\frac{1}{10}\log_2(1/10) = \log_2(10) \approx 3,322$.

Ausführlicher wird der Zusammenhang von Entropie und Information in [28] behandelt; zur Shannon-Entropie s. dort die Abschn. 1.6 und 3.3.

A.2   Energie und Exergie

A.2.1   Energieeinheiten

Größenordnungen

Zeichen	Abkürzung	Zahl	Wort
μ	Mikro	$= 10^{-6}$	Millionstel
m	Milli	$= 10^{-3}$	Tausendstel
k	Kilo	$= 10^{3}$	Tausend
M	Mega	$= 10^{6}$	Million
G	Giga	$= 10^{9}$	Milliarde
T	Tera	$= 10^{12}$	Billion
P	Peta	$= 10^{15}$	Billiarde
E	Exa	$= 10^{18}$	Trillion

SI-Energieeinheiten
SI ist Abkürzung für **Système International** (Internationales System).

1 Joule [J] $=$ 1 Wattsekunde [Ws]

1 Megajoule	$= 10^{6}$ J	$=$ 1 MJ
1 Gigajoule	$= 10^{9}$ J	$=$ 1 GJ
1 Terajoule	$= 10^{12}$ J	$=$ 1 TJ
1 Petajoule	$= 10^{15}$ J	$=$ 1 PJ
1 Exajoule	$= 10^{18}$ J	$=$ 1 EJ

1 Mio. Tonnen Steinkohleeinheiten (tSKE) 1 MtSKE $=$ 29,3 PJ
1 Mio. Tonnen Öleinheiten (tÖE) $=$ 1 MtÖE $=$ 41,9 PJ
1 Tonne ÖE $=$ 7,3 Barrel ÖE (1 Barrel $=$ 159 Liter)
historische Einheit: Kalorie (cal). 1 cal $=$ 4,19 J

Energieumrechnungsfaktoren

Einheit	MJ	kWh	tSKE	tÖE
1 MJ	1	0,278	0,000034	0,000024
1 kWh	3,6	1	0,000123	0,000086
1 tSKE	29.304	8140	1	0,700
1 tÖE	41.868	11.630	1,429	1

Leistungseinheiten

1 Watt (W) = 1 Joule pro Sekunde (J/s)
1 PS (1 Pferdestärke) = 0,7355 kW

A.2.2 Energiemenge und -qualität

Für Energiedienstleistungen kommt es neben den in Joule (J), Kilowattstunden (kWh) oder auch Tonnen Steinkohleeinheiten (tSKE) gemessenen Energiemengen auch auf deren Qualität an. Bestimmt wird die Energiequalität durch die in einer Energiemenge enthaltene *Exergie*.

Betrachten wir zwei Systeme unterschiedlicher Atome und Moleküle, die anfangs voneinander isoliert sind. Ihre entsprechenden inneren Energien, die bei konstanten Volumina gemessen werden, sind U_1' und U_1'', und die gesamte innere Anfangsenergie ist $U_1 = U_1' + U_1''$. Dann werden die Systeme in Kontakt und Wechselwirkung miteinander gebracht. Während der chemischen Reaktionen werden die Elektronen und Atome neu arrangiert. Wenn das Gesamtsystem ein neues Gleichgewicht gefunden hat, ist seine innere Energie U_2.

Die meisten chemischen Reaktionen spielen sich bei konstantem Druck p und nicht bei konstantem Volumen ab. Ist das Gesamtvolumen der beiden isolierten Systeme am Anfang $V_1 = V_1' + V_1''$ und das Gesamtvolumen nach der Reaktion V_2, wird die Arbeit $p(V_2 - V_1)$ zwischen dem Gesamtsystem und der Umgebung ausgetauscht. Die Umgebung ist in vielen Fällen die Atmosphäre.

Die Differenz $U_2 - U_1$ zwischen den inneren End- und Anfangsenergien ist dann gegeben durch

$$U_2 - U_1 = -p(V_2 - V_1) - Q_{12}. \qquad (A.20)$$

Dabei ist Q_{12} die Wärme, die bei der Reaktion an die Umgebung abgegeben wird. Man bezeichnet die chemische Reaktion als exotherm (endotherm), wenn $Q_{12} > 0$ ($Q_{12} < 0$) ist.

Interessiert die Wärmebilanz einer chemischen Reaktion, ist es zweckmäßig, die *Enthalpie* genannte thermodynamische Zustandsfunktion H einzuführen. Sie ist definiert als

$$H \equiv U + pV. \qquad (A.21)$$

Damit kann die Gl. (A.20) geschrieben werden als

$$H_1 - H_2 = Q_{12}. \qquad (A.22)$$

Sind sowohl Anfangs- als auch Endzustand der chemischen Reaktion flüssig oder fest, ist der Unterschied zwischen Enthalpie H und innerer Energie U klein. Spielen allerdings auch gasförmige Zustände eine Rolle, wie das bei der Verbrennung fossiler Energieträger der Fall ist, muss man die erzeugte Wärme aus Gl. (A.22) berechnen.

Bei der Bestimmung der in fossilen Brennstoffen enthaltenen Energie*mengen* werden alle Reaktionspartner von einem Anfangszustand vor der wärmeerzeugenden

Reaktion in einen Referenzzustand nach der Reaktion überführt. Der Anfangszustand ist durch die Enthalpie H_1 charakterisiert und der Endzustand durch die Enthalpie H_2. Dann ergibt sich die freigesetzte Wärme zu $Q_{12} = H_1 - H_2$.
Die aus Enthalpiedifferenzen folgenden Wärmemengen geben die in den Brennstoffen enthaltenen *Energiemengen* an.
Normalerweise wählt man als Temperatur des Referenzzustands 25^oC ≈ 298 K. Als Druck wählt man oft den der natürlichen Umgebung. Der Referenzzustand jedes chemischen Elements ist die stabilste, in der Natur vorkommende Verbindung dieses Elements. Für Kohlenstoff und Wasserstoff sind diese Verbindungen CO_2 und gasförmiges oder flüssiges Wasser (H_2O). Man misst die Energiemengen von Kohle, Öl, Gas und Biomasse in einem kontrollierten Verbrennungsprozess. Dabei werden Brennstoff und Luft mit derselben Anfangstemperatur T_0 in eine Reaktionskammer (Kalorimeter) gebracht, und die Verbrennungsprodukte müssen genau auf die Temperatur T_0 heruntergekühlt werden. Die Wärme, die danach die Reaktionskammer verlässt, dividiert durch die Brennstoffmenge, ist der spezifische Heizwert des Brennstoffs. Es gibt einen oberen und einen unteren Heizwert. Die beiden Werte unterscheiden sich durch die Verdampfungswärme von H_2O. Die Tab. 2.1 gibt mittlere Heizwerte an.

Energie*mengen*, gemessen in Enthalpieeinheiten wie Joule (oder Kilowattstunden oder Tonnnen von Kohle- oder Öl-Äquivalenten), reichen nicht aus, die Nützlichkeit eines Energieträgers zu charakterisieren. Energie*qualität* ist auch wichtig. Nach Karlsson [234] und van Gool [235] ist die Qualität von Energie definiert als
Qualität = Exergie/Enthalpie.
Exergie ist der Teil einer Energiemenge, der vollständig in physikalische Arbeit umgewandelt werden kann. Wie in Abschn. 1.1.3 ausgeführt, wird er im Gesetz von der Energieerhaltung ergänzt durch die nutzlose Anergie.

Beispiele für Exergie

1. Die kinetische Energie einer Masse m mit Geschwindigkeit **v** ist zu 100 % Exergie. Gleiches gilt für die potenzielle Energie einer Masse in einem Gravitationsfeld.
2. Elektrische Energie ist zu 100 % Exergie.
3. Die in Kohle, Öl und Gas gespeicherte chemische Energie ist im Prinzip und Idealfall zu 100 % Exergie. Gleiches gilt für die aus Masseumwandlung gemäß $E = mc^2$ gewonnene Energie. Dem ist so, weil im Prinzip die Verbrennung fossiler Energieträger und die Energiegewinnung aus Massenumwandlung bei sehr hohen absoluten Temperaturen T erfolgen kann. Dann ist die Exergie E_X der Wärme Q, die eine zwischen einem Reservoir der absoluten Temperatur T und der Umgebung der absoluten Temperatur T_0 arbeitende Carnot-Maschine antreibt, gegeben durch den Carnot-Wirkungsgrad:
$E_X = Q(1 - T_0/T) \rightarrow Q$ für $T \gg T_0$.
Eine Carnot-Maschine ist eine idealisierte Wärmekraftmaschine, die reversibel, d. h. unendlich langsam, einen Arbeitszyklus durchläuft. Die Wirkungsgrade realer Wärmekraftmaschinen sind kleiner als $(1 - T_0/T)$.

4. Auch die Sonnenstrahlung besteht im Prinzip zu 100 % aus Exergie. Karlsson [234] hat gezeigt, dass die Qualität quasi-monochromatischer, inkohärenter Strahlung im Frequenzbereich zwischen ω und $\omega + d\omega$, die senkrecht auf die Oberfläche eines schwarzen Körpers der Temperatur T_0 fällt, gegeben ist durch

$$\frac{Exergie}{Enthalpie} = 1 - T_0/T + [\exp(\hbar\omega/k_B T) - 1]$$

$$\times \frac{k_B T_0}{\hbar\omega} \ln \frac{[1 - \exp(-\hbar\omega/k_B T)]}{[1 - \exp(-\hbar\omega/k_B T_0)]}. \quad (A.23)$$

Hierbei ist

$$T = \hbar\omega/\{k_B \ln[(2\hbar\omega^3/c^2 P_E) + 1]\} \quad (A.24)$$

die äquivalente Temperatur eines schwarzen Körpers, der pro Einheitsfläche die Leistung $P_E(\omega)d\omega$ im Frequenzbereich zwischen ω und $\omega + d\omega$ abstrahlt. Ist T die effektive Oberflächentemperatur der Sonne von 5777 K, und ist $T_0 = 288$ K, was der mittleren Oberflächentemperatur der Erde entspricht, dann liegt die Qualität der entsprechenden Schwarzkörperstrahlung sehr nahe bei 1 [234].

5. Ein Vielteilchensystem mit der inneren Energie U, Entropie S und dem Volumen V, das sich *nicht* im Gleichgewicht mit seiner Umgebung der Temperatur T_0 befindet, in der der Druck p_0 herrscht und mit der es Wärme und Arbeit – aber nicht Materie – austauschen kann, hat die Exergie [49,50]

$$E_X = (U - U_0) + p_0(V - V_0) - T_0(S - S_0). \quad (A.25)$$

Hierbei sind U_0, V_0, und S_0 die innere Energie, das Volumen und die Entropie des Systems, wenn es mit seiner Umgebung ins Gleichgewicht gekommen ist.

6. In ein thermodynamisches System mit Volumen V und Druck p tritt in stetigem Strome Masse m mit der kinetischen Energie $m\mathbf{v}^2/2$ an einer Stelle ein; an anderer Stelle auf derselben Höhe z über einem Referenzpunkt im Gravitationsfeld mit der Beschleunigung g tritt sie wieder aus. Dieses System enthält bezüglich der Umgebung mit U_0, V_0, p_0 und S_0 die Exergie [49,50]
$$E_X = (U + pV - U_0 - p_0 V_0) - T_0(S - S_0) + m\mathbf{v}^2/2 + mgz.$$

7. Ein Verbrennungsprozess produziert ein Vielteilchensystem der inneren Energie U und Entropie S, dessen Volumen V ist. Das System ist nicht im Gleichgewicht mit seiner Umgebung, in der die Temperatur T_0 und der Druck p_0 herrschen und mit der Wärme, Arbeit und Materie ausgetauscht werden können. Die Verbrennungsprodukte sind in der Brennkammer höher konzentriert als in der Umgebung. Grundsätzlich kann aus ihrer Diffusion in die Umgebung Arbeit gewonnen werden. Dieses Arbeitspotenzial trägt zur Exergie des Systems bei. Zur Berechnung dieser Exergiekomponente geht man davon aus, dass unmittelbar nach dem Verbrennungsprozess die Systemkomponenten durchmischt und bereits im thermischen und mechanischen Gleichgewicht mit der Umgebung sind, die Brennkammer aber noch nicht verlassen haben. Dann verlassen sie die Brennkammer und diffundieren. Besteht das System aus N verschiedenen Teilchensorten i, mit n_i = Zahl der Teilchen der Sorte i, und sind μ_{i0} und μ_{id} die

chemischen Potenziale der Teilchkomponente i im thermischen und mechanischen Gleichgewicht vor und nach der Diffusion, dann ist der Exergiegehalt des Systems (bei Vernachlässigung der kinetischen und potenziellen Energien) [49]

$$E_X = (U - U_0) + p_0(V - V_0) - T_0(S - S_0) + \sum_{i=1}^{N} n_i(\mu_{i0} - \mu_{id}). \quad \text{(A.26)}$$

A.3 Aggregation

Annahmen

Die monetäre Bewertung eines Gutes oder einer Dienstleistung ist im Mittel umso höher (ungeachtet kurzzeitiger Fluktuationen), je mehr physikalische Arbeit und Informationsverarbeitung zu deren Produktion aufzuwenden ist.

Die monetäre Bewertung von Arbeitsleistung und Informationsverarbeitung ist in der Regel für verschiedene Komponenten der Wertschöpfung verschieden. Doch der über alle Komponenten der Wertschöpfung genommene Mittelwert bleibt während kurzer Zeitintervalle in guter Näherung konstant. Dabei ist ein kurzes Zeitintervall kleiner als die für Innovationsdiffusion charakteristischen Zeiten.

Entsprechendes gilt für die monetäre Bewertung eines Kapitalgutes gemäß seiner Kapazität, physikalische Arbeit zu leisten und Information zu verarbeiten.

A.3.1 Wertschöpfung

Die Kilowattstunde (kWh) wird als Einheit des Energieaufwandes zur Produktion eines Gutes oder einer Dienstleistung gewählt, und das Kilobit (kB) ist die Einheit der Informationsverarbeitung. (Ein Kilobit sind 1000 Ja-Nein-Entscheidungen, dargestellt z. B. durch das Ein- und Ausschalten von elektrischen Strömen.) Die Größen der Einheiten spielen keine Rolle, wenn für Wertschöpfung und Produktionsfaktoren dimensionslose, auf ein Basisjahr normierte Variablen verwendet werden.

Zeitreihen der Wertschöpfung in physischen Einheiten werden von keiner Statistik ausgewiesen. Darum müssen sie für die ökonometrische Praxis auf die von den Volkswirtschaftlichen Gesamtrechnungen publizierten, inflationsbereinigten monetären Zeitreihen abgebildet werden. Dazu wird eine fiktive monetäre Einheit als Platzhalter für irgendeine real existierende Währung eingeführt. Wir nennen diese Einheit „Mark". Wir verbinden das monetäre Maß der Wertschöpfung mit dem physischen Maß in fünf Schritten.

1. Die in Mark gemessene monetäre Wertschöpfung $Y_{mon}(t)$ des Wirtschaftssystems zur Zeit t wird unterteilt, und zwar in M ($\gg 1$) Teile $Y_{i,mon}$, die alle denselben monetären Wert μ Mark haben: $Y_{mon} = \sum_{i=1}^{M} Y_{i,mon} = M\mu$ Mark.

(Zeitliche Änderungen von $Y_{mon}(t)$ haben entsprechende zeitliche Änderungen $M(t)$ zur Folge; μ ist konstant und Mark $= Y_{mon}(t)/M(t)\mu$.)

2. Die zur Produktion von $Y_{i,mon}$ geleistete physikalische Arbeit wird durch den erforderlichen Energieeinsatz gemessen. Dieser schließt Energieumwandlungs-verluste infolge von Reibung und thermodynamischen Effizienzbeschränkungen ein. Wir definieren:

   $W_i \equiv$ Zahl der Kilowattstunden Primärenergie, die bei der Erzeugung von $Y_{i,mon}$ verbraucht werden.

   $V_i \equiv$ Zahl der Kilobits, die bei der Erzeugung von $Y_{i,mon}$ verarbeitet werden.

   Maschinelle Standards können für die Messungen von W_i und V_i für alle auf dem Markt verkauften Güter und Dienstleistungen vereinbart werden, denn diese können im Prinzip als durch standardisierte Routineverfahren produziert ange-sehen werden. (Der Fehler bei der Übertragung dieser Messvorschriften auf den nicht-mechanisierten Teil der Landwirtschaft ist kleiner als der Gesambeitrag der Landwirtschaft zum BIP.)

3. Wir definieren die physische Wertschöpfung Y_{phys} des Wirtschaftssystems als

$$Y_{phys} = \sum_{i=1}^{M} Y_{i,phys} \equiv \sum_{i=1}^{M} W_i \cdot kWh \cdot V_i \cdot kB. \qquad (A.27)$$

Gemäß der Definitionen in Schritt 1 hat $Y_{i,phys}$ den monetären Wert μMark. Die Einheit der physischen Wertschöpfung wird ENIN genannt, als Abkürzung von „ENergie und INformation". Sie ist definiert als der Mittelwert

$$ENIN \equiv \frac{1}{M} \sum_{i=1}^{M} W_i \cdot V_i \cdot kWh \cdot kB = \zeta \cdot kWh \cdot kB, \qquad (A.28)$$

wobei

$$\zeta \equiv \frac{1}{M} \sum_{i=1}^{M} W_i \cdot V_i \qquad (A.29)$$

ist, so dass gilt

$$Y_{phys} = M \cdot ENIN. \qquad (A.30)$$

Der Äquivalenzfaktor ζ ändert sich mit der Zeit t, wenn die monetäre Bewertung von Arbeitsleistung und Informationsverarbeitung sich derartig ändert, dass die Zahlen $W_i \cdot V_i$, die konstantem μ entsprechen, *und* die rechte Seite von Gl. (A.29) zeitabhängig werden.

4. Aus den obigen Gleichungen ergibt sich als Beziehung zwischen monetärer und physischer Wertschöpfung

$$\frac{Y_{mon}(t)}{Y_{phys}(t)} = \frac{M\mu \cdot Mark}{M \cdot ENIN} = \frac{\mu}{\zeta} \cdot \frac{Mark}{kWh \cdot kB}. \qquad (A.31)$$

Solange ζ konstant ist, herrscht Proportionalität zwischen Y_{phys} und Y_{mon}. Dann sind die monetären, inflationsbereinigten Zeitreihen der Wertschöpfung proportional zu den technologischen, in ENIN physisch aggregierten Zeitreihen.

5. Arbeitet man, wie in Abschn. 3.3 effektiv geschehen, mit dimensionslosen Variablen, die auf ihre Größen in einem Basisjahr t_0 normiert sind, ist die dimensionslose Wertschöpfung zur Zeit t

$$y(t) \equiv Y(t)/Y_0, \tag{A.32}$$

mit $Y_0 = Y(t_0)$. Folglich ist die dimensionlose physische Wertschöpfung zur Zeit t

$$y_{phys}(t) \equiv \frac{Y_{phys}(t)}{Y_{phys}(t_0)}. \tag{A.33}$$

Wegen Gl. (A.31) ist die monetäre Wertschöpfung im Basisjahr t_0

$$Y_{mon}(t_0) = \frac{\mu}{\zeta_0} \cdot \frac{Mark}{kWh \cdot kB} Y_{phys}(t_0), \qquad \zeta_0 \equiv \zeta(t_0). \tag{A.34}$$

Aus der Kombination der Gl. (A.31), (A.33) und (A.34) folgt, dass die dimensionslose Zeitreihe der monetären Wertschöpfung gleich ist der dimensionslosen Zeitreihe der physisch aggregierten Zeitreihe der Wertschöpfung, multipliziert mit dem Faktor $\frac{\zeta_0}{\zeta}$:

$$y_{mon}(t) \equiv \frac{Y_{mon}(t)}{Y_{mon}(t_0)} = \frac{\zeta_0}{\zeta} \frac{Y_{phys}(t)}{Y_{phys}(t_0)} \equiv \frac{\zeta_0}{\zeta} y_{phys}(t). \tag{A.35}$$

Solange der Äquivalenzfaktor ζ als zeitunabhängig und gleich ζ_0 betrachtet werden kann, ist die dimensionslose monetäre Zeitreihe gleich der dimensionslosen physischen Zeitreihe. Wird der Äquivalenzfaktor ζ zeitabhängig, unterscheidet sich der Parameter $Y_0(t)$ der LinEx-Funktion (3.42) von seinem Wert $Y_0(t_0)$ im Basisjahr t_0.

A.3.2 Kapital

Der Kapitalstock eines industriellen Wirtschaftssystems besteht aus allen Energieumwandlunganlagen und Informationsprozessoren samt aller Gebäude und Installationen, die zu ihrem Schutz und Betrieb nötig sind.

Die von den Volkswirtschaftlichen Gesamtrechnungen publizierten Zeitreihen des Kapitalstocks eines Wirtschaftssystems setzen wir in Beziehung zur Kapazität dieses Kapitalstocks, Arbeit zu leisten und Information zu verarbeiten. Für die Aggregation des Kapitals in physischen Einheiten gehen wir wie bei der Wertschöpfung in fünf Schritten vor.

1. Der monetär (in inflationsbereinigten Mark) gemessene Kapitalstock, K_{mon}, wird in N ($\gg$ 1) Einheiten $K_{i,mon}$ unterteilt, die alle den gleichen montären Wert v Mark haben: $K_{mon} = \sum_{i=1}^{N} K_{i,mon} = Nv$ Mark. (Zeitliche Änderungen von $K_{mon}(t)$ haben entsprechende zeitliche Änderungen $N(t)$ zur Folge; v ist konstant und Mark= K_{mon}/Nv.)

2. Die Fähigkeit zur Arbeitsleistung pro Zeiteinheit wird in Kilowatt (kW) gemessen, und die Fähigkeit zur Informationsverarbeitung pro Zeiteinheit wird in Kilobits pro Sekunde (kB/s) gemessen. Wir definieren:

   S_i = Zahl der Kilowatt, die das voll ausgelastete Kapitalgut i mit dem monetären Wert $K_{i,mon}$ leistet.

   T_i = Zahl der Kilobits pro Sekunde, die das Kapitalgut i mit dem monetären Wert $K_{i,mon}$ verarbeitet.

   Die S_i entnimmt man den Maschinenbeschreibungen, und die T_i sind gegeben durch die Anzahl der Schaltprozesse pro Zeiteinheit, die die Energieflüsse in den voll ausgelasteten Maschinen durchlassen oder blockieren.

3. Wir definieren den physischen Kapitalstock K_{phys} des Wirtschaftssystems als

$$K_{phys} = \sum_{i=1}^{N} K_{i,phys} \equiv \sum_{i=1}^{N} S_i \cdot kW \cdot T_i \cdot kB/s. \tag{A.36}$$

Gemäß der Definitionen in Schritt 1 hat $K_{i,phys}$ den monetären Wert vMark. Die Einheit des physischen Kapitals wird $ATON$ genannt – Abkürzung für AuTomatiON. Definiert ist sie als der Mittelwert

$$ATON \equiv \frac{1}{N} \sum_{i=1}^{N} S_i \cdot T_i \cdot kW \cdot kB/s = \kappa \cdot kW \cdot kB/s, \tag{A.37}$$

mit

$$\kappa \equiv \frac{1}{N} \sum_{i=1}^{N} S_i \cdot T_i, \tag{A.38}$$

so dass

$$K_{phys} = N \cdot ATON. \tag{A.39}$$

Der Äquilavenzfaktor κ ändert sich mit der Zeit t, wenn die monetären Bewertungen der Fähigkeiten, Arbeit zu leisten und Informationen zu verarbeiten, sich derartig ändern, dass die Zahlen $S_i \cdot T_i$, die konstantem v entsprechen, *und* die rechte Seite von Gl. (A.38) zeitabhängig werden.

4. Die Beziehung zwischen monetärem und physischem Kapital ergibt sich aus den obigen Gleichungen zu

$$\frac{K_{mon}(t)}{K_{phys}(t)} = \frac{Nv \cdot Mark}{N \cdot ATON} = \frac{v}{\kappa} \cdot \frac{Mark}{kW \cdot kB/s}. \tag{A.40}$$

Bei konstantem κ herrscht Proportionalität zwischen K_{phys} und K_{mon}. Dann sind die monetären, inflationsbereinigten Zeitreihen des Kapitalstocks proportional zu den technologischen, in ATON physisch aggregierten Zeitreihen.

5. Arbeitet man, wie in Abschn. 3.3 effektiv geschehen, mit dimensionslosen Variablen, die auf ihre Größen in einem Basisjahr t_0 normiert sind, ist der dimensionslose physische Kapitalstock

$$k_{phys}(t) \equiv \frac{K_{phys}(t)}{K_{phys}(t_0)}. \qquad (A.41)$$

Wegen Gl. (A.40) ist der monetäre Kapitalstock zur Zeit t_0

$$K_{mon}(t_0) = \frac{\nu}{\kappa_0} \cdot \frac{Mark}{kW \cdot kB/s} K_{phys}(t_0), \qquad \kappa_0 \equiv \kappa(t_0). \qquad (A.42)$$

Aus der Kombination der Gl. (A.40), (A.41) und (A.42) folgt, dass die dimensionslose Zeitreihe für den monetär aggregierten Kapitalstock gleich der dimensionslosen Zeitreihe für den physisch aggregierten und mit $\frac{\kappa_0}{\kappa}$ multiplizierten Kapitalstock ist:

$$k_{mon}(t) \equiv \frac{K_{mon}(t)}{K_{mon}(t_0)} = \frac{\kappa_0}{\kappa} \frac{K_{phys}(t)}{K_{phys}(t_0)} \equiv \frac{\kappa_0}{\kappa} k_{phys}(t). \qquad (A.43)$$

So lange der Äquivalenzfaktor κ als zeitunabhängig und gleich κ_0 betrachtet werden kann, ist die dimensionslose monetäre Zeitreihe gleich der dimensionslosen physischen Zeitreihe. Wird der Äquivalenzfaktor κ zeitabhängig, trägt das zur Zeitabhängigkeit des Technologieparameters a in der LinEx-Funktion (3.42) bei.

A.3.3 Arbeit und Energie

Der menschliche Beitrag zur Wertschöpfung besteht aus Routinearbeit und schöpferischem Gestalten. Ersteres wird physisch gemessen, und zwar in geleisteten Arbeitsstunden pro Jahr (oder, ungenauer, in der Gesamtzahl der pro Jahr Beschäftigten). Letzteres besteht aus dem Einsatz nicht physisch messbarer Ideen, Erfindungen und Wertentscheidungen im Produktionsprozess; unsere Theorie ermittelt deren Beitrag quantitativ *ex post* als Wirken der *Kreativität* aus zeitlichen Änderungen von Technologieparametern. Teilweise kann auch der Energieeinsatz, besonders in der Informationstechnologie, als Proxy-Variable für das Bildungsniveau der Beschäftigten angesehen werden.

Der Produktionsfaktor Energie wird quantitativ durch die Enthalpiewerte der eingesetzten Energieträger und qualitativ durch deren Exergiegehalte gemessen. Der Anhang A.2 behandelt das ausführlicher.

A.4   Vergangenheit und Zukunft

A.4.1   Frühstadium der Industrialisierung

Wir bezeichnen eine Wirtschaft als „früh industrialisiert" im Vergleich zu der eines
in Abschn. 3.3.5 diskutierten hoch industrialisierten Landes, wenn in ihr der Einsatz
von Kapital und Energie pro Kopf der Bevölkerung viel kleiner ist als im hoch
industrialisierten System.

Betrachten wir ein früh industrialisiertes Wirtschaftssystem, in dessen Kapitalstock neben (von fossilen und solaren Energien angetriebenen) Maschinen auch von
menschlicher Muskelkraft gehandhabte Werkzeuge sowie Nutztiere, deren Stallun-
gen und die mit ihnen kombinierten Gerätschaften eine Rolle spielen.

Dann gelten bei Verwendung von $\beta = 1 - \alpha - \gamma$ die asymptotischen Randbedingungen

$$\alpha \to 0, \quad \text{sofern} \quad \frac{L/L_0}{K/K_0} \to 0, \quad \frac{E/E_0}{K/K_0} \to 0, \tag{A.44}$$

$$\gamma \to 0, \quad \text{sofern} \quad \frac{L}{L_0} \to \frac{L_{max}}{L_0} \equiv c\frac{K_{min}}{K_0}. \tag{A.45}$$

Gl. (A.44) folgt wieder aus dem Gesetz vom abnehmenden Ertragszuwachs.
Gl. (A.45) beschreibt die Annäherung an einen Zustand, den wir als den „Grenz-
zustand der Manufaktur" bezeichnen. In diesem Zustand ist der Einsatz der menschlichen Arbeit maximal, $L = L_{max}$, und zwar im Vergleich zu einem Zustand mit
mehr Maschinen oben genannter Art, und der Kapitalstock ist minimal; c ist der
zweite freie Technologieparameter.

Einfachste, faktorabhängige Produktionselastizitäten, die bei der Wahl von
$P(E/L) = ac\frac{E/E_0}{L/L_0}$ für die in Gl. (3.22) frei verfügbare Funktion diesen Randbedingungen und den Differentialgleichungen (3.18)–(3.20) genügen, sind

$$\alpha = a\frac{L/L_0 + E/E_0}{K/K_0}, \gamma = -a\frac{E/E_0}{K/K_0} + ac\frac{E/E_0}{L/L_0},$$

$$\beta = 1 - a\frac{L/L_0}{K/K_0} - ac\frac{E/E_0}{L/L_0}. \tag{A.46}$$

(Der Parameter c bedeutete hier anderes als in (3.40)). Mit diesen Produktionselastizitäten liefern die Gl. (3.8) und (3.9) die einfachste LinEx-Funktion für ein früh
industrialisiertes Produktionssystem als

$$Y_{fi}(K, L, E; t) =$$
$$Y_0(t)\frac{L}{L_0} \exp\left[a\left(2 - \frac{L/L_0 + E/E_0}{K/K_0}\right) + ac\left(\frac{E/E_0}{L/L_0} - 1\right)\right]. \tag{A.47}$$

Vielleicht wäre das die Produktionsfunktion für Deutschland nach dem Jahr 1945
bei Verwirklichung des Morgenthau-Plans zur Reduzierung Deutschlands auf einen
Agrarstaat geworden. Und vielleicht kann diese Funktion auch die Wertschöpfung
eines Entwicklungslandes wie Kolumbien beschreiben.

A.4.2 Wirtschaft total digital

„Wirtschaft total digital" meint das Produktionssystem einer Zukunft, in der (elektrische) Energie jederzeit in Fülle vorhanden ist und ein weltumspannendes, engmaschiges Internet immer perfekt arbeitet. Dieses System funktioniert schlussendlich ohne menschliche Routinearbeit L, wenn in Industrie 4.0 der Kapitalstock sich selbst hinreichend organisiert und erweitert, etwa so wie es das Erste Evolutionsprinzip der Produktionsfaktoren im Abschn. 3.3.1 beschreibt. Dabei tritt das ökonomische Gewicht des Kapitals, α, in dem Maße hinter dem der Energie, γ, zurück, in dem $\frac{K}{K_0} \to \infty$ und $\frac{E}{E_0} \to c\frac{K}{K_0}$ streben. (K_0, L_0, E_0 können durchaus von der Größenordnung der Faktorimputs hoch industrialisierter Länder der Gegenwart sein.)

Ob es unter den Beschränkungen des Zweiten Hauptsatzes der Thermodynamik und des Raums der Biosphäre jemals zur „Wirtschaft total digital" kommt, sei dahingestellt.

Unter Verwendung von $\alpha = 1 - \beta - \gamma$ ist diese Wirtschaft definiert als System mit den asymptotischen Randbedingungen

$$\beta \to 0 \text{ und } \gamma \to 1, \text{ wenn } \frac{E}{E_0} \to c\frac{K}{K_0} \to Z >> 1. \qquad (A.48)$$

Die Randbedingung für β gilt, ähnlich wie zuvor in den hoch industrialisierten Ländern der Gegenwart, für den Zustand maximaler bzw. nunmehr totaler Automation. Diesen beschreibt $E/E_0 \to cK/K_0$. Des Weiteren sagt die Randbedingung für γ, dass ein riesiger Energieeinsatz, der einen riesigen, sich selbst vollautomatisch regenerierenden und erweiternden Kapitalstock produziert, als der einzige Produktionsfaktor verbleibt und das Wachstum bewirkt – ähnlich wie die Sonne das Leben auf der Erde.

Einfachste, faktorabhängige Produktionselastizitäten, die bei der Wahl der in Gl. (3.28) frei verfügbaren Funktion zu $R(E/K) = \frac{1}{c}\frac{E/E_0}{K/K_0}$ diesen Randbedingungen und den Differentialgleichungen (3.24)–(3.26) genügen, sind

$$\beta = a\frac{L/L_0}{E/E_0}, \quad \gamma = -a\frac{L/L_0}{E/E_0} + \frac{E/E_0}{cK/K_0}, \quad \alpha = 1 - \frac{E/E_0}{cK/K_0}. \qquad (A.49)$$

(Der Technologieparameter a hat wieder eine andere Bedeutung als zuvor. Der Technologieparameter c ist der Energiebedarf des total automatisierten, vollausgelasteten Kapitalstocks.)

Mit diesen Produktionselastizitäten liefern die Gleichungen (3.8) und (3.9) die einfachste LinEx-Funktion für das total digitalisierte Zukunftssystem zu

$$Y_{td}(K, L, E; t) = Y_0(t)\frac{K}{K_0}\exp\left[a\left(\frac{L/L_0}{E/E_0} - 1\right) + \frac{1}{c}\left(\frac{E/E_0}{K/K_0} - 1\right)\right]. \qquad (A.50)$$

Literatur

1. Goethe, J. W. von: Vorspiel zur Wiedereröffnung des Theaters in (Bad) Lauchstädt
2. Kümmel, R.: The Second Law Of Economics – Energy, Entropy, And The Origins Of Wealth. Springer, Heidelberg (2011)
3. Fukuyama, F.: The End Of History And The Last Man. Free Press, New York (1992)
4. Hägele, P.: Freche Verse – physikalisch. Limericks über Physik und Physiker, illustriert von Peter Evers, Vieweg, Braunschweig/Wiesbaden (1995) Kapitel Thermodynamik. Der zur Zeichnung gehörende Limerick lautet: „Die Zustandsfunktion Entropie – statistisch seit Boltzmanns Genie. Ich zähl Komplexionen, tu Stirling nicht schonen. Doch richtig versteh' ich sie nie."
5. Napp, V.: Entropie und Entropieproduktion. Erste Staatsprüfung für das Lehramt an Gymnasien – Schriftliche Hausarbeit (theoretische Physik). Bayerische Julius-Maximilians-Universität (1994)
6. Schönwiese, C.-D.: Klimatologie. Ulmer UTB, 3. Aufl., Stuttgart (2008)
7. Wagner, H.-J., Koch, M. K., et al.: CO_2-Emissionen der Stromerzeugung. BWK **59**, 44–52 (2007)
8. Mauch, W.: Kumulierter Energieaufwand – Instrument für nachhaltige Energieversorgung. Forschungsstelle für Energiewirtschaft Schriftenreihe **23**, (1999); kombiniert mit Daten vom Öko-Institut Darmstadt (2006)
9. Stoller, D.: Chinesische Solarzellen haben eine verheerende Umweltbilanz. 2014. http://www.ingenieur.de/Themen/Photovoltaik/Chinesische-Solarzellen-verheerende-Umweltbilanz. Zugegriffen: 15. August 2015
10. Enzyklika *LAUDATO SÍ* von Papst Franziskus über die Sorge für das gemeinsame Haus, hrsg. vom Sekretariat der Deutschen Bischofskonferenz, Bonn (2015)
11. http://www.kulturelleerneuerung.de, Zugegriffen: 25.04.2017
12. Deutsche Physikalische Gesellschaft und Deutsche Meteorologische Gesellschaft: Warnungen vor drohenden weltweiten Klimaänderungen durch den Menschen. Phys. Blätter **43**, 347–349 (1987); s. auch: www.dpg-physik.de/dpg/gliederung/ak/ake/publikationen/dpgaufruf/1987/pdf
13. Deutsche Physikalische Gesellschaft: Energiememorandum. Phys. Blätter **51**, 388 (1995); s. auch: www.dpg-physik.de/veroeffentlichung/stellungnahmen/mem_energie_1995.html
14. Bayerisches Landesamt für Statistik, https://www.statistik.bayern.de/ueberuns/zeitreihen, Zugegriffen: 25.04.2017
15. http://www.skepticalscience.com/iea-co2-emissions-update-2010.html

© Springer-Verlag GmbH Deutschland, ein Teil von Springer Nature 2018
R. Kümmel et al., *Energie, Entropie, Kreativität*,
https://doi.org/10.1007/978-3-662-57858-2

16. Stern Review Report on the Economics of Climate Change, ISBN number: 0-521-70080-9, Cambridge University Press, 2007; http://www.cambridge.org/9780521700801.
17. Stern, N.: The economics of climate change. Amer. Econ. Rev. **98(2)**, 1–37 (2008)
18. Deutscher Bundestag: Dritter Bericht der Enquete Kommission „Vorsorge zum Schutz der Erdatmosphäre", Drucksache 11/8030. Bonn (1990), S. 855
19. Proops, J.L.R., Faber, M., Wagenhals, G.: Reducing CO_2 Emissions. Springer, Berlin (1993)
20. US National Academy of Sciences: Climate change and the integrity of science. Science **328**, 689–690 (2010)
21. Rahmstorf, S.: Risk of sea-change in the Atlantik. Nature **388**, 825–826 (1997)
22. Rahmstorf, S.: Die unterschätzte Gefahr eines Versiegens des Golfstromsystems. https://scilogs.spektrum.de/klimalounge/die-unterschaetzte-gefahr-eines-versiegens-des-gol fstromsystems/ Zugegriffen 03.01.2018
23. Düren, M.: Understanding The Bigger Energy Picture. Springer Briefs in Energy (Open Access), https://doi.org/10.1007/978-3-319-57966-5. Springer Nature, Cham (Schweiz) (2017)
24. von Buttlar, H.: Umweltprobleme. Phys. Blätter **31**, 145–155 (1975)
25. Berg, M., Hartley, B., Richters, O.: A stock-flow consistent input-output model with applications to energy price shocks, interest rates, and heat emissions. New J. Phys. **17**, 015011 (2015) (Open Access). https://doi.org/10.1088/1367-2630/17/1/015011
26. Solow, R. M.: The economics of resources or the resources of economics. Amer. Econ. Rev. **64**, 1–14 (1974)
27. Bundesministerium für Wirtschaft und Energie (BMWi): Global, Innovativ, Fair – Wir machen die Zukunft digital. Öffentlichkeitsarbeit, Berlin (2017)
28. Ebeling W., Freund J., Schweitzer F.: Komplexe Strukturen: Entropie und Information. B. G. Teubner, Stuttgart (1998)
29. Stahl, A.: Entropiebilanzen und Rohstoffverbrauch. Naturwissenschaften **83**, 459 (1995)
30. https://www.drogenbeauftragte.de/presse/pressekontakt-und-mitteilungen/2017/2017-2-qua rtal/ergebnisse-der-blikk-studie-2017-vorgestellt.html (Zugegriffen: 10.03.2018)
31. Eichhorn, W., und Solte, D.: Das Kartenhaus Weltfinanzsystem. Fischer Taschenbuch Verlag, Frankfurt/M. (2009); insbes. S. 193
32. H.-G. Hilpert et al.: Aus fremder Quelle. Japans steiniger Weg ins 21. Jahrhundert. Zeitschrift für japanisches Recht **6**, 4. Jg., 139–156 (1998)
33. Samuelson, P. A.: Volkswirtschaftslehre, Band I und Band II. Bund-Verlag, Köln (1975)
34. Franz von Assisi: Sonnengesang von Franz von Assisi. In: Eininger, Ch. (Hrsg.) Die schönsten Gebete der Welt, S. 69. Südwest Verlag, München (1964)
35. Echnaton (Amenophis IV.): Sonnengesang des Echnaton. In: Eininger, Ch. (Hrsg.) Die schönsten Gebete der Welt, S. 94. Südwest Verlag, München (1964)
36. Sieferle, R. P.: Das vorindustrielle Solarenergiesystem. In: Brauch, H. G. (Hrsg.) Energiepolitik, S. 27–46. Springer, Berlin (1997)
37. Heinloth, K.: Energie und Umwelt – Klimaverträgliche Nutzung von Energie. B. G. Teubner Stuttgart, Verlag der Fachvereine Zürich (1993) S. 15; nach: E. Cook, Scientific American **225**, S. 135 (1971)
38. Kümmel, R.: Energie und Kreativität. B.G. Teubner, Stuttgart (1998)
39. Smil, V.: Energy In World History. Westview, Boulder (1994); zitiert nach [36].
40. Institut der deutschen Wirtschaft, Köln
41. Ayres, R. U.: Information, Entropy, And Progress. American Institute of Physics, New York (1994)
42. Ayres, R. U.: Energy, Complexity And Wealth Maximization. Springer International Publishing Switzerland (2016). Dieses Buch vertieft und erweitert – durchaus auch um Alternativen zu aktuellen physikalischen Theorien – die Themen von [41]
43. Gesamtverband Steinkohle: Steinkohle 2014 – Herausforderungen und Perspektiven. www. gvst.de/site/steinkohle/Internationale_Energie.htm.

44. The LTI Research Group (Hrsg.): Long-Term Integration Of Renewable Energy Sources Into The European Energy System. Physica-Verlag, Heidelberg (1998)
45. Kondo, J., Inui, T., Wasa, K. (Hrsg.): Proceedings of the Second International Conference on Carbon Dioxide Removal, Kyoto, 1994. Energy Conversion and Management **36**, Numbers 6–9 (1995)
46. Tolba, M. K. (Hrsg.): Our Fragile World – Challenges And Opportunities For Sustainable Development. EOLSS Publishers Co., Oxford UK (2001)
47. www.eolss.net
48. Hohmeyer, O., Ottinger, R. L. (Hrsg.): External Environmental Costs Of Electric Power. Springer, Berlin (1991)
49. Fricke, J., Borst, W. L.: Energie, Oldenbourg, München, Wien, 2. Aufl. (1984)
50. Baehr, H. D.: Thermodynamik, Springer, Berlin, 7. Aufl. (1989)
51. Foulds, L. R.: Optimization Techniques. Springer, Berlin (1981)
52. Blok, K.: Introduction to Energy Analysis. Techne Press, Amsterdam (2006). Dieses Buch vermittelt einen didaktisch gut aufbereiteten Einstieg in die Energieanalyse und verweist auf weiterführende Literatur
53. van Gool, W.: Energie En Exergie. Van Gool ESE Consultancy, Driebergen (1998)
54. Schüssler, U., Kümmel, R.: Schadstoff-Wärmeäquivalente als Umwelbelastungsindikatoren. ENERGIE, **Jahrg. 42**, 40–49 (1990)
55. Kümmel, R., Schuessler, U.: Heat equivalents of noxious substances: a pollution indicator for environmental accounting. Ecol. Econ. **3**, 139–156 (1991)
56. Steinberg, M., Cheng, H. C., Horn, F.: A system study for the removal, recovery and disposal of carbon dioxide from fossil fuel power plants in the US. BNL-35666 Informal Report, Brookhaven National Laboratory, Upton (1984)
57. Fricke, J., Schüssler, U., Kümmel, R.: CO_2-Entsorgung. Phys. Unserer Zeit **20**, 56–81 (1989)
58. Schüssler, U., Kümmel, R.: Carbon dioxide removal from fossil fuel power plants by refrigeration under pressure. In: Jackson, W. D. (Hrsg.), Proc. 24th Intersociety Energy Conversion Engineering Conference, S. 1789–1794. IEEE, New York (1989)
59. Hendricks, C. A., Blok, K., Turkenburg, W. C.: The Revovery of Carbon Dioxide from Power Plants. In: Okken, P. A., Swart, R. J., Zwerver, S. (Hrsg.) Climate and Energy, S. 125–142. Kluwer, Dordrecht (1989)
60. Schuessler, U.: Deponierung und Aufbereitung von CO_2. Phys. Unserer Zeit **21**, 155–158 (1990)
61. https://de.wikipedia.org/wiki/Kraftwerk_Schwarze_Pumpe. Zugegriffen: 9. August 2017
62. Kolm, H.: Mass Driver Up-Date. L5 News **5, No. 9**, 10–12 (1980)
63. O'Neill, G. K.: The Colonization of Space. Phys. Today **September 1974**, 32–40 (1974)
64. O'Neill, G. K.: The High Frontier – Human Colonies In Space. William Morrow & Co., New York (1977)
65. O'Neill, G. K.: Unsere Zukunft im Raum. Hallwag, Bern (1978)
66. O'Neill, G. K.: The (Low) Profile Road to Space Manufacturing. Astronautics and Aeronautics **16**, Special Section, 18–32 (1978)
67. Steininger, K. W., Lininger, Ch., Meyer, L. H., Muñoz, P., Schinko, Th.: Multiple carbon accounting to support just and effective climate policies. Nature Climate Change **6**, 35–41 (2016), https://doi.org/10.1038/nclimate2867
68. Arbeitsgemeinschaft Energiebilanzen e. V.: Bruttostromerzeugung in Deutschland ab 1990 bis 2016 nach Energieträgern. Stand 11.08.2017
69. Bundesministerium für Wirtschaft (BMWi): Zahlen und Fakten Energiedaten. https://de.wikipedia.org/wiki/Energieverbrauch/cite_note-BMWi_Zahlen-9. Zugegriffen: 12. August 2017
70. Groscurth, H.-M., Kümmel, R.: The cost of energy optimization: A thermoeconomic analysis of national energy systems. Energy **14**, 685–696 (1989). (Diese Arbeit erweitert die Ener-

gieoptimierungsstudie *Thermodynamic limits to energy optimization* von Groscurth, H.-M., Kümmel, R., van Gool, W: Energy **14** 241–258 (1989), um die Kostenoptimierung.)

71. Groscurth, H.-M.: Rationelle Energieverwendung durch Wärmerückgewinnung. Physica-Verlag, Heidelberg (1991); hier wird das Modell *ecco* unter den Bezeichnungen *LEO I* und *LEO II* optimierungstechnisch spezifiziert.

72. Groscurth, H.-M., Kümmel, R.: Thermoeconomics and CO_2-Emissions. Energy **15**, 73-80 (1990) und [71], S. 124–130

73. Kümmel, R., Groscurth, H.-M., Schüßler, U.: Thermoeconomic analysis of technical greenhouse warming mitigation. Int. J. Hydrogen Energy **17**, 293–298 (1992)

74. Bruckner, Th., Groscurth, H.-M., Kümmel, R.: Competition and synergy between energy technologies in municipal energy systems. Energy **22**, 1005–1014 (1997)

75. Bruckner, Th., Kümmel, R., Groscurth, H.-M.: Optimierung emissionsmindernder Technologien. Energiewirtschaftliche Tagesfragen **47**, 139–146 (1997)

76. Ressing, W.: Die CO_2/Energiesteuer – Chance oder Risiko für die Wettbewerbsfähigkeit der deutschen Wirtschaft? Energiewirtschaftliche Tagesfragen **43**, 299–306 (1993)

77. Internationale Energie Agentur (IEA): Weltenergieausblick, Paris (1993)

78. Faross, P.: Die geplante CO_2/Energiesteuer in der Europäischen Gemeinschaft. Energiewirtschaftliche Tagesfragen **43**, 295–298 (1993)

79. Welsch, H., Hoster, F.: General-Equilibrium Analysis of European Carbon/Energy Taxation. Zeitschrift für Wirtschafts- und Sozialwissenschaften **115**, 275–303 (1995)

80. Lindenberger, D., Bruckner, Th., Groscurth, H.-M., Kümmel, R.: Optimization of solar district heating systems: seasonal storage, heat pumps, and cogeneration. Energy **25**, 591–608 (2000)

81. Lindenberger, D., Bruckner, Th., Morrison, R., Groscurth, H.-M., Kümmel, R.: Modernization of local energy systems. Energy **29**, 245–256 (2004)

82. Birnbacher, D.: Intergenerationelle Verantwortung oder: Dürfen wir die Zukunft der Menschheit diskontieren? In: Klawitter, J., Kümmel, R. (Hrsg.) Umweltschutz und Marktwirtschaft, S. 101–115. Königshausen & Neumann, Würzburg (1989)

83. Daly, H.: When Smart People Make Dumb Mistakes. Ecol. Econ. **34**, 1–3 (2000)

84. Rürup, B.: DER CHEFÖKONOM, Newsletter des Handelsblatt Research Institute, 23.02.2018

85. Häring, N.: Mehr Energie! http://research.handelsblatt.com/assets/uploads/AnalyseOekonomischeModelle.pdf, Zugegriffen 26.02.2018

86. https://de.wikipedia.org/wiki/Datei:Crude_oil_prices_since_1861.png; Zugegriffen: 3. Juli 2017

87. Lindenberger, D., Weiser, F., Winkler, T., Kümmel, R.: Economic Growth in the USA and Germany, 1960-2013: The Underestimated Role of Energy. Biophys. Econ. Resour. Qual. (2017) 2:10; https://doi.org/10.1007/s41247-017-0027-y

88. Kümmel, R., Strassl, W.: Changing energy prices, information technology, and industrial growth. In: van Gool, W., Bruggink, J.J.C. (Hrsg.) Energy and Time in the Economic and Physical Sciences, S. 175–194. North-Holland, Amsterdam (1985)

89. Kümmel, R., Strassl, W., Gossner, A., Eichhorn, W.: Technical progress and energy dependent production functions. Z. Nationalökonomie – Journal of Economics **45**, 285–311 (1985).

90. Murray, J., King, D.: Oil's tipping point has passed. Nature **481**, 433–435 (2012)

91. Witt, U.: Beharrung und Wandel – ist wirtschaftliche Evolution theoriefähig?. Erwägen, Wissen, Ethik **15**, 33–45 (2004)

92. Kümmel, R.: Wachstumskrise und Zukunftshoffnung. In: Görres Gesellschaft (Hrsg.) CIVITAS, Jahrbuch für Sozialwissenschaften **16**, S. 11–61, Grünewald, Mainz (1979)

93. Valero, A., Valero, V.: Thantia – The Destiny Of The Earth's Mineral Resources. World Scientifc, Singapore (2015).

94. Bundesministerium für Wirtschaft: Energiedaten '95. Bonn (1996)

95. Meadows, Denis, Meadows, Donella, Zahn, E., Milling, P.: Die Grenzen des Wachstums, dva, Stuttgart (1972)

96. Kümmel, R.: The Impact of Entropy Production and Emission Mitigation on Economic Growth. Entropy **18**, 75 (2016); https://doi.org/10.3390/e18030075 (open access)
97. Hudson, E. H., Jorgenson, D. W.: U.S. energy policy and economic growth, 1975–2000. Bell J. Econ. Manag. Sc. **5**, 461–514 (1974)
98. Berndt, E.R., Jorgenson, D.W.: How energy and its cost enter the productivity equation. IEEE Spectr. **15**, 50–52 (1978)
99. Berndt, E.R., Wood, D.O.: Engineering and econometric interpretations of energy – capital complementarity. Amer. Econ. Rev. **69**, 342–354 (1979)
100. Jorgenson, D.W.: The role of energy in productivity growth. Amer. Econ. Rev. **74/2**, 26–30 (1984)
101. Nordhaus, W.: A Question Of Balance: Weighting The Options On Global Warming Policies. Yale University Press, London (2008)
102. Kümmel, R., Ayres, R.U., Lindenberger, D.: Thermodynamic laws, economic methods and the productive power of energy. J. Non-Equilib. Thermodyn. **35**, 145–179 (2010); https://doi.org/10.1515/JNETDY.2010.009
103. Denison, E.F.: Explanation of declining productivity growth. Survey of Current Business **August 1979, Part II**, 1–24 (1979)
104. Kümmel, R.: The impact of energy on industrial growth. Energy **7**, 189–203 (1982)
105. Tryon, F. G.: An index of consumption of fuels and power. J. Amer. Statistical Assoc. **22**, 271–282 (1927)
106. Binswanger, H.C., Ledergerber, E.: Bremsung des Energiezuwachses als Mittel der Wachstumskontrolle. In: Wolf, J. (Hrsg.) Wirtschaftpolitik in der Umweltkrise. S. 103–125. dva, Stuttgart (1974)
107. Solow, R. M.: Technical Change and the Aggregate Production Function, The Review of Economics and Statistics **39**, 312–320 (1957)
108. Solow, R. M.: Perspectives on growth theory. J. Econ. Perspect. **8**, 45–54 (1994)
109. Robinson, J.: The production function and the theory of capital, Rev. Econ. Stud. **21**, 81–106 (1953–54)
110. Robinson, J.: The measure of capital: the end of the controversy. Econ. J. **81**, 597–602 (1971)
111. Pasinetti, L.: Critique of the neoclassical theory of growth and distribution. Moneta Credito (Banca Nationale del Lavoro Quarterly Review) **210**, 187–232 (2000)
112. Hesse, H., Linde, R.: Gesamtwirtschaftliche Produktionstheorie, Teil I und Teil II. Physica-Verlag, Würzburg-Wien (1976); insbesondere Teil I, S. 11–42 und Teil II, S. 9–30
113. Arrow, K.J., Chenery, H.B., Minhas, B.S., Solow, R.M.: Capital-Labor Substitution and Economic Efficiency. Rev. Econ. Stat. **43**, 225–250 (1961)
114. Uzawa, H.: Production Functions with Constant Elasticity of Substitution. Rev. Econ. Stud. **29**, 291–299 (1962)
115. Lindenberger, D: Wachstumsdynamik energieabhängiger Volkswirtschaften. Metropolis, Marburg (2000)
116. Kümmel, R.: Energie und Wirtschaftswachstum. Konjunkturpolitik **23**, 152–173 (1977)
117. Tintner, G., Deutsch, E., Rieder, R.: A production function for Austria emphasizing energy. In: Altman, F.L., Kýn, O., Wagner, H.-J. (Hrsg.) On the Measurement of Factor Productivities, S. 151–164. Vandenhoek & Ruprecht, Göttingen (1974)
118. Kümmel, R., Henn, J., Lindenberger, D.: Capital, labor, energy and creativity: modeling innovation diffusion. Struct. Change Econ. Dynam. **13**, 415–433 (2002)
119. Winkler, T.: Energy and Economic Growth – Econometric Analysis with Comparisons of Different Production Functions by Means of Updated Time Series for Output and Production Factors from 1960–2013. Master Thesis, Julius-Maximilians-University Würzburg, Faculty of Physics and Astronomy, 2016; als Discussion Paper elektronisch verfügbar.
120. Ayres, R. U., Warr, B.: The Economic Growth Engine. Edward Elgar, Cheltenham UK (2009)

121. Stresing, R., Lindenberger, D., Kümmel, R.: Cointegration of output, capital, labor, and energy. Eur. Phys. J. **B 66**, 279–287 (2008); https://doi.org/10.1140/epjb/e2008-00412-6

122. Institut der deutschen Wirtschaft, Köln, für die 1970er- und 1992er-Daten; The CIA World Fact Book für die 2009er-Daten

123. https://de.wikipedia.org/wiki/Weltenergiebedarf

124. Kümmel, R., Lindenberger, D.: How energy conversion drives economic growth far from the equilibrium of neoclassical economics. New Journal of Physics **16**, 125008 (2014) https://doi.org/10.1088/1367-2630/16/12/125008 (Open access, Special Issue "Networks, Energy and the Economy".)

125. Samuelson P. A., Solow, R. M.: A complete capital model involving heterogeneous capital goods. Quart. J. Econ. **70**, 537–562 (1956)

126. Grahl, J.: private Mitteilung

127. Paech, N.: Regionalwährungen als Bausteine einer Postwachstumsökonomie. Zeitschrift für Sozialökonomie **45/158–159**, 10–19 (2008)

128. Erhard, L.: Wohlstand für alle. Econ, Düsseldorf (1957)

129. Jaeger, W.: Paideia. Die Formen des griechischen Menschen. Walter de Gruyter, Berlin (1933)

130. Haesler, A. J.: Die Doppeldeutigkeit des Fortschritts in der „Philosophie des Geldes". In: Binswanger, H. C., Flotow, P. von (Hrsg.) Geld und Wachstum. Zur Philosophie und Praxis des Geldes, S. 61–78, Weitbrecht, Stuttgart/Wien (1994)

131. Simmel, G.: Philosophie des Geldes. Duncker & Humblot, Leipzig (1900)

132. Schulze, G.: Die Beste aller Welten. Hanser, München/Wien (2003)

133. Gross, P.: Die Multioptionsgesellschaft. Suhrkamp, Frankfurt a. M. (1993)

134. Schmidt-Bleek, F.: Das MIPS-Konzept. Weniger Naturverbrauch – mehr Lebensqualität durch Faktor 10, Knaur, München (2000)

135. Weizsäcker, E. U. von, Hargroves, K., Smith, M.: Faktor Fünf: Die Formel für nachhaltiges Wachstum. Droemer, München (2010)

136. Huber, J.: Nachhaltige Entwicklung. Edition Sigma, Berlin (1995)

137. Braungart, M., McDonough, W.: Einfach intelligent produzieren. Berliner Taschenbuch Verlag, Berlin (2003)

138. Scheer, H.: Solare Weltwirtschaft. Strategie für die ökologische Moderne. Antje Kunstmann Verlag, München (1999)

139. Paech, N.: Nachhaltiges Wirtschaften jenseits von Innovationsorientierung und Wachstum. Metropolis, Marburg (2005)

140. Neirynck, J.: Der göttliche Ingenieur. Die Evolution der Technik. Expert-Verlag, Renningen (2001)

141. Schumacher, E.F.: Small Is Beautiful. Abacus, London (1973)

142. Paech, N.: Postwachstumsökonomik – Wachstumskritische Alternativen zum Marxismus. Aus Politik und Zeitgeschichte (APuZ) **19–20**, 41–46 (2017)

143. Pigou, A. C.: The Economics Of Welfare. Macmillan and Co, London (1920)

144. Kapp, K. W.: The Social Costs Of Private Enterprise. Schocken Books, New York (1950)

145. Binswanger, H.C.: Die Wachstumsspirale. Metropolis, Marburg (2006)

146. Paech, N.: Grünes Wachstum? Vom Fehlschlagen jeglicher Entkopplungsbemühungen: Ein Trauerspiel in mehreren Akten. In: Sauer, T. (Hrsg.): Ökonomie der Nachhaltigkeit – Grundlagen, Indikatoren, Strategien. Metropolis-Verlag, Marburg, 161–181 (2012)

147. Paech, N.: Mythos Energiewende: Der geplatzte Traum vom grünen Wachstum. In: Etscheit, G. (Hrsg.) Geopferte Landschaften. Wie die Energiewende unsere Umwelt zerstört, S. 205–228. Heyne, München (2016)

148. Santarius, T.: Der Rebound-Effekt. Ökonomische, psychische und soziale Herausforderungen der Entkopplung von Energieverbrauch und Wirtschaftswachstum. Metropolis, Marburg (2015)

149. Jevons, W. S.: The Coal Question. An Inquiry Concerning the Progress of the Nation, and the Probable Exhaustion of Our Coal Mines. Macmillan & Co, London & Cambridge (1865)
150. http://www.wbgu.de/fileadmin/user_upload/wbgu.de/templates/dateien/ veroeffentlichungen/sondergutachten/sn2009/wbgu_sn2009.pdf.
151. http://uba.co2-rechner.de
152. Paech, N.: Nach dem Wachstumsrausch: Eine zeitökonomische Theorie der Suffizienz. Zeitschrift für Sozialökonomie (ZfSÖ) **47/166–167**, S. 33–40 (2010)
153. Ehrenberg, A.: Das erschöpfte Selbst. Campus, Frankfurt a. M. (2004)
154. Toffler, A.: The Third Wave. Bantam Books, New York (1980)
155. Ostrom, E.: Die Verfassung der Allmende. Jenseits von Staat und Markt. Mohr, Tübingen (1999)
156. Friebe, H., Ramge, T.: Marke Eigenbau. Der Aufstand der Massen gegen die Massenproduktion. Campus, Frankfurt a. M. (2008)
157. http://download.regionalwert-hamburg.de/downloads/Pressemappe_Regionalwert_AG_ Hamburg_2016-12-09.zip
158. Kohr, L.: Appropriate Technology. Resurgence **8/6**, 10–13 (1978)
159. Illich, I.: Tools for Conviviality. Harper & Row, Cornell (1973)
160. Mumford, L.: The Myth of the Machine. Secker & Warburg, London (1967)
161. Daly, H.: Steady-State Economics. Island Press, Washington (1977)
162. Reif, F.: Fundamentals Of Statistical And Thermal Physics. McGraw-Hill, New York (1965)
163. Bedford-Strohm, H.: Vortrag am 13. Juni 2012 auf dem 1. Ökumenischen Kirchentag in Höchberg
164. Altmaier P.: Vortrag auf einer Enegiewendekonferenz der Thüringer Wirtschaft in Erfurt, zitiert von der Main-Post Würzburg am 6. November 2012
165. Kümmel, R.: Energiewende, Klimaschutz, Schuldenbremse – Vorbild Deutschland? In: Ostheimer, J., Vogt, M. (Hrsg.) Die Moral der Energiewende, S. 109–133. Kohlhammer, Stuttgart (2014).
166. Merkel, A.: Energie und Rohstoffe für morgen – sicher, bezahlbar, effizient. Wirtschaft in Mainfranken **02/2012**, S. 10–11 (2012)
167. NISA and JNES, 2011: The 2011 off the Pacific coast of Tohoku Pacific Earthquake and the seismic damage to the NPPs. Nuclear and Industrial Safety Agency (NISA), Japan Nuclear Energy Safety Organization (JNES), April 4, 2011, Japan; www.webcitation.org/5xuhLD1j7
168. Gesellschaft für Reaktorsicherheit (GRS): Fukushima Daiichi 11. März 2011 – Unfallablauf, Radiologische Folgen, 2. Aufl. GRS, Köln (2013)
169. Heinloth, K.: Die Energiefrage – Bedarf und Potentiale, Nutzen, Risiken und Kosten. Vieweg, Braunschweig/Wiesbaden (1997)
170. Krause, F., Bossel, H., Müller-Reißmann, K.-F.: Energiewende – Wachstum und Wohlstand ohne Erdöl und Uran. S. Fischer, Frankfurt/M (1980)
171. Die Energiewende: unsere Erfolgsgeschichte. Bundesministerium für Wirtschaft und Energie (BMWi), Referat Öffentlichkeitsarbeit (Hrsg.), Berlin (Januar 2017)
172. Energiedepesche 2, 26. Jahrg., Juni 2012, S. 18, und https://tinyurl.com/leitstudie2011.
173. Murphy, D., Hall, C.: Year in review – EROI or energy return on (energy) invested. Ann. N.Y. Acad. Sci. **1185**, 102–118 (2010)
174. Nationale Akademie der Wissenschaften Leopoldina: Bioenergie – Möglichkeiten und Grenzen; Kurzfassung und Empfehlungen. Deutsche Akademie der Naturforscher Leopoldina, Halle/Saale, S. 11f, S. 8 (2010)
175. Umweltbundesamt: Nationale Treibhausgas-Inventare 1990 bis 2015 (Stand 02/2017) und Schätzung für 2016 (Stand 03/2017)
176. Icha, P.: Entwicklung der spezifischen Kohlendioxid-Emissionen des deutschen Strommix in den Jahren 1990–2016. Climate Change **15**, S. 10. Umweltbundesamt, Dessau-Roßlau (2017)

177. Wirth, H.: Aktuelle Fakten zur Photovoltaik in Deutschland (Fassung vom 19.05.2015). Fraunhofer-Institut für Solare Energiesysteme ISE, Freiburg (2015). Dem noch unveröffentlichten englischsprachigen Manuskript dieser Studie wurde die Abbildung 5.1 entnommen.

178. Wirth, H.: Aktuelle Fakten zur Photovoltaik in Deutschland (Fassung vom 21.10.2017). Fraunhofer-Institut für Solare Energiesysteme ISE, Freiburg (2017). Aktuelle Fassung abrufbar unter www.pv-fakten.de. Zugegriffen: 24.10.2017

179. Deutsche Physikalische Gesellschaft: Netzausbau im Rahmen der Energiewende. PHYSIKonkret **18**, 1, Oktober 2013

180. IWR Pressedienst.de, Pressemitteilungen der Energiewirtschaft, Berlin. Zugegriffen: 17.10.2017

181. https://de.wikipedia.org/wiki/Liste_der_größten_Kohlenstoffdioxidemittenten. Zugegriffen: 18.10.201

182. https://de.nucleopedia.org/wiki/Liste_der_geplanten_Kernkraftwerke   (Zugegriffen: 24.10,2017)

183. Lindenberger, D.: Volkswirtschaftliche Einordnung des Beitrags der Kohle zur Energietransformation. Energiewirtschaftliche Tagesfragen **67**, 19–22 (2017)

184. Energieagentur NRW, 2017

185. Korrespondenz Wasserwirtschaft **9**, Nr. 5, S. 269 (2016)

186. Kunkel, A., Schwab, H., Bruckner, Th., Kümmel, R.: Kraft-Wärme-Kopplung und innovative Energiespeicherkonzepte. BWK **48**, 54–60 (1996)

187. www.dbi-gti/power-to-gas-methanisierung.html Zugegriffen: 27.10.2017

188. Li, Sh., Gong, J.: Strategies for improving the performance and stability of Ni-based catalysts for reforming reactions. Chem. Soc. Rev. **43**, 7245 (2014)

189. Wang, P., Chang, A. Y., Novosad, V., Chupin, V. V., Schaller, R. D., Rozhkova, E. A.: Cell-Free syntheticbiology chassis for nanocatalytic photon-to-hydrogen conversion. ACS Nano **11**, 6739-6745 (2017). https://doi.org/10.1021/acsnano.7b01142

190. Der Spiegel, 36/2017/S. 81

191. www.br.de/themen/wissen

192. Bundesamt für Migration und Flüchtlinge: Aktuelle Zahlen zu Asyl. Ausgabe September 2017. Siehe auch: Das Bundesamt in Zahlen 2017. (Zugegriffen in der Korrektur: 24.09.2018) Nürnberg. www.bamf.de

193. Bundesamt für Migration und Flüchtlinge: Schlüsselzahlen Asyl 2016. Siehe auch: Das Bundesamt in Zahlen 2017. (Zugegriffen in der Korrektur: 24.09.2018) Nürnberg. www.bamf.de

194. Deutsche Bundesbank: Vermögen und Finanzen privater Haushalte in Deutschland: Ergebnisse der Vermögensbefragung 2014. Monatsbericht, März 2016, S. 67

195. Der Spiegel 25/2017, S. 95

196. Main-Post Würzburg, 26. Juni 2017, S. 5

197. Der Tagesspiegel, 14.01.2018, Politik.

198. Main-Post Würzburg, 15. Dezember 2015, S. 8

199. Main-Post Würzburg, 24. Dezember 2015, „Zitat des Tages"

200. Diamond, J.: Guns, Germs, And Steel. W. W. Norton, New York (1999)

201. Frankfurter Allgemeine Zeitung: Kosten der Migration, aktualisiert am 19.05.2018, https://www.faz.net/aktuell/politik/78-milliarden-euro-fuer-fluechtlingspolitik-bis2022-15598121.html. Zugegriffen (in der Korrektur): 22.05.2018

202. http://www.auswaertiges-amt.de/de/aussenpolitik/laender/kolumbien-node

203. Mapa Ecologica de Colombia, Editorial Educativo KINGKOLOR Ltda, 2002

204. Der Marschall und die Gnade – Roman des Simón Bolivar, Verlag Kurt Desch, München (1954). Das Zitat ist dem Klappentext dieses Buchs entnommen.

205. Nach dem Klappentext zu *Der General in seinem Labyrinth*, Kiepenheuer und Witsch, Köln (1989)

206. http://conflictoarmadointerno2009-1.blogspot.de/2009/05/cronologia-de-las-guerras-en-colombia.html, und die dort angegebenen Quellen.
207. http://www.britannica.com/EBchecked/topic/126016/Colombia/25342/La-Violencia-dictatorship-and-democratic-restoration
208. Caballero, A.: Los Irresponsables. El Tiempo (Bogotá), Lecturas Dominiciales, Pagina 4, Octubre 29 (1972).
209. Echavarría, H.: Miseria y Progreso, Capitulo III: La Revolución Industrial en Colombia, p. 33-40. 3R Editores Ltda, Santafé de Bogotá (1997); s. auch http://www.icpcolombia.org/archivos/biblioteca/49--2-Capitulo3
210. Paech, N.: Befreiung vom Überfluss. Oekom, München (2013)
211. Dreier, W., Kümmel, R.: Zukunft durch kontrolliertes Wachstum. Regensberg, Münster (1977), 2. Aufl. 1978.
212. Pfister, Ch. (Hrsg.): Das 1950er Syndrom – Der Weg in die Konsumgesellschaft (Klappentext). Publikation der Akademischen Kommision der Universität Bern. Haupt, Bern (1995)
213. Murphy, D. J., Hall, C.A.S.: Adjusting the economy to the new energy realities of the second half of the age of oil. Ecol. Model. https://doi.org/10.1016/j.ecolmodel.2011.06.022 (2011)
214. Trainer, T.: The oil situation: some alarming aspects. thesimplerway.info/OilSituation.htm (Zugegriffen: 24.11.2017)
215. Bundesministerium der Finanzen: perSaldo, Ausgabe 4/1997, S. 6
216. zitiert nach [217]
217. Baron, R.: Competitive issues related to carbon/energy taxation. Annex I Expert Group on the UN FCCC, Working Paper 14. ECON–Energy, Paris (1997). Dieses Dokument erhielt R. K. als einer der beiden Vertreter des Heiligen Stuhls bei den Sitzungen der Subsidiary Bodies of the United Nations Framework Convention on Climate Change vom 20.–31. Oktober 1997 in Bonn.
218. Hannon, B., Herendeen, R.A., Penner, P.: An energy conservation tax: impacts and policy implications. Energy Syst. Policy 5, 141–166 (1981)
219. Armingeon, K.: Energiepolitik in Europa: Hindernisse umweltpolitischer Reformen. In: [212], S. 377–389
220. Glaser, P.E.: Method and Apparatus for converting solar radiation to electrical power. United States Patent 3, 781, 647, December 23, 1973
221. Glaser, P.E.: Solar power from satellites. Physics Today February 1977, 30–38 (1977)
222. Hampf, D., Humbert, L., Dekosrsky, Th., Riede, W.: Kosmische Müllhalde. Physik Journal 17, 31–36 (2018)
223. Gerst, A.: Gebt eurem Traum eine Chance! Physik Journal 16, 28–31 (2017)
224. National Space Security Office: Space-Based Solar Power as an Opportunity for Strategic Security. Phase 0 Architecture Feasibility Study, 10 October 2007; www.nss.org/settlements/ssp/library/nsso.htm. Zugegriffen: 15.11.2017
225. www.welt.de/article347436/Atlantis-Flug-beendet-gigantisch-teure-Raumfahrt.html, Zugegriffen: 14.11.2017.
226. Woodcock, G.: Solar power satellite study. L5 News, November 1978, S. 11
227. von Hoerner, S.: Population explosion and interstellar expansion. In: Scheibe, E., Süßmann, G. (Hrsg.) Einheit und Vielheit, Festschrift für Carl Friedrich v. Weizsäcker zum 60. Geburtstag, S. 221–247. Van den Houck & Ruprecht, Göttingen (1973)
228. Boulding, K.: The economics of the coming spaceship Earth. In: Jarret, H. (Hrsg.) Environmental Quality In A Growing Economy, S. 3–14. Resources for the Future, Baltimore MD (1966)
229. Heilbroner, R.: An Inquiry Into The Human Prospect. W. W. Norton, New York (1974)
230. Kammer, H.-W., Schwabe, K.: Thermodynamik irreversibler Prozesse. Physik-Verlag, Weinheim, (1986); S. 60.

231. Kluge, G., Neugebauer, G.: Grundlagen der Thermodynamik. Spektrum Fachverlag, Heidelberg (1993)
232. Georgescu-Roegen, N.: The Entropy Law And The Economic Process. Harvard University Press, Cambridge Mass. (1971)
233. Letters to the Editor. Recycling of Matter. Ecol. Econ. **9**, 191–196 (1994)
234. Karlsson, S: The exergy of incoherent electromagnetic radiation. Phys. Scr. **26**, 329 (1982)
235. van Gool, W.: The value of energy carriers. Energy **12**, 509 (1987)

Sachverzeichnis

Springer

Willkommen zu den Springer Alerts

- Unser Neuerscheinungs-Service für Sie:
  aktuell *** kostenlos *** passgenau *** flexibel

Springer veröffentlicht mehr als 5.500 wissenschaftliche Bücher jährlich in gedruckter Form. Mehr als 2.200 englischsprachige Zeitschriften und mehr als 120.000 eBooks und Referenzwerke sind auf unserer Online Plattform SpringerLink verfügbar. Seit seiner Gründung 1842 arbeitet Springer weltweit mit den hervorragendsten und anerkanntesten Wissenschaftlern zusammen, eine Partnerschaft, die auf Offenheit und gegenseitigem Vertrauen beruht.

Die SpringerAlerts sind der beste Weg, um über Neuentwicklungen im eigenen Fachgebiet auf dem Laufenden zu sein. Sie sind der/die Erste, der/die über neu erschienene Bücher informiert ist oder das Inhaltsverzeichnis des neuesten Zeitschriftenheftes erhält. Unser Service ist kostenlos, schnell und vor allem flexibel. Passen Sie die SpringerAlerts genau an Ihre Interessen und Ihren Bedarf an, um nur diejenigen Information zu erhalten, die Sie wirklich benötigen.

Mehr Infos unter: springer.com/alert